GÉOLOGIE

DES BASSINS HOUILLERS

DE BRIOUDE, DE BRASSAC

ET DE LANGEAC

MINISTÈRE DES TRAVAUX PUBLICS

ÉTUDES

DES

GITES MINÉRAUX

DE LA FRANCE

Publiées sous les auspices de M. le Ministre des Travaux publics
par le Service des Topographies souterraines

BASSIN HOUILLER

DE BRIOUDE ET DE BRASSAC

PAR

M. J. DORLHAC

Ingénieur Civil des Mines, Membre de la Société géologique de France

BASSIN HOUILLER DE LANGEAC

PAR

M. AMIOT

Ingénieur au corps national des Mines

TEXTE

PARIS

IMPRIMERIE DE A. QUANTIN

7, RUE SAINT-BENOIT

1881

INTRODUCTION

Le dépôt houiller de Brassac et de Brioude est allongé suivant la vallée de l'Allier, sur une longueur de 25 kilomètres, d'Auzat à Lavaudieu.

Il occupe une profonde dépression dans le gneiss et n'est à découvert qu'à ses deux extrémités. Cependant, il existe sur la lisière de l'est, deux affleurements intermédiaires, à Côte-Rouge près d'Azenat, et à Lamothe près Brioude.

La partie du nord, connue sous le nom de Bassin de Brassac, est la seule exploitée, par conséquent la mieux étudiée.

Quant à la partie intermédiaire, cachée par les terrains tertiaire et quaternaire, elle n'a été encore qu'imparfaitement explorée, ainsi que la partie méridionale de Lavaudieu, et ne présente jusqu'à présent que peu de valeur industrielle.

Le bassin houiller de Brassac proprement dit est très riche en combustible, possède des exploitations très actives et offre des ressources d'avenir très importantes.

La surface à découvert est d'environ 30 kilomètres carrés, tandis que celle de Lavaudieu n'en a qu'à peu près 28.

Le dépôt houiller de Brassac et de Brioude se trouve placé presque sous la même longitude que celui de Saint-Étienne et dans la partie nord-ouest du département de la Haute-Loire, mais cependant une petite portion pénètre dans le Puy-de-Dôme.

Les concessions de la Combelle et de Jumeaux occupent l'extrémité nord du bassin de Brassac et sont situées dans le Puy-de-Dôme, tandis que celles de Charbonnier, du Grosménil, de Fondary, de la Taupe, de Mégecoste et des Barthes sont dans la Haute-Loire.

La concession d'Armois, qui est intermédiaire entre celles que je viens d'énumérer, est partagée par la limite des deux départements, qui forme une ligne sinueuse, partant du nord de la concession de Charbonnier et passant entre Sainte-Florine et Brassac, pour venir aboutir un peu en amont du port de Bouxhors sur l'Allier.

L'importance de ce dépôt houiller, si bizarrement placé sur une des parties les plus élevées et les plus montagneuses de la France centrale; l'intérêt que présente, pour l'avenir des exploitations, la connaissance la plus approfondie et la plus complète des gîtes; les preuves que l'on peut en déduire pour l'existence de réserves considérables de charbon pour l'avenir, m'ont engagé à en entreprendre une étude géologique complète.

Jusqu'à présent le terrain houiller de Brassac n'a été l'objet que d'un petit nombre de publications; la plus importante est l'ouvrage de M. Baudin, ingénieur des mines, intitulé : *Description historique, géologique et topographique du bassin houiller de Brassac;* elle est surtout entreprise au point de vue de l'exploitation et a pour but de faire connaître l'allure des couches et l'importance des travaux exécutés; mais l'auteur ne donne absolument aucun renseignement sur le reste du dépôt houiller. Son ouvrage date d'ailleurs de 1843, et les exploitations, qui ont pris depuis cette époque de grands développements, permettent de mieux étudier les gîtes en profondeur et en direction.

Mon travail a non seulement pour but l'étude du terrain houiller de Brassac, mais encore de ceux de Lavaudieu, de Lamothe et de Côte-Rouge. En outre, je décrirai aussi les terrains qui le recouvrent et qui l'encaissent et ce sera, en un mot, la géologie générale des environs de Brioude et de Brassac.

Cette contrée ne renferme qu'un petit nombre de terrains.

De longs *hiatus* ont eu lieu à diverses époques et l'on ne rencontre même que des formations incomplètes ou fort restreintes.

Le *granite* occupe une large place et supporte des terrains azoïques inférieurs, peut-être antécambriens, qui se composent de *granite schisteux*, de *gneiss*, de *micaschistes*, de *stéaschistes* et de *schiste argileux*. La formation carbonifère est représentée par le *terrain houiller proprement dit*, ayant à sa base un étage anthraxifère, qui appartient cependant au véritable terrain houiller. Les terrains siluriens, dévoniens et le calcaire carbonifère font complètement défaut.

Le *terrain tertiaire* est composé d'une partie inférieure, probablement *éocène* et ensuite d'un étage *miocène*. Pendant cette période, se sont déposés le calcaire lacustre, des marnes et des argiles.

Les *basaltes* surgissent à la fin de cette formation et leur éruption continue pendant toute l'époque quaternaire et même jusqu'après l'apparition de l'homme sur la terre.

Les derniers terrains de sédiment sont formés de diluvium et d'alluvions anciennes. Ce sont des dépôts de sables, de graviers, de galets et d'argile fine ou *lehm*.

Le terrain schisteux ou de gneiss est traversé par une quantité considérable de roches diverses d'épanchement, tels que *granite*, *granulite*, *pegmatite*, etc.

Des filons métallifères, d'âges divers, sont aussi très abondants dans le gneiss et les stéaschistes. Ils contiennent de la baryte sulfatée, du quartz, du spath fluor, de la galène, du cuivre gris, du cuivre carbonaté, de la pyrite arsenicale, du mispikel, de l'antimoine sulfuré, etc.

Le terrain houiller renferme des filons de porphyre noir, ainsi que de minces filons de quartz et de baryte sulfatée.

De nombreuses sources minérales sourdent des cassures et des filons contenus dans les terrains *azoïques*.

Dès les premières époques, cette partie du plateau central fut exhaussée et mise au-dessus des mers cambriennes, siluriennes, dévoniennes et même du calcaire carbonifère.

Un mouvement d'affaissement ne commença à se manifester qu'à l'origine de la période houillère; mais après le dépôt de ce dernier terrain, le sol éprouva un nouvel exhaussement, qui le mit au-dessus des mers secondaires et crétacées.

Ce ne fut que pendant l'étage éocène, peut-être vers la fin, qu'il s'abaissa de nouveau, pour être ensuite exondé tout à fait, avant le dépôt des terrains quaternaires et même avant l'étage des faluns, qui clôt la période tertiaire.

Ces mouvements ont dû être souvent lents, quelquefois brusques et saccadés et parfois d'une grande amplitude.

Tel est le résumé succinct des formations géologiques de cette contrée, qui n'est pas assez étendue pour embrasser toute la liaison des faits géognosiques dont il faudrait aller chercher l'explication sur des parties éloignées du plateau central.

Le tableau chronologique ci-joint de la succession des diverses formations comprenant les roches éruptives, les mouvements du sol et les divers systèmes de soulèvements, résume la constitution de la région.

TABLEAU DE LA SUCCESSION DES TERRAINS ET DES SOULÈVEMENTS

DANS LES ENVIRONS DE BRIOUDE ET DU BASSIN DE BRASSAC

(Haute-Loire et Puy-de-Dôme).

PÉRIODES.	TERRAINS et FORMATIONS.	GROUPES OU ÉTAGES.	ROCHES éruptives.	SOULÈVEMENTS et MOUVEMENTS DU SOL.
Moderne.	Alluvions modernes.	Terres végétales, eaux minérales. Alluvions proprement dites.		
Diluvienne ou quaternaire.	Diluvium.	Argile grise, jaune ou lehm. Galets basaltiques, sables et graviers ferrugineux. Argile et sables ocreux, argile grise ou jaunâtre. Galets quartzeux et basaltiques Sable ocreux, argile grise, blanchâtre ou ocreuse.		Affouillements et ravinements. Affouillements et ravinements.
Terrain tertiaire.			Basalte.	S. des Alpes principales. E. 16° N.
	Miocène.	Calcaire blanc compacte, concrétionné. Grès à ciment calcaire ou macigno. Calcaire blanc compacte, concrétionné. Argile rouge avec carbonate de chaux. Marnes bleues avec calcaire et argile grise. Argile rouge, sans carbonate de chaux.		Exhaussement du sol.
	Éocène.	Argiles et Sables.		S. de Corse et de Sardaigne? N.-S. Affaissement du sol.
				Syst. du Pilat. N. 55° E. Syst. du Morvan-N. 50° O. S. du Nord de l'Angleterre. N. 5° O. Exhaussement du sol.
			Porphyre noir.	Exhaussement du sol.
Palæozoïque supérieure.	Système carbonifère.	Terrain houiller proprement dit. Terrain anthraxifère.		Abaissement du sol. Syst. du Forez. N. 15° O. Abaissement du sol.
Palæozoïque inférieure et ancienne ou azoïque.				Syst. des Ballons ou de la Lozère. O. 15° N. Syst. du Longmynd. N. 36° E. Syst. de la Margeride. N. 23° O.
			Pegmatite, leptynite. Granite porphyroïde. Granite à grain fin.	Exhaussement du sol.
	Terrain schisteux ancien ou gneiss.	Schiste argileux. Steaschistes et schistes amphiboliques. Micaschiste. Gneiss. Granite schisteux.		

GÉOLOGIE

DU

BASSIN HOUILLER DE BRASSAC

ET DE BRIOUDE

CHAPITRE PREMIER

I. — OROGRAPHIE.

Le bassin de Brassac et de Brioude est traversé du nord au sud par l'Allier et se trouve situé dans une région des plus élevées du plateau central.

Il est placé au milieu de massifs montagneux considérables, qui le dominent de toutes parts. Aussi son accidentation doit être en relation et en connexion avec les bouleversements et les dislocations qu'accusent, à un si haut degré, les nombreuses chaînes qui l'entourent. L'étude de ces massifs fera comprendre les soulèvements multipliés qui ont produit le relief actuel de cette partie de la Haute-Loire et du Puy-de-Dôme, et pourra révéler les causes de la disposition des divers terrains dans cette partie de la France centrale.

A l'est de la contrée dont je m'occupe, entre l'Allier et la Loire, il existe un groupe montagneux, appelé montagnes du Forez.

Entre cette dernière rivière et la Saône, on trouve au nord-est les montagnes du Beaujolais.

Au sud de ces dernières est le massif du Pilat, entre la Loire et le Rhône.

A la suite et au sud-ouest s'étend la longue chaîne volcanique du Velay et du Vivarais.

Au sud de Brioude s'élèvent les montagnes de la Margeride, et enfin à l'ouest domine le Cézallier, qui relie les groupes des monts Dores aux dômes volcaniques du Cantal.

MONTAGNES DU FOREZ.

Les montagnes du Forez peuvent se subdiviser, comme l'a fait M. Grüner dans sa *Description géologique du département de la Loire*, à laquelle j'emprunte les détails qui les concernent, en trois groupes principaux :

1° — Chaîne proprement dite du Forez.

2° — Chaîne de la Chaise-Dieu.

3° — Montagnes de la Madelaine.

Les montagnes du Forez prises dans leur ensemble constituent un vaste groupe montagneux, compris, comme je l'ai dit, entre l'Allier et la Loire. Vues de loin, elles ressemblent à une large croupe à dos arrondi, dont les flancs s'abaissent régulièrement en pente douce des deux côtés de la ligne de faîte.

Cette chaîne, dit M. Grüner, qui paraît si mollement ondulée, est sillonnée transversalement par un grand nombre de gorges sinueuses, sortes de déchirures, où se montrent à nu les roches du terrain. Elles sont généralement étroites et profondes et leurs parois, à pente très raide, sont souvent hérissées de crêtes et de dentelures rocheuses.

Les montagnes du Forez naissent aux environs du Donjon et de la Palisse, où elles commencent à se dessiner. En allant vers le sud, elles se développent en largeur et en hauteur. Une ligne tirée d'Issoire à Montbrison couperait le massif dans sa partie la plus large et la plus élevée;

suivant cette ligne, sa largeur est de 60 kilomètres. Elles se prolongent au sud et viennent expirer aux environs de Pradelles, après un parcours de 185 kilomètres depuis leur point de départ.

Tout à fait au nord, la chaîne du Forez se perd dans les plaines de la Loire, tandis qu'au sud elle se rattache au plateau élevé de la Haute-Loire et de l'Ardèche, dont le point culminant est le mont Mezenc (altitude 1,774^{m}) et ce plateau résulte lui-même de l'entrecroisement de la chaîne du Forez et de celle du Pilat.

1° CHAINE PROPREMENT DITE DU FOREZ.

Les chaînes proprement dites du Forez s'étendent de Cusset-sur-Allier à Monistrol-sur-Loire.

D'après M. Grüner, la chaîne principale a 110 kilomètres de longueur sur 25 kilomètres de largeur. Sa direction générale court du sud 25° est au nord 25° ouest.

Elle se compose d'un ensemble de chaînons orientés N. 50° O. — S. 50° E. et par conséquent coupant d'une manière oblique la direction générale.

C'est à Pierre-sur-Autre, à l'est de Montbrison, qu'elle atteint sa plus grande élévation, qui est de 1,640 mètres.

A partir de Vichy et de Cusset, trois chaînons courent suivant N. 50°. O. dont le plus important, celui du Bois-Noir et du Puy-Montoncelle, se prolonge jusqu'à l'est de Noirétable. A l'est et au sud de cette dernière localité, les chaînons du bois de la Faye, de l'Ermitage, de Saint-Georges courent suivant la même direction. Chaînons N. 50° O.

A l'est d'Olliergues, on en voit quelques autres parallèles, auxquels appartient le chaînon de Pierre-sur-Autre dont j'ai parlé.

Enfin le chaînon de Saint-Bonnet part de Saint-Anthême et va jusque auprès d'Aurec.

Mais au nord de la chaîne de Pierre-sur-Autre s'élève le mont Herboux, qui est le point de départ des chaînons du bois d'Olliergues, dont la direction est de N. 15° à 16° E. Chaînons N. 15° E.

L'un d'eux présente une assez grande importance, sinon par son élévation, du moins par sa longueur, qui est d'une quarantaine de kilomètres. Il prend naissance au nord d'Alègre et se poursuit jusqu'au delà du chaînon de Pierre-sur-Autre. Le point de croisement avec ce dernier donne lieu à un pic élevé de 1,425 mètres au-dessus du niveau de la mer. Les chaînons de direction N. 15° à 16° E. sont généralement moins élevés et paraissent antérieurs à ceux de N. 50°. O., qui semblent les avoir effacés.

Outre les directions précédentes, citées par M. Grüner, je crois qu'on peut encore retrouver une direction qui caractérise certaines parties des montagnes du Forez dans le versant de l'Allier.

Ainsi, la rivière de l'Arce, qui part du sud-est de Craponne et se dirige sur Saint-Anthême, l'Audrable qui est plus à l'est que cette dernière, la Dore de la Chaise-Dieu à Ambert, ainsi que quelques autres cours d'eau ont une direction nord-sud bien accusée; dans cette partie du plateau central, cette direction se reproduit fréquemment dans un grand nombre de lieux autour du bassin de Brassac.

La chaîne proprement dite du Forez est presque exclusivement composée de roches granitiques.

2° MASSIF DE CHAISE-DIEU.

Le massif de la Chaise-Dieu est compris au nord entre l'Allier et la Dore, et au sud entre la première de ces rivières et la Loire.

Par sa proximité et sa position à l'est des bassins de Brassac et de Langeac, il offre un intérêt particulier, car les mouvements qu'a éprouvés le terrain houiller sont en relation avec son accidentation.

Ce groupe montagneux s'étend entre les deux rivières que je viens de citer, depuis Courpière au sud de Thiers, jusqu'à Pradelles et Langogne, où il se relie à l'ouest à la montagne de la Margeride et à l'est au Mezenc, ainsi qu'aux chaînes volcaniques du Vivarais.

La partie nord, jusqu'à une ligne tirée de Paulhaguet à Fix, est entièrement granitique, tandis qu'au sud le terrain est basaltique.

Les directions dominantes entre la Dore et l'Arzon d'une part et l'Allier de l'autre, sont : 1° N. 15° à 20° E.; 2° N. 50° O.; 3° N. S.; 4° N. 15° O.

La chaîne principale s'étend d'Arlanc jusqu'au delà de Fix, sur la route du Puy à Brioude. Elle est fournie de deux rameaux de directions différentes qui se croisent au sud-est de la Chaise-Dieu, entre les sources de la Dore et de la Borne.

De Fix à la Chapelle-Bertin, la direction est N. 10° à 15° O.

De ce dernier lieu, l'arête culminante s'infléchit à l'ouest pour devenir N. 20° à 22° E. Elle se prolonge suivant cette orientation jusqu'à l'ouest de Craponne, mais à Félines elle est coupée par un chaînon orienté suivant N. 15° O., qui part de Saint-Paulien et se prolonge jusqu'à la Dolore au sud d'Arlanc.

De cette dernière ville à Sauxillanges, s'étend un long chaînon de 25 kilomètres de longueur, orienté suivant N. 50° O.; c'est aussi la direction de la Dolore jusqu'à Arlanc, mais à partir de cet endroit, elle s'infléchit brusquement au nord. Chaînons N. 50° O.

Un peu au sud de la ligne tirée d'Ambert à Billom, on trouve plusieurs arêtes culminantes alignées dans le même sens. Les cours d'eau eux-mêmes obéissent à cette direction caractéristique.

Entre Sauxillanges et Brassac, des chaînons secondaires affectent la direction N. 50° O., et au-dessus de Jumeaux la limite du terrain houiller et du gneiss suit cette orientation.

Entre Alègre et Fix, on trouve quelques collines et des cours d'eau orientés suivant N. 50° O.

L'ensemble du terrain houiller, de Lempdes à Lavaudieu, affecte cette même direction.

Près de la Chaise-Dieu, on remarque deux petits chaînons secondaires, entre lesquels coulent la Senouïre, dont les directions sont parallèles et de N. 15° à 20° E. On retrouve également cette même orientation dans quelques autres parties, mais elle est moins évidente, car elle a été effacée par des soulèvements plus récents. Chaînons N. 15° à 20° E.

Les chaînes de direction N.-S. sont bien plus fréquentes et très nette- Chaînons N.-S.

ment accusées dans la partie comprise entre une ligne tirée de Craponne à Ambert et la vallée de l'Allier.

La Dore, d'Arlanc à Ambert, et les arêtes culminantes des montagnes environnantes courent dans cette direction. Une longue chaîne, d'une étendue de 58 kilomètres, prend naissance sur les bords de la Senouïre, à l'est de Paulhaguet. Elle suit presque la direction du méridien (N. 4° O.), passe à l'est de Saint-Germain-l'Herm et se prolonge jusqu'à la Dore.

Une autre chaîne de même direction est établie sur la rive droite de la Senouïre. Elle part de Frugières-le-Pin et court jusqu'au delà de Saint-Germain-l'Herm, où elle rejoint la première, qui subit en ce point une déviation prononcée vers l'ouest.

Cette direction nord-sud se retrouve encore dans beaucoup de chaînons secondaires de la rive droite de l'Allier.

De Vieille-Brioude à Lavoûte-Chiliac, cette rivière suit la direction du méridien. Les collines qui sont à l'ouest jusqu'à Paulhaguet courent toutes dans le même sens d'une manière bien nette, ainsi que la Senouïre elle-même près de cette dernière ville.

Chaînons N. 15° O. Les arêtes de direction N. 15° O. sont peu nombreuses; cependant, on en observe quelques-unes.

J'ai cité le chaînon qui court entre Fix et la Chapelle-Bertin, dont la direction est N. 15° O., et l'autre plus à l'est, qui part de Saint-Paulien pour aboutir au nord de la Chaise-Dieu.

La direction générale de l'Allier, depuis Vieille-Brioude jusqu'aux Martres de Veyre, l'accuse également.

La partie méridionale du massif de la Chaise-Dieu, qui se relie aux montagnes du Vivarais, est complètement basaltique; aussi il me paraît inutile d'examiner sa composition orographique.

3° MASSIF DE LA MADELAINE.

Au nord des montagnes du Forez, celles de la Madelaine constituent un groupe distinct. Elles s'étendent de Saint-Just-en-Chevalet jusqu'au delà du Donjon et du dépôt houiller de Bert.

Elles présentent cela de particulier que tous les chaînons sont parallèles et courent sur une direction unique : N. 15° O.

La chaîne principale se compose de plusieurs chaînons, faisant naître des ondulations et des vallées peu profondes et d'une faible largeur. La ligne de faîte se tient à une assez grande élévation, qui dépasse 1,000 mètres la plupart du temps. Les points culminants sont 1,123 et 1,165 mètres.

Le massif entier est presque uniquement composé de porphyre quartzifère.

4° MONTAGNES DU BEAUJOLAIS.

La direction N. 15° O. se retrouve également, dans les montagnes du Beaujolais, dans un grand nombre de chaînes dont quelques-unes présentent une grande importance.

5° MASSIF DU PILAT.

Directement au sud de ces dernières se trouve le grand massif du Pilat. Quoique éloigné de la contrée dont je m'occupe, j'en dirai cependant quelques mots, parce qu'il a une grande importance et qu'il se relie à travers la Haute-Loire aux montagnes de la Margeride.

Ce groupe montagneux est formé d'une série de chaînons parallèles, tous orientés N. 55° E. Ils se succèdent de telle façon, dit M. Grüner, que chacun d'eux commence à la vallée du Rhône et se termine sur les bords de la Loire.

Le premier chaînon, en partant du nord, est celui de la Riverie, dont la hauteur moyenne est de 800 mètres.

Au sud du bassin houiller de Saint-Étienne, on en trouve un grand nombre. Le chaînon principal, auquel appartient le Pilat, s'élève en cet endroit à 1,432 mètres.

Au sud de celui-ci, il en existe aussi plusieurs autres qui suivent tous la même direction.

Dans le Pilat, comme dans le Forez, au milieu des directions générales N. 55° E., on trouve aussi de nombreuses arêtes N. 15° à 20° E.

Les strates du gneiss et du micaschiste sont à peu près orientées comme les dernières arêtes, c'est-à-dire N. 15° à 20° E.

6° MONTAGNES DE LA MARGERIDE.

Le massif de la Margeride est limité à l'est par l'Allier, au sud par le Lot, à l'ouest par la Truyère, enfin au nord par les montagnes basaltiques du Cantal et par l'Alagnon.

Le trait le plus caractéristique de ce groupe montagneux, c'est la chaîne proprement dite de la Margeride. Elle est la plus importante et la plus considérable et se trouve située au nord-est du département de la Lozère. Sur plus de 80 kilomètres de longueur, elle court du S. 23° E. à N. 23° O. Elle forme une arête culminante, qui domine de beaucoup les autres accidents de la contrée. Son élévation atteint quelquefois à 1,458 mètres, comme entre le Malzieu et Saugues, et se maintient habituellement un peu au-dessus de 1,400 mètres.

La Margeride prend naissance, vers le sud, aux environs de Saint-Amand et se prolonge régulièrement jusqu'à Paulhac. Elle se recourbe légèrement à l'ouest, avant d'arriver dans ce dernier endroit, suivant une direction O. 16° N. et reprend ensuite sa direction primitive.

Vers le nord, à l'est de Saint-Flour, elle subit une déviation très prononcée, et, par une brusque inflexion, elle va se perdre dans les montagnes du Cantal, suivant la direction O. 16° N. que j'ai déjà citée.

En sorte qu'au nord et au sud, c'est-à-dire à ses deux extrémités, la Margeride serait coupée par un système O. 16° N., qui est celui des monts Lozères.

De chaque côté de la dorsale régulière de cette grande chaîne, se détachent des chaînons parallèles, moins élevés, et dont la hauteur diminue à mesure qu'on s'éloigne de la chaîne principale.

De Villefort à Langogne, l'Allier suit également la direction N. 23° O.

Cependant certains chaînons secondaires sont aussi orientés suivant une direction que j'ai souvent indiquée, c'est celle de N. 10° à 15° E.

Au nord-est de Mende, la chaîne se recourbe légèrement à l'est et se termine par un vaste empâtement formant un plateau très élevé et très étendu près de Châteauneuf-Randon et qui prend le nom de *Palais du roi*.

Des vallées transversales descendent, en s'élargissant, des sommets de la Margeride et sillonnent ses flancs perpendiculairement à sa direction. C'est là que prennent naissance une multitude de petits ruisseaux, qui se réunissent bientôt pour former des cours d'eau, se jetant d'un côté dans l'Allier et de l'autre dans la Bruyère.

A l'ouest de la chaîne principale, le massif de la Margeride forme un plateau très élevé, qui se tient toujours au-dessus de 900 mètres de hauteur, surtout entre les montagnes d'Aubrac et Saint-Flour. De nombreux chaînons N. 23° O. et N. 15° O., qui sont du reste les deux seules directions dominantes, s'y entrecroisent en tous sens, mais ne forment que des crêtes saillantes peu étendues et possédant peu de relief.

Autour du dépôt houiller de Langeac, les crêtes des collines courent suivant la direction N. 25° à 30° O., comme les cours d'eau eux-mêmes. On retrouve cependant plusieurs directions nord-sud à l'ouest de ce bassin, mais à l'est elles se manifestent d'une manière encore plus évidente.

Depuis Vedrines-Saint-Loup, au nord de la forêt de la Margeride, court une crête saillante, presque sans interruption jusqu'à Lempdes, où elle disparaît sous le terrain houiller et le terrain tertiaire. Ainsi délimitée, sa longueur est de 32 kilomètres et sa direction suit presque celle du méridien (N. 2° O.). A l'est et à l'ouest, on remarque d'autres petites chaînes parallèles.

A l'est, la plus importante de ces chaînes part de la Chapelle-Saint-Laurent et vient se terminer à Grenier-Montgon, au sud-est de Blesle. L'Alagnon elle-même, qui coule au pied du versant ouest, possède une direction caractéristique N.-S., de Massiac à Blesle.

7° MASSIF DU CÉZALLIER.

Le massif du Cézallier relie les montagnes volcaniques des monts Dores à celles du Cantal; aussi, il se ressent beaucoup de leur constitution géologique.

Près d'Anzat-le-Luguet, il forme un pic très élevé de 1,555 mètres de hauteur. Dans les parties granitiques, les crêtes affectent une direction est, quelques degrés nord à ouest, quelques degrés sud.

La couze d'Issoire, celle de Champeix, ainsi que celle de Saint-Germain-Lembron, à l'ouest d'Ardes, ont une direction O. 10° N.-E., 10° S. Les crêtes granitiques qui les avoisinent courent également dans ce sens.

On trouve encore des directions nord, quelques degrés ouest, mais la plupart des roches granitiques sont cachées par les terrains basaltiques qui ont dû changer la configuration du sol et combler les anciennes dépressions. Les accidents, ainsi masqués par des terrains récents, ne sont pas aussi évidents que dans les divers groupes de montagnes dont j'ai parlé.

8° VALLÉE DE L'ALLIER.

La vallée de l'Allier, où se trouvent placés les bassins de Brassac et de Langeac, forme la limite du massif du Forez d'une part et du Cézallier et de la Margeride de l'autre; elle résulte pour ainsi dire de leur intersection. Par ce que j'ai dit sur l'orographie de ces montagnes, on a pu voir que les accidents courent en général suivant la direction nord-sud. Cette orientation forme le trait le plus saillant et le plus caractéristique des montagnes qui forment la vallée de l'Allier.

A prendre les choses dans leur ensemble, on peut remarquer que la ligne de faîte la plus élevée, qui termine le versant est de cette vallée, forme une chaîne quelquefois légèrement interrompue, mais qui se poursuit sur une grande longueur. Elle part du sud-est de Langeac au nord de la Margeride et se termine au delà de Courpière, après un parcours de plus de 80 kilomètres.

Les crêtes deviennent de plus en plus élevées à mesure qu'on s'avance vers le nord; ainsi, près de Saint-Germain-l'Herm, on trouve des cimes de 1,143 mètres d'élévation.

C'est l'inverse dans la chaîne occidentale, qui forme les derniers contreforts du Cézallier. A son origine méridionale, elle possède une hauteur de 1,124 mètres et elle va toujours en s'abaissant insensiblement jusqu'à Lempdes, où elle disparaît complètement.

L'Allier, dans la partie dont je m'occupe, est dirigé S. 30° E. à N. 30° O. C'est de l'arête saillante de la chaîne orientale, dont la direction est N. 5°, O.-S. 5° E., que partent une grande quantité de ruisseaux et de vallons quelquefois très profonds, qui viennent mourir dans le fond de la vallée de l'Allier. Dans le voisinage de cette rivière, leur direction est de E. 20° à 30° N.-O., 20° à 30° S. Mais en se rapprochant de la ligne de faîte, les vallons et les ruisseaux s'infléchissent pour se rapprocher de la direction nord-sud.

La vallée, qui a 4 kilomètres de largeur à Brioude, se rétrécit jusqu'à Brassac.

La différence de niveau entre l'Allier et les lignes de faîte est environ de 700 mètres.

De Brassac à Saint-Germain-l'Herm, placé sur l'arête culminante de la chaîne orientale, la distance est de 17 kilomètres, ce qui donne approximativement une pente 2° 1/4 ou de 0m,041 par mètre. On voit qu'en réalité c'est une pente bien faible. Mais certaines parties de cette vallée sont bien plus abruptes et on trouve des escarpements qui portent le niveau du sol à une élévation considérable à une petite distance de la rivière.

II

SOULÈVEMENTS ANTÉRIEURS A LA PÉRIODE HOUILLÈRE.

L'absence complète de terrains palœozoïques, autres que le terrain houiller, rend difficile la fixation de l'âge des soulèvements qui ont affecté le sol de cette contrée. Il n'est, dès lors, pas possible de les déterminer directement, d'une manière positive et certaine, et on ne peut le faire que par la comparaison des directions régulières et nettement accusées des chaînes principales avec les systèmes de soulèvements établis par M. Élie de Beaumont.

1° SOULÈVEMENT DE LA MARGERIDE.

Dans cette contrée, la ligne de soulèvement la plus ancienne paraît avoir été déterminée par le surgissement de la Margeride. Son arête culminante court sur une longueur de plus de 40 kilomètres et a pour direction N. 23° O.-S., 23° E.

Elle part de l'est de Saint-Amand et va se perdre au nord dans les collines de Saint-Léger. Une ligne de faîte, presque parallèle, mais moins saillante, s'est établie à l'est, sur la rive droite de l'Allier et à une distance de 25 kilomètres de la première. Prolongée, elle irait passer au sud de la limite du terrain houiller du bassin de Brassac et de Brioude, comme on peut le voir par l'inspection de la carte.

Plusieurs autres lignes parallèles, jalonnées par de hautes collines, se font remarquer à l'est de la Margeride, au nord de Saint-Chély et à l'est et au nord de Saint-Flour. Ces chaînons, d'une importance moindre que la ligne principale, n'en démontrent pas moins que ce soulèvement s'est exercé sur une grande étendue.

Par son ancienneté et sa direction, le système de la Margeride doit vraisemblablement se rapporter au système de la Vendée.

2° SYSTÈME N. 30° A 36° E.

Un soulèvement, qui s'est propagé à des distances bien plus considérables, est dirigé N. 30° à 36° E. — S. 30° à 36° O.

On en trouve de nombreuses traces au nord, au sud et surtout à l'ouest de la Margeride. Il s'est exercé sur une grande surface et a sillonné toute cette partie de la France centrale, comme on peut s'en convaincre par l'étude de la carte orographique et géologique de la feuille de titre.

Dans la Loire d'après M. Grüner, dans le Puy-de-Dôme d'après la carte de M. Baudin, dans la Haute-Loire et la Lozère d'après mes observations, on peut remarquer de nombreuses lignes de faîte de cette direction. Une des plus importantes est celle qui, partant du nord-ouest de Buines, aboutit à Vieille-Brioude. Une autre prend naissance au nord de la Margeride et se prolonge jusqu'à la Chaise-Dieu, en longeant le bassin de Langeac dans sa plus grande longueur.

Au nord de Saint-Germain-l'Herm, à l'est d'Ambert et d'Arlanc, près de la Chaise-Dieu et généralement dans tout le versant oriental de la vallée de l'Allier et des montagnes du Forez, on trouve une grande quantité de collines dont les crêtes élevées sont alignées suivant cette orientation.

Une des plus étendues est indiquée par M. Grüner dans sa Carte géologique de la Loire. Elle part d'Yssingeaux et se prolonge jusqu'au nord-ouest de Lyon. Toutes ces lignes de faîte, si multipliées suivant cette direction, démontrent que ce système a laissé de nombreuses et profondes traces dans cette partie du plateau central.

Ce système de soulèvement se rapporte à celui du Longmynd de M. Élie de Beaumont, qui, d'après M. Grüner, traverse le plateau central tout entier de Carcassonne à Semur.

Le système de la Margeride ainsi que ce dernier ont amené l'ouverture des fentes par où s'est épanché le granite porphyroïde. Il y aurait eu deux émissions de cette roche, à deux époques diverses, mais la nature minéralogique est restée la même.

Age du granite porphyroïde.

Le granite porphyroïde a soulevé et traversé les roches antérieures, qui étaient composées de granite schisteux, de gneiss, de micaschistes, de stéachistes et de schiste argileux. Les strates de ces roches sont relevés sur les flancs des montagnes et souvent ces dernières ont été plissées et repliées parallèlement à la direction de la ligne de faîte.

Le granite porphyroïde est anté-silurien.

On peut donc rapporter l'apparition du granite porphyroïde à une époque antérieure au terrain silurien et peut-être même au terrain cambrien.

M. Grüner pense que l'épanchement des granites éruptifs du plateau central doit se rapporter à une période unique, mais que la diversité des roches prouve en même temps que la période en question embrasse un certain laps de temps et comprend une série d'éruptions parallèles dont les produits ne sont pas rigoureusement identiques. Dans toute l'étendue du plateau central, les roches granitiques peuvent varier dans leurs caractères quoique étant du même âge, mais aux environs de Brioude, les roches de cette nature sont toutes à peu près semblables.

3° SYSTÈME DES MONTS LOZÈRES OU SOULÈVEMENTS O. 15° N.-E., 15° S.

Au sud-est du vaste empatement granitique de la montagne de la Margeride et de ses annexes, il existe un autre massif granitique très important qu'on appelle monts Lozères. Sa direction générale est O. 15° N.-E., 15° S. Il est composé de granite porphyroïde indentique à celui dont j'ai parlé.

Ce système de soulèvement est du même âge que celui des Ballons et des collines du Bocage de M. Élie de Beaumont.

Le granite porphyroïde, comme nous l'avons vu, a un âge plus ancien et appartient à la période anté-silurienne. Le granite des monts Lozères ne s'est pas épanché après le dépôt du calcaire carbonifère, mais il a été soulevé et poussé au jour lorsqu'il était déjà complètement solidifié, pendant la période carbonifère.

Au sud-ouest du bassin de Langeac, on trouve des chaînons orientés O. 15° N.-E., 15° S., et la limite du granite et du gneiss, d'après la Carte géologique du département du Puy-de-Dôme dressée par M. Baudin, suit à peu près cette orientation.

La roche éruptive qui a surgi à l'époque du soulèvement des Ballons et qui a déterminé les fractures de la croûte terrestre alignées dans ce sens, n'est pas arrivée au jour et n'existe pas dans les environs de Brioude. Pour la trouver, il faut aller dans la Loire. D'après la belle Carte géologique de ce département par M. Grüner, on voit que la roche qui a surgi à l'époque des Ballons est le porphyre granitoïde. Son âge se trouve parfaitement déterminé, car il a soulevé et bouleversé le calcaire carbonifère. L'apparition de cette roche a donc précédé la formation houillère.

4° SYSTÈME DU FOREZ OU SOULÈVEMENT N. 15° E.-S., 15° O.

L'épanchement du porphyre quartzifère a fait naître le système du Forez, dont la direction, d'après M. Grüner, est N. 15° E.-S., 15° O.

Ce soulèvement n'a guère fait sentir ses effets aux environs du bassin de Brassac, bien qu'on trouve quelques directions dans ce sens. Je ne le cite donc ici que pour mémoire, parce qu'il s'est exercé d'une manière très énergique dans une contrée voisine et qu'il y a joué un grand rôle. Dans le Roannais, le porphyre quartzifère a soulevé le terrain anthracifère que M. Grüner assimile au millstone-gritt. Il s'est donc épanché immédiatement avant la formation houillère, et la preuve la plus évidente, c'est la présence de blocs de porphyre quartzifère dans les poudingues du terrain houiller de Saint-Étienne.

5° MOUVEMENTS D'OSCILLATIONS DE DIRECTION E. 25°, N.-O., 25° S.

Dans la Loire, d'après l'habile géologue que je viens de citer, il s'est produit, pendant le dépôt du terrain anthracifère, des soulèvements et des affaissements tantôt lents, tantôt plus ou moins saccadés, suivant une direction E. 25° N.-O., 25° S. Ce mouvement avait pour résultat de relever le terrain anthracifère du Roannais et de faire affaisser le sol sur lequel reposent les terrains houillers de Saint-Étienne et de Sainte-Foy-l'Argentière.

Ces mouvements d'oscillations sont importants à étudier, car ils ne sont pas particuliers au sol de la Loire et ils se sont également propagés jusqu'aux dépôts houillers de Brassac et de Langeac.

Quoique séparés de la Loire par un massif montagneux considérable, nous verrons que les mêmes mouvements d'oscillation ou plutôt de bascule se produisaient aux environs de Brioude et relevaient au nord le terrain pour le faire affaisser au sud.

La structure du bassin de Brassac, la disposition des étages et la succession des assises démontrent l'existence réelle de ces mouvements, qui agissaient simultanément et dans le même sens que dans la Loire, ainsi que le démontrera l'étude détaillée du bassin.

CHAPITRE II

I

TERRAINS ANCIENS OU AZOÏQUES.

Les terrains azoïques composent en grande partie les massifs montagneux au milieu desquels se trouvent les dépôts houillers de Brassac et de Langeac.

Ces terrains anciens peuvent être séparés en deux formations bien distinctes par leur nature et par leur origine :

Terrain schisteux ancien ou formation gneissique, et *formation granitique.*

Sous le nom de la formation gneissique, je comprends : le granite schisteux, le gneiss, les micaschistes, les schistes tendres soit stéatiteux, soit micacés, soit argileux.

La roche dominante est le gneiss, qui se montre à découvert sur la plus grande partie de la vallée de l'Allier.

Il forme presque entièrement les chaînes qui encaissent cette vallée et y atteint le niveau de 1,000 à 1,100 mètres; on le rencontre rarement au-dessus.

Le Forez, le Pilat, la Margeride, ainsi qu'une partie de la chaîne de la Chaise-Dieu sont des montagnes granitiques. La formation schisteuse est adossée et relevée sur leurs flancs; et bien rarement elle en occupe le sommet.

1° TERRAIN SCHISTEUX ANCIEN OU TERRAIN DE GNEISS.

Les roches qui composent le terrain de gneiss sont toujours très schisteuses dans cette partie du plateau central. On peut le subdiviser de la manière suivante, en suivant l'ordre de la superposition :

5° Schiste argileux.

4° Stéaschiste.

3° Micaschiste.

2° Gneiss.

1° Granite schisteux.

La succession précédente n'est pas absolue et paraît quelquefois intervertie, peut-être dans les parties que j'ai observées y a-t-il eu des renversements difficiles à saisir et à constater. Ainsi dans la chaîne occidentale formant les derniers contreforts du Cézallier, le gneiss et le micaschite ne sont pas immédiatement en contact, mais sont séparés par une roche talqueuse dont la stratification est assez confuse.

Gneiss et granite schisteux.

Le gneiss et le granite schisteux ont beaucoup de caractères communs. Ce dernier ne diffère que par une schistosité moins grande, moins prononcée et par une disposition des éléments, qui se rapproche davantage de celle des véritables granites. En outre, le mica est prédominant dans le gneiss et le feldspath dans le granite schisteux. Les gneiss peuvent se détacher par bancs et quelquefois même par plaques minces, tandis que cette division est plus difficile dans le dernier, car l'épaisseur des strates est beaucoup plus grande. Le gneiss est généralement moins dur et résiste moins à la désagrégation et à l'altération de ses éléments, bien que par places les granites soient transformés en arènes.

Lorsque le gneiss perd une partie de son feldspath et prend une proportion plus grande de mica et de quartz, il se transforme en micaschiste.

Gneiss proprement dit.

Le gneiss, proprement dit, se compose de quartz, de feldspath et de mica. Mais la proportion et surtout la disposition de ces éléments sont particulières et forment même le caractère le plus essentiel pour établir une distinction marquée avec les granites.

Ils sont disposés par zones minces et alternant successivement, ce qui lui donne l'apparence d'une véritable roche sédimentaire.

Il est impossible d'attribuer cet ordre et cet arrangement caractéristiques à une cristallisation particulière. Cette roche, par son mode de formation, par sa nature, a dû être le résultat du remaniement et de la recomposition des éléments des roches qui formaient la croûte terrestre à cette époque primitive.

On ne trouve, il est vrai, aucun fossile ni aucune empreinte, mais j'ai eu l'occasion d'y constater des filons de graphite, comme par exemple près du château de Léotoing, sur les bords de l'Alagnon, au sud-ouest de Lempdes. La présence de ces matières carburées peut faire croire qu'à cette époque si ancienne, il commençait à se déposer dans les eaux des matières organiques ou que la végétation commençait à paraître et à produire les plantes qui devaient donner lieu plus tard à la formation du graphite.

Micaschistes.

Au-dessus du gneiss, viennent reposer les micaschistes, qui bien souvent peuvent être considérés comme formant l'axe principal des chaînes de montagnes. Ils constituent les sommets les plus élevés et descendent rarement au-dessous de 800 mètres. Ils renferment généralement peu de minéraux, mais très souvent des nœuds ou des filons de quartz cristallin.

Les micaschistes suivent toutes les ondulations du gneiss. Dans la chaîne orientale de la vallée de l'Allier, on les voit sur le sommet des collines former des selles dont la partie supérieure, placée sur l'axe, est horizontale et de chaque côté plonger ensuite en sens inverse sur les deux versants opposés.

Stéaschistes ou talschistes.

Les micaschistes perdent quelquefois leur mica, qui est remplacé par du talc et lorsque l'élimination est complète, on a alors des stéaschistes ou talschistes. Dans le Cézallier et le versant occidental de la vallée de l'Allier, c'est la roche filonienne par excellence. On y trouve un véritable réseau de toute espèce de filons métallifères et notamment de substances quartzeuses.

Si on réunit par des lignes les divers points où les stéaschistes se trouvent à découvert, dit M. Pissis, on voit qu'ils forment des bandes longitudinales des deux côtés de l'axe de la Margeride. Au nord de Saint-Flour, dans la chaîne nord-sud qui se prolonge jusqu'à Lempdes, règne une zone de cette roche, qui se maintient toujours à peu près au même niveau, mais qui est partout recouverte par les micaschistes. M. Pissis a observé des stéaschistes dans les localités suivantes : Fropenat, Chazelle, Mercœur, Ally, Pebrac, sur le versant oriental, et sur celui de l'occident : Saint-Pontey, Vabres et le Merle. La chaîne des Bitons présente à l'ouest des faits analogues.

Il est rare que cette roche se montre à découvert sans qu'on y rencontre de l'antimoine sulfuré, de la galène, du mispikel, des pyrites de fer, etc. D'après ce géologue, la plupart des mines exploitées dans le nord-est et l'est de la Haute-Loire appartiennent à cette formation. La mine de Chassagne présente même sous ce rapport un fait intéressant, puisqu'il montre que le stéaschiste se retrouve également au-dessous du gneiss. La partie supérieure du puits, d'après M. Pissis, est creusée dans cette dernière roche, tandis que le filon exploité se trouve au milieu du stéaschiste. Mais il pourrait se faire qu'il y eût dans cet endroit un renversement de terrains.

En résumé, dans cette partie de la Haute-Loire, le gneiss occupe les points les plus bas. Le micaschiste se montre à un niveau supérieur et l'axe des chaînes qui courent du nord au sud de chaque côté de l'Allier est assez souvent occupé par des stéaschistes.

Schistes. Les schistes se superposent souvent à ces derniers. Leurs éléments deviennent si fins qu'ils sont peu discernables à l'œil. Ils sont tendres, feuilletés et terreux en général; mais, quand ils sont siliceux, ils deviennent compactes et durs. Leur nature, leur manière d'être et leur stratification évidente démontrent leur origine sédimentaire.

Quelquefois, quand l'élément feldspathique domine, le schiste passe à une roche euritique ou pétrosiliceuse plus ou moins rubannée.

Souvent les schistes deviennent amphiboliques, comme entre Vieille-

Brioude et Lavoûte-Chiliac sur la rive droite de l'Allier, ainsi que dans la chaîne orientale.

2° DISPOSITION DU GRANITE ET DU GNEISS AUTOUR DES BASSINS DE BRASSAC ET DE LANGEAC.

La carte orographique et géologique indique la position des massifs montagneux formés par le granite dans cette partie du plateau central. On voit que la roche d'épanchement occupe presque toute la surface de cette contrée.

Les montagnes de la Margeride et d'Aubrac, les Cévennes, le Pilat, les montagnes du Forez, entièrement granitiques, dominent et environnent la région où se trouvent placés les dépôts de Brassac et de Langeac.

Je dois à l'obligeance de M. Tournaire, maintenant inspecteur général des mines, le tracé de la limite du granite et du terrain schisteux dans les environs de la Chaise-Dieu et au nord de la Margeride. Les cartes géologiques de MM. Gruner et Baudin m'ont servi dans les autres parties pour la délimitation des deux terrains.

La dépression où se trouvent placés les deux bassins houillers, est fermée de toutes parts, au nord, à l'est et au sud par une ceinture de granite. Le terrain gneissique forme une espèce de golfe qu'il remplit complètement. La surface de ce terrain est généralement moins élevée que les massifs granitiques. Cependant le Cézallier, composé de terrain schisteux et placé dans la partie ouest, atteint une très grande élévation, mais cette chaîne n'a dû recevoir son exhaussement que postérieurement à la formation houillère. Avant celle-ci, le terrain schisteux devait former des plateaux peu élevés eu égard aux massifs granitiques.

Au nord de Brassac, la limite du granite et du terrain schisteux se dirige de l'ouest à l'est. Au sud de la Chaise-Dieu, elle devient nord-sud et disparaît au midi vers Fix sous le terrain basaltique. Mais au delà, à l'est de Sangues, on retrouve encore la même direction le long de la montagne de la Margeride.

A l'ouest de la Chaise-Dieu se détache du massif principal une bande de granite qui suit la rive droite de la Sénouïre. Elle fait une longue pointe à travers le gneiss et les micaschistes et court sur une longueur de plus de 15 kilomètres, suivant la direction N. 34° E., qui correspond au système du Longmynd. D'après M. Tournaire, vers son milieu elle éprouve un brusque déplacement, vers l'est, égal à sa largeur, qui est de 1,800 mètres et dans un sens normal à sa direction.

Plus au sud, sur le versant est de la Margeride, la limite des deux terrains est loin d'être régulière ; elle forme des angles saillants et rentrants, mais la direction générale, prise dans son ensemble, se rapproche beaucoup de la direction N. 55° E., c'est-à-dire de la direction du Pilat. Ce système de soulèvement a dû se propager à travers la Haute-Loire, et M. Grüner, dans sa carte géologique, indique, de Monistrol-sur-Loire au sud de la Roche-en-Régnier, des crêtes qui courent dans ce sens. Il est donc possible que l'action de ce soulèvement se soit fait sentir jusque dans le nord et l'ouest de la Margeride.

A l'est de cette montagne, le terrain schisteux forme une bande étroite qui s'ouvre et s'élargit en allant vers le sud-est. Elle se recourbe dans ce sens aux environs de Langogne et constitue un défilé étroit entre les montagnes de la Loire et de la Haute-Loire.

C'est dans cette espèce d'anse formée par le gneiss, telle que je l'ai définie plus haut, que s'est déposé le terrain houiller, à la partie inférieure des pentes abruptes qui l'environnent de toutes parts.

A l'ouest des montagnes du Forez et à leurs pieds sont placés les dépôts houillers de Brassac et de Langeac, et à l'est ceux de Saint-Étienne et de Sainte-Foy-l'Argentière, à une distance de 60 à 80 kilomètres.

II

CARACTÈRES DU GNEISS ET DU GRANITE SCHISTEUX
DANS LES ENVIRONS DE BRIOUDE ET DE BRASSAC.

Le granite schisteux peut s'observer en plusieurs points, surtout sur la rive gauche de l'Allier; mais il ne forme jamais de massifs importants et qui puissent être définis avec précision. Ce n'est que dans les points où le sol a été disloqué profondément et redressé violemment qu'on le voit surtout apparaître.

Gneiss des environs de Jumeaux et de La Combelle.

Depuis le bec d'Alagnon jusqu'aux environs de Vieille-Brioude, le gneiss est assez variable dans ses caractères.

A l'extrémité nord du bassin houiller, près de Jumeaux et de La Combelle, la roche peut être considérée comme du granite schisteux. Cependant il est en bancs peu épais et par un grand nombre de caractères se rapproche beaucoup des véritables gneiss.

Gneiss près de Lempdes.

Près de Lempdes, dans la vallée de l'Alagnon, le gneiss est très micacé, d'une couleur grisâtre, à grains fins et avec des éléments très cristallins; les bancs sont épais, massifs et d'une épaisseur régulière. Plus haut, les strates diminuent d'épaisseur et le gneiss prend une structure plus schisteuse, plus feuilletée, mais jamais au point de constituer de véritables micaschistes.

Le quartz est hyalin, quelquefois de couleur grisâtre, en grains irréguliers et jamais en cristaux.

Le feldspath est blanc, très transparent, éminemment lamelleux. Il présente de légers reflets irisés et paraît appartenir à l'orthose.

Quant au mica, c'est lui qui par son abondance donne à la roche sa couleur et son caractère. Il est toujours noir ou rarement de couleur bronzée, en paillettes nombreuses et très petites. Il paraît de préférence enchâssé dans le quartz, auquel il communique quelquefois une légère coloration rougeâtre.

Ces éléments, qui sont presque exclusifs, sont loin d'être répartis uniformément en parties égales. Ils se concentrent par bandes minces et régulières, quelquefois contournées, mais suivant des plans continus, formant des lits quelquefois d'épaisseur égale. Par son agglomération, le feldspath donne lieu à de petites zones, placées parallèlement aux strates du gneiss. La couleur blanchâtre ou légèrement jaunâtre en indique parfaitement la nature. Ce minéral est alors pur et sans mélange.

Une couleur plus grise dénote le quartz, tandis que le mica, toujours noir et plus abondant, forme des zones de couleur sombre.

On trouve, mais rarement, des bandes d'amphibole brune. Alors l'hornblende paraît remplacer le mica accidentellement.

Sur certains points, le mica prend une grande prédominance et donne au gneiss l'aspect d'une roche sédimentaire. Son abondance semble exclure le feldspath. Le quartz est alors peu visible ; on peut cependant, à l'aide d'une loupe, constater qu'il en existe encore des grains très petits.

Serpentine en blocs isolés dans le gneiss.

C'est dans un pareil gneiss, qu'à 300 mètres environ de Lempdes, a été constatée la présence de la serpentine en blocs isolés. Dans cet endroit, les rochers qui encaissent l'Alagnon sont coupés à pic sur une assez grande hauteur, pour le passage de la route allant à Massiac.

On peut parfaitement étudier avec détail la nature et les caractères de la roche gneissique ainsi mise à nu et la disposition de la serpentine au milieu de ses bancs.

La figure 10, planche II, indique la position et l'arrangement des blocs dans le terrain et peut donner une idée de ce gisement.

Sur une longueur de 70 à 80 mètres, on peut compter une centaine de ces blocs sur la surface verticale de la roche. Ils sont répandus sans ordre et épars çà et là, comme au hasard. Leurs dimensions varient depuis quelques centimètres jusqu'à plus d'un mètre dans la plus grande longueur.

Leurs formes sont excessivement variables. On en trouve d'aplatis, comme des espèces d'amandes; d'autres affectent une forme paralléli-pipédique; d'autres fois d'autres sont sphéroïdaux. Les figures ci-dessous donnent une idée de cette variété de formes :

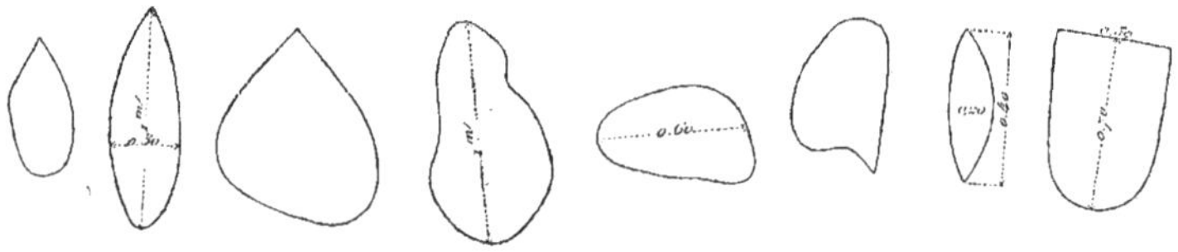

Quelquefois les blocs serpentineux paraissent couchés suivant le plan des strates, qui ont une inclinaison de 70° au sud. Mais il n'y a rien d'absolu dans cette manière d'être, car on en trouve aussi dont la plus grande dimension est à peu près perpendiculaire à l'inclinaison.

Quant à leur position dans les bancs, elle semble aussi être complètement indifférente : tantôt ils sont placés dans les plans de joint, tantôt dans l'intérieur des bancs massifs et épais.

Un examen attentif démontre qu'il n'y a dans la roche encaissante ni fentes ni fissures qui pourraient établir entre les blocs des relations mutuelles, et qu'ils sont complètement indépendants les uns des autres.

La roche serpentineuse se présente le plus souvent avec des caractères peu différents de ceux qu'elle possède ordinairement dans la plupart des nombreux gîtes des environs. Elle est vert noirâtre ou vert foncé, d'une teinte assez uniforme et n'offrant pas cette bigarrure de couleurs qui caractérise la serpentine dans d'autres localités, et à laquelle elle doit son nom. A l'œil nu, sa pâte paraît compacte, homogène, mais elle est un peu rude au toucher et ne possède pas l'onctuosité ordinaire des pâtes magnésiennes.

Cette roche est très tenace et résiste fortement sous le choc du marteau, dont elle reçoit cependant l'empreinte avec une certaine facilité. Sans être très tendre, elle se laisse facilement rayer avec une pointe ou entamer avec une lame de couteau. La poussière est grisâtre ou blanchâtre, assez grasse au toucher.

Dans certains échantillons, la serpentine est un peu schisteuse, dans d'autres massive et légèrement rubannée par des couleurs peu tranchées.

A la loupe, on peut voir que la pâte est formée de cristaux rudimentaires, de diallage vert sombre ou noirâtre, enchevêtrés les uns dans les autres, au milieu desquels sont répandus des grains tendres, cristallins, translucides, blanchâtres, grisâtres ou verdâtres et généralement très petits, formés par une substance magnésienne.

Le miroitement et les reflets que produisent à la lumière les nombreux plans de clivage et les facettes, indiquent une structure entrelacée comme celle que l'on observe dans certaines euphotides très diallagiques.

Il existe dans certaines parties de la roche une assez grande quantité de lamelles brillantes, quelquefois isolées, mais le plus souvent groupées et réunies en petits paquets, appartenant à deux espèces minérales.

On en remarque, en effet, qui ont un éclat assez vif, d'une couleur brunâtre, à reflets bronzés ou métalloïdes, fortement prononcés, surtout sous certaines incidences; mais l'éclat métallique cesse subitement de se montrer en devenant terne à la moindre interversion. Cette circonstance constitue un caractère propre au diallage. Mais, d'autres lamelles, en assez grand nombre, se présentent sous un aspect différent. Elles sont très brillantes, à éclat vif, blanc d'argent, blanc verdâtre ou nacré. Ce minéral est très tendre, car on peut facilement le couper avec une lame et même l'entamer avec l'ongle. Alors, il donne une poussière grisâtre très onctueuse. Il est composé de feuillets qui se détachent aisément et qui annoncent un clivage facile et prononcé. Ils semblent même former des cristaux par la manière dont ils sont groupés. Ce minéral est transparent. Les lamelles ne sont pas élastiques, sont peu flexibles et se lèvent par petites écailles. Quelques-unes d'entre elles présentent un reflet irisé assez prononcé, qui indiquerait peut-être un commencement de décomposition. Au chalumeau, cette substance se décolore, devient d'un blanc mat et ne fond pas. Les plans de clivage restent toujours brillants et quelquefois même les lamelles ne perdent pas leur translucidité. Quand ce minéral a été chauffé fortement, on peut apercevoir facilement que cette agglomération de lamelles présente une structure très feuilletée; on peut alors facilement les briser et les réduire en poudre. Cette substance présente beaucoup des caractères du talc et paraît appartenir à cette espèce minérale.

Au milieu de la pâte serpentineuse, on remarque aussi des veines ou filons d'une substance très cristalline, très-transparente, d'une couleur vert clair. Son éclat est gras et vitreux et elle présente beaucoup d'analogie avec la smaragdite.

D'autres veines sont composées, surtout dans les plans de joint de la roche, de cristaux diallagiques lamelleux, verdâtres et brunâtres, entrelacés.

On aperçoit encore dans la roche une substance transparente très lamelleuse, brunâtre, noirâtre, à reflets plus ou moins métalliques et bronzés, qui présente les caractères de la chlorite; cette substance est en effet très tendre et se laisse facilement couper au couteau. On voit aussi de petits filons formés par une substance verte, vert jaunâtre, vert clair, très translucide et très onctueuse au toucher. Elle est lamelleuse, légèrement fibreuse et forme de petites plaques de 2 ou 3 millimètres d'épaisseur qu'on peut détacher facilement. Elle présente quelque analogie avec la pyrosclérite, mais appartient, peut-être, à la serpentine noble.

Tous les blocs ne présentent pas des caractères minéralogiques identiques. J'en ai observé un grand nombre qui, au lieu de posséder une couleur noirâtre, d'avoir une pâte homogène et d'être doués d'une opacité complète, se montrent sous des apparences bien diverses et peu communes aux roches serpentineuses proprement dites. Ils ont une teinte d'un vert grisâtre, d'un vert foncé et quelquefois d'un vert clair. La cassure est légèrement esquilleuse, mais ni résinoïde ni cireuse.

Même à l'œil nu on peut constater que la masse de la roche est composée de grains très petits agglutinés et que les esquilles minces jouissent d'un grand degré de translucidité sur les bords. A la loupe, on voit un mélange de grains cristallins, d'aspect vitreux, transparents, d'une couleur grisâtre, verdâtre et vert clair, dont les petites facettes offrent des reflets très brillants. Dans certaines parties, il y a des zones ou des veines de couleur vert clair, vert émeraude, vert d'eau, dont les petits fragments ont une assez grande transparence.

Au chalumeau, cette substance perd sa couleur, devient grise ou rougeâtre, indiquant dans ce cas une assez grande richesse en fer. Si on la soumet à un feu très vif de cheminée, elle éprouve aussi une décoloration complète, devient blanchâtre, grisâtre, et se ditrifie légèrement sur les bords. Ce minéral semblerait appartenir à la variété de diallage smaragdite, qui paraît être une roche à deux éléments plutôt qu'un minéral proprement dit. Cependant il présente avec cette roche des différences essentielles, qui empêchent de les identifier d'une manière complète.

Plusieurs minéraux sont répandus avec abondance dans la pâte de la roche diallagique que je viens de citer. C'est en effet au milieu de cette roche particulière que l'on trouve exclusivement un assez grand nombre de cristaux d'une substance transparente et même un peu translucide, qui lui donnent, dans certains points, une apparence porphyroïde.

Ces cristaux, de forme allongée, prismatiques, possèdent au plus 1 centimètre de longueur. Ils sont très tendres, car on peut les rayer à l'ongle et les réduire facilement en poussière avec une lame. Leur couleur est brune, jaunâtre ou vert clair. Ils sont surtout caractérisés par une structure fibro-lamellaire. Leur cassure, dans le sens perpendiculaire aux fibres, est très inégale, légèrement esquilleuse et peut être déterminée par un clivage rudimentaire et un peu oblique.

Mais, dans l'autre sens, les plans de clivage sont très prononcés. Suivant ces faces, l'éclat est brillant, quelquefois un peu nacré ou légèrement bronzé. Ces cristaux se laissent décolorer, sans se fondre, par la flamme du chalumeau; mais ils ne perdent pas leur transparence d'une manière complète. Les plans de clivage deviennent d'un gris nacré mais peu brillant.

Ces caractères si distincts et si bien accusés indiquent que ces cristaux peuvent se rapporter à la bronzite.

Au milieu des grains cristallins verdâtres de la roche, sont encore disséminés, en très grand nombre, des cristaux à facettes brillantes et triangulaires. Ils sont noirs, complètement opaques et extrêmement petits. Cependant à la loupe on peut reconnaître leur forme octaédrique, et, comme ils ne sont pas attirables au barreau aimanté, ils doivent appartenir au fer chrômé.

On observe aussi un grand nombre de grenats, légèrement transparents, dont la couleur est d'un rouge très vif ou brun foncé avec de légers reflets violets. La cassure est inégale, subconchoïdale et esquilleuse. Leur dureté est assez grande ; cependant ils se laissent rayer avec une pointe d'acier. Leur éclat est résinoïde, vitreux et gras très prononcé. Leur petite dimension et la manière dont ils sont engagés dans la roche empêchent de reconnaître leur forme cristalline.

Au chalumeau, ils changent entièrement de couleur; ils deviennent complètement opaques, noirâtres et brillants dans leur cassure, mais ils ne fondent que légèrement sur les bords. Après qu'ils ont éprouvé pendant quelques moments l'action de la chaleur, ils deviennent friables, et on peut alors apercevoir facilement qu'ils sont traversés par de petites veinules blanches, microscopiques, peut-être de carbonate de chaux ou de chlorite.

Tout autour de la circonférence du grenat, on remarque une substance grisâtre ou blanchâtre, assez tendre, dans laquelle les cristaux paraissent complètement engagés et y former comme une espèce de noyau. Cette substance me paraît résulter d'un pseudomorphose du grenat, qui, par son altération, se transforme souvent d'une manière complète en matière chloriteuse, grise et opaque, peut-être même en chlorite ferrugineuse, comme l'a observé M. Delesse dans les serpentines des Vosges. Souvent on n'aperçoit, au milieu de ces nodules, qu'un très petit rudiment de cristal de grenat qui n'a pas encore subi complètement l'action pseudomorphique. Dans les cassures, les grenats laissent souvent apercevoir des reflets irisés.

qui dénotent le commencement de la décomposition et de l'altération par les agents chimiques.

Dans certains blocs serpentineux de forme sphéroïdale, j'ai observé une structure cristalline des éléments de la pâte de la roche. Éminemment granulaire, celle-ci paraît formée de rudiments de cristaux d'un vert émeraude ou d'un vert clair prononcé. Les esquilles sont transparentes et même quelquefois translucides.

Ce minéral a une apparence et le facies de certains pyroxènes verts à éclat vitreux, transparents, d'un vert émeraude, avec lequel il semble avoir peut-être quelque analogie et quelques rapports dans les caractères extérieurs. Au premier abord, elle présente aussi quelque ressemblance avec les roches diallagiques et grénatifères auxquelles on a donné le nom d'*omphacite.* On y trouve des grenats et des cristaux de bronzite. Ce genre particulier de roche, ainsi que la roche dont il a été parlé précédemment, semble former des filons, ou peut-être des noyaux, au milieu de la roche serpentineuse ordinaire.

On a du reste observé, dans d'autres localités, des serpentines présentant des caractères à peu près semblables. M. Fournet, d'après un travail géologique intitulé : *Résultats sommaires d'une exploration dans les Vosges,* inséré dans le quatrième volume de la deuxième série du Bulletin de la Société géologique de France, semble avoir observé de la serpentine dont la nature est identique. Le savant géologue s'exprime ainsi :

« Je crois devoir faire remarquer que la serpentine du Bonhomme « diffère un peu de celle des Alpes et de la Toscane, par une grande dureté et « par l'absence de cette cassure esquilleuse ou céroïde, qui caractérise si « souvent les dernières. Elle montre, au contraire, la plus grande analogie « avec les serpentines dures du mont Pilat, vers Saint-Julien-Molin-Mollette « et Pelussin. Elle contient, en outre, des rognons assez volumineux, d'une « substance assez semblable au premier aspect à certains péridots granu- « laires volcaniques, mais plus tendres, plus clivables dans un sens, à « éclat gras, tournant au vitreux, d'une couleur jaune verdâtre et qui

« pourrait bien constituer une espèce nouvelle qui se classerait à côté de « la marmolite. »

Une analyse chimique serait indispensable pour fixer et caractériser, d'une manière plus certaine, la nature des cristaux diallagiques dont j'ai parlé et leur assigner une assimilation plus complète avec d'autres minéraux magnésiens tels que ceux que je viens de citer.

Décomposition des blocs.

La serpentine, qui compose tous ces blocs, est loin de se trouver dans un état normal et d'être parfaitement conservée. Elle est le plus souvent en décomposition et dans un état d'altération très avancée. La décomposition procède de la surface au centre, de l'extérieur à l'intérieur.

Le premier degré d'altération s'annonce par un changement de couleur. La roche devient plus blanchâtre, grisâtre, jaunâtre, et perd complètement sa couleur verte et noire en même temps que sa transparence.

Le produit de cette décomposition est infiniment variable dans ses caractères, suivant le degré plus ou moins avancé où elle est arrivée, et présente, en conséquence, des circonstances bien diverses.

Dans certains blocs, surtout dans ceux qui sont les plus diallagiques, on peut facilement étudier dans les cassures les transformations diverses que subissent les éléments. La figure ci-dessous représente une cassure

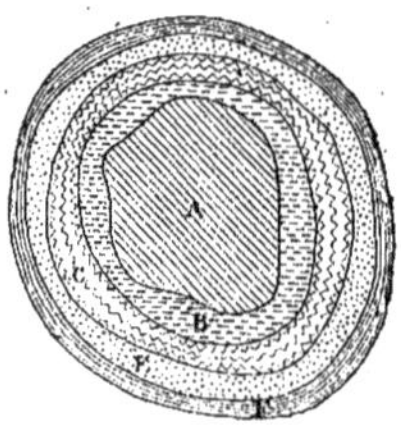

obtenue dans un bloc ovoïde. Au centre, on aperçoit un noyau A de la roche, complètement sain.

Tout autour, il est limité par une zone B de couleur un peu sombre, plus grisâtre et d'une transparence moins grande. On aperçoit par places de légers reflets irisés, qui indiquent un commencement d'altération. Puis après, la masse de la roche perd complètement sa couleur ordinaire et passe entièrement à une matière C grisâtre et légèrement transparente. Celle-ci est formée de lamelles cristallines dans une direction perpendiculaire à la surface extérieure du bloc.

Mais la structure est entrelacée et les cristaux sont enchevêtrés comme dans la pierre ollaire.

Au milieu, on aperçoit quelques lamelles blanchâtres et argentées. Celles-ci deviennent ensuite plus nombreuses et plus prononcées et paraissent être le commencement d'une nouvelle transformation D du minéral précédent. Enfin, à l'extérieur du bloc, au contact de la roche gneissique, vient une dernière zone E, composée exclusivement de lamelles noirâtres, brunâtres, verdâtres foncées, à reflets légèrement dorés ou bronzés, très cristallines, très tendres, qui présentent tous les caractères de la chlorite.

Les cristaux de diallage résistent beaucoup mieux à la décomposition que la pâte de la roche. Ils se décolorent un peu et perdent une partie de leur translucidité.

Les grenats deviennent aussi moins transparents, leurs contours moins nets ; leur couleur passe ordinairement au noirâtre, et alors, ils sont complètement opaques.

Ces changements dans l'état des éléments de la roche, n'ont pas lieu d'une manière brusque, mais s'opèrent par gradations imperceptibles.

On voit qu'ils donnent lieu, suivant le degré plus ou moins avancé et parfait de la décomposition, à des minéraux divers. Ils sont donc le résultat d'un pseudomorphisme des plus curieux et des plus intéressants, qui tend à transformer les éléments magnésiens en une substance cristalline écailleuse et ensuite en une chlorite ferrugineuse.

Dans beaucoup de blocs, la matière chloriteuse se laisse, à son tour, décomposer et oxyder. Elle passe alors à une substance très tendre, verdâtre, formée par la réunion de lamelles brillantes à reflets nacrés, qui indiqueraient une assez grande richesse en fer et en magnésie, formant probablement des hydrosilicates.

Un état plus avancé, plus complet dans l'altération des éléments de la roche, une plus grande quantité de lamelles, une désagrégation plus considérable conduisent à des matières terreuses vertes, qui sont le dernier degré de la dégradation de la roche et de la transformation des éléments serpentineux. Alors, la cohésion disparaît complètement, et on n'a plus qu'une matière argileuse ou un enduit très tendre que l'on peut enlever avec les doigts. La couleur devient verte, jaunâtre rougeâtre, ce qui annonce un commencement de *rubéfaction*. Celle-ci étant plus complète, les blocs sont entourés uniquement par une couche d'oxyde de fer rougeâtre ou jaunâtre.

La rubéfaction et la décomposition pénètrent souvent à une grande profondeur. On trouve même des blocs transformés en une espèce de terre verte, jaunâtre, grisâtre ou rougeâtre. Alors, il n'y a pas plus de cohésion que dans une argile ordinaire, et leur friabilité est telle qu'on peut en écraser les morceaux entre les doigts.

Le plus souvent la décomposition procède par couches ou zones concentriques d'une épaisseur à peu près égale et dont les couleurs, dans la cassure, forment un contraste avec le noyau sain de la roche qu'on aperçoit dans le milieu.

Dans certains blocs d'un volume considérable, j'ai remarqué un genre de décomposition assez curieux pour être cité.

Leur extérieur était rubéfié et composé d'oxyde ferrugineux grisâtre ou jaunâtre, qui passait à une couche blanc jaunâtre excessivement friable et souvent réduite en poussière impalpable, H.

Ensuite venait concentriquement une zone G, composée de petits noyaux ou nodules en forme de boules ou d'amandes dont le contraste de couleur donnait à la roche une apparence de structure glandulaire. Chacun de ces noyaux, composé par un morceau de serpentine intacte et bien conservée, formait des centres nombreux, autour desquels s'opérait la décomposition. Ce fait démontre qu'il existe certaines parties de la roche qui se laissent attaquer moins facilement, et ce sont ordinairement les plus diallagiques. La grosseur des blocs n'influe en rien sur le degré d'avancement de l'altération. J'en ai trouvé d'énormes, complètement décomposés, tandis que d'autres, très petits, s'étaient conservés sans perdre beaucoup des

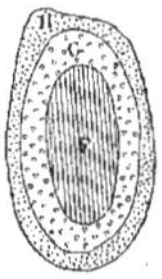

caractères ordinaires de la serpentine; quelques-uns même les ont conservés d'une manière complète.

On pourrait peut-être présumer que c'est par leur séjour à l'air, depuis qu'a eu lieu le déblai pour le passage de la route, que ces blocs ont pu être décomposés par les agents atmosphériques. Mais le temps si court d'un ou deux ans n'aurait certes pas suffi, et ce n'est pas depuis cette époque que la décomposition aurait pu se produire. Du reste, j'ai trouvé moi-même, au milieu des bancs de gneiss que la mine venait d'entr'ouvrir et de disjoindre, les morceaux des blocs de serpentine complètement décomposés et réduits en une matière argileuse ou sableuse très tendre.

La présence de ces blocs de serpentine au milieu du gneiss est un fait assez bizarre et difficile à expliquer. Au milieu des terrains de tous les âges et de toutes les formations, on trouve, en effet, beaucoup de corps hétérogènes, affectant des formes diverses plus ou moins régulières et d'une nature minéralogique complètement différente de celle de la roche encaissante. Mais, dans le cas particulier du gisement de l'Alagnon, ces blocs devaient provenir de roches préexistantes à la formation gneissique. C'est du moins ce que peuvent faire induire les formes anguleuses de certains d'entre eux. Ce devait être une roche à base de magnésie, combinée avec différents éléments qu'on trouve ordinairement dans la serpentine. Le métamorphisme aurait ensuite modifié ces blocs et les aurait amenés à posséder les caractères de cette dernière roche.

Origine probable des blocs serpentineux.

Le gisement de serpentine, dont je viens de donner la description, me paraît si étrange, si bizarre et si anormal, qu'il est difficile d'assigner à ces blocs leur véritable origine et d'expliquer leur présence au milieu des bancs de gneiss.

Un examen minutieux m'a démontré qu'il n'y avait entre ces fragments ni fissures ni relations d'aucune sorte, comme le croyait M. Hébert, lorsqu'il rendit compte de ma Notice géologique sur ce gisement serpentineux si singulier.

Depuis, j'ai cherché une explication et à me rendre compte de la véritable cause qui a pu les introduire à l'intérieur de ces roches gneissiques. Si, comme je l'ai dit, il existe des blocs de formes arrondies, beaucoup d'autres sont en fragments à angles vifs ou émoussés par la décomposition. La nature même de cette serpentine ne présente pas les caractères ordinaires de celles du pays, qui remplissent des filons, et sont postérieures au terrain houiller.

Il y a de quoi exercer la sagacité des géologues les plus savants, car toute théorie et même toute spéculation géologique échoue devant les faits inexplicables que fournit ce gisement.

Depuis l'époque où j'ai fait sa découverte, j'ai eu l'occasion d'étudier un travail de M. Daubrée sur les météorites, présenté à l'Académie en 1866 et intitulé : *Expériences relatives aux météorites. Rapprochements auxquels ces expériences conduisent, tant pour la formation de ces corps planétaires que pour celle du globe terrestre.*

Le gisement serpentineux de Lempdes fournit des roches semblables à celles que décrit M. Daubrée. Aussi, en présence de l'anomalie singulière qu'il montre, je crois que l'on peut, sans trop de témérité, leur assigner une origine pareille.

Ces blocs seraient donc le résultat de chutes de météorites, à l'époque de la formation des gneiss, où ils auraient été enfouis. On comprend alors leurs formes angulaires, inexplicables par toute autre hypothèse[1].

1. Voir pour plus amples détails mon Mémoire intitulé : *Notice géologique sur un gisement de serpentine en blocs isolés dans le gneiss, près de Lempdes* (*Haute-Loire*), par M. Dorlhac. *Mémoires de la Société académique du Puy*, tome XX, 1859.

Gneiss près St-Géron.

Près du village de Saint-Géron, on voit un granite schisteux qui se rapproche beaucoup du gneiss. Il est grisâtre, tendre et souvent friable. Les bancs sont réguliers et se lèvent par plaques d'assez grandes dimensions. Les plans de joint sont alors très nets et très unis. La direction est N. 20° à 25° O., et l'inclinaison de 45° au N.-E.

Cependant la disposition des éléments est plutôt granitique que gneissique. La couleur varie du grisâtre au rougeâtre. Accidentellement, elle devient d'une teinte lie de vin par la rubéfaction des éléments. On y observe des passages au gneiss et même au micaschiste.

Près Riomartin.

En s'avançant au sud, vers Riomartin, la direction devient N. 72° O. En remontant le ruisseau au delà du petit pont, on rencontre un granite schisteux, à assez gros bancs, formant un escarpement assez prononcé, où les eaux tombent en cascade. (Voir fig. 2, planche II.)

Au pied sont des stéaschistes rougeâtres et verdâtres, comme ceux que l'on observe à la base du terrain houiller, près Lavaudieu.

Le flanc escarpé de la rive gauche du ruisseau présente la coupe indiquée dans la figure 2. Entre deux bancs de gneiss est une couche d'argile schisteuse d'une dizaine de mètres d'épaisseur. Elle est composée de petits lits d'argile noirâtre et peut-être charbonneuse ou graphiteuse, entremêlés d'autres argiles grises ou blanchâtres, qui paraissent être feldspathiques. Dans certains endroits, cette roche prend l'apparence d'un poudingue, mais, en général, ses caractères sont assez confus.

On a voulu y voir un affleurement de schiste houiller décomposé, qui pourrait faire supposer l'extension du dépôt carbonifère jusqu'en ce point. Mais un puits, dont j'aurai l'occasion de parler plus tard, placé entre Riomartin et Bournoncle-la-Roche, c'est-à-dire beaucoup plus à l'est, n'a rencontré que le stéaschiste de la base du terrain houiller. Il est probable que cette couche d'argile noire représente le remplissage d'une faille ou d'un filon stérile, comme on en voit beaucoup dans cette contrée.

Gneiss à Vieille-Brioude.

A Vieille-Brioude, sur la rive droite de l'Allier, le granite schisteux se présente à gros bancs, quelquefois très épais. Le mica, ordinairement peu abondant, est en petite lamelles noirâtres, brillantes ou dorées. Le feldspath est assez abondant, et ses cristaux ont un clivage très prononcé, très lamelleux et doivent appartenir à l'orthose. On y trouve aussi quelques petites lamelles de chlorite verte écailleuse, qui a quelquefois de légers reflets lilas ou rougeâtres.

Entre Vieille-Brioude et Brioude.

Entre Vieille-Brioude et Brioude, le granite schisteux a un grain plus grossier et possède une plus grande abondance de mica. Le feldspath est blanc de lait, couleur qui annonce un commencement d'altération ; aussi la roche est assez friable.

De Buze à Lavaudieu.

Entre Buze et Lavaudieu, tout le long de la limite du terrain houiller, on trouve un gneiss qui offre quelque tendance à passer au micaschiste. Il est rougeâtre, rosé ou blanchâtre. La couleur rouge domine d'autant plus qu'on se rapproche des stéaschistes rouges, qui supportent le terrain houiller et qui forment sa base. La roche est veinée, tantôt quartzeuse, tantôt feldspathique. Elle devient quelquefois très friable, alors le feldspath est en voie de décomposition et se présente à l'état kaolineux.

En certains endroits, il y a souvent peu de mica, et, quand il y en a, il est de couleur claire ou verdâtre.

Les bancs de ce gneiss présentent des couleurs diverses, ils sont tantôt bleuâtres, tantôt rouges lie de vin.

Au nord de Lavaudieu, la roche devient gneissique et quelquefois même micaschisteuse.

Gneiss de la partie orientale.

Dans la partie orientale du dépôt houiller, c'est-à-dire depuis Lugeac, près Lavaudieu, jusqu'à Jumeaux, les roches gneissiques présentent des différences bien marquées avec celles de la rive gauche de l'Allier.

Le gneiss est micaschisteux, veiné et les éléments présentent la plupart du temps une cristallisation confuse.

La roche est composée de lits très minces et alternatifs de feldspath, de quartz et de mica, et se présente sous l'apparence d'une roche sédimentaire.

Mais, sur une grande partie de la lisière est du bassin, on trouve une roche présentant des caractères bien différents des gneiss ordinaires. Elle existe particulièrement dans les endroits où le terrain houiller a été soulevé d'une manière énergique et redressé fortement, comme à Lugeac près de Lavaudieu, à Lamothe, à Azerat, à Auzon, à la butte de Lugeac près la Taupe, à Vezezou et à Jumeaux.

La roche est moins schisteuse, plus massive et d'une couleur grisâtre ou blanchâtre. Elle est composée de feldspath, de quartz et de très peu de mica, qui, dans beaucoup d'endroits, devient très rare.

Le quartz est gris et peu abondant, et c'est le feldspath qui domine et forme la masse de la roche. Il est ordinairement grenu, blanc et assez souvent kaolineux.

Le mica, quand il existe, est toujours blanc d'argent; le grenat, rose ou rouge, est assez fréquent; cette roche présente donc les caractères ordinaires de la leptynite, mais, dans certaines localités, comme à Pauliac, elle prend ceux d'une pegmatite ou du granite graphique. On y observe quelquefois de petits cristaux d'amphibole et de tourmaline.

Sur la rive droite de l'Allier, la leptynite règne presque tout le long et se tient à une certaine hauteur dans les collines sur lesquelles s'appuie le terrain houiller.

Un peu plus haut, on retrouve le gneiss à mica noir avec les caractères que j'ai déjà indiqués.

Ces roches leptynitiques et pegmatitiques me paraissent des roches sous-jacentes sur lesquelles repose le gneiss, comme je l'ai dit; ce serait le redressement énergique qui a placé le terrain houiller dans une position verticale, qui les aurait amenées au jour.

2° SCHISTES AMPHIBOLIQUES.

Dans un grand nombre de lieux, on trouve des schistes amphiboliques, surtout dans les collines qui forment la rive droite de l'Allier. A Belmont, au sud de Saint-Privat-du-Dragon, on voit cette roche sur une assez grande étendue. On en trouve surtout dans le voisinage des filons amphiboliques ou dioritiques.

3° FILONS DANS LE GNEISS.

Les gneiss des environs de Brassac et de Brioude sont sillonnés d'une grande quantité de filons de toute nature. Ce sont des filons de quartz, de baryte sulfatée, de chaux fluatée, de serpentine, de diorite, etc.

Les filons quartzeux, plombifères, barytiques et fluoriques sont orientés suivant les directions générales : Filons de quartz, de barytine, de plomb et de serpentine.

1°. — O. 15°. N.

2°. — E. 5° N.

3°. — N. 50°. O.

Cependant la masse des filons se groupe suivant cette dernière direction, et on peut dire que les lignes de dislocation N. 50° O., sont jalonnées tantôt par des filons barytiques, quartzeux et plombifères, tantôt par des amas de serpentine, et souvent par les deux à la fois : la Carte géologique peut démontrer combien le sol de cette contrée a été disloqué en tous sens et indiquer la quantité de sources minérales ou thermo-minérales qui devaient jaillir de toutes parts.

Les sources minérales sont encore aujourd'hui extrêmement nombreuses, et elles sourdent bien souvent des filons eux-mêmes.

Les cassures, si nombreuses suivant la direction si caractéristique N. 50° O., qui représente le système du Morvan, indiquent que ce soulèvement a agi très énergiquement dans cette contrée. Il a opéré de nombreuses fractures dans le sol, et a déterminé la réouverture de fentes anciennes qui résultaient de soulèvements antérieurs. Les filons de quartz sont surtout très abondants, mais ma Carte géologique n'indique d'une manière spéciale que les filons de barytine et de chaux fluatée.

La serpentine est arrivée au jour par les fractures N. 50° O. Elle forme de nombreux filons et amas dont l'étendue n'est jamais considérable. On peut en signaler une vingtaine de gîtes aux environs des bassins de Brassac et de Langeac : à Jumeaux; aux Flottes et à Saint-Cirgues près de Lamothe; à Isseuge (planche II, fig. 11), à l'ouest de Champagne-le-Vieux ; à Saint-Préjet, Serpentine.

Planche II, fig. 2. au nord de Paulhaguet; au cratère de Bingues près Alègre; à la Fageolles près Pinols; à Sauzet près de Saugues; près de Pébrac, au sud de Langeac; à Saint-Ilpice; à Saint-Just; à Costecirgues; à Lubillac; près Grenier-Mougon, etc. On l'a aussi trouvée près de Paulhac, au hameau de la Pauzé, sur la partie la plus élevée de la chaîne de la Margeride, ainsi qu'à la Roche près de la Chaise-Dieu.

Galène.

La galène est accompagnée souvent de baryte sulfatée; en profondeur cette dernière disparaît. La proportion de quartz augmente et bientôt envahit tout le filon. Il s'y mêle insensiblement des grains de galène, qui deviennent plus abondants à mesure que l'on descend à une plus grande profondeur.

Dans les croisements de filons, les minerais plombifères sont plus abondants et plus près de la surface.

Pyrite arsenicale et mispikel.

Les gneiss sont criblés de filons de pyrite arsenicale et de mispikel, surtout dans les collines de la rive droite de l'Allier. L'épaisseur de la matière métallifère n'est pas ordinairement bien forte. Non loin de l'affleurement houiller de Lamothe, près du pont de Pressac, on observe cinq petits filons qui sont dirigés sur N. 20° O. Ils sont remplis par une salbande argileuse blanche, kaolineuse, où l'on constate une petite épaisseur de pyrite arsenicale et de mispikel. De l'un de ces filons s'échappe une source minérale, fréquentée par les habitants du pays. On retrouve encore ces filons en se dirigeant au nord, vers les Grézes. (Voir pl. II.)

Aux environs de Jumeaux, les filons de cette nature sont très fréquents, et, depuis Lamothe jusqu'à cette dernière localité, les terrains gneissiques sont particulièrement coupés en tous sens par des cassures filoniennes. Près de la Brugère et dans les vallées environnantes, j'ai trouvé plusieurs petits filons de pyrite arsenicale et de mispikel.

A la Brugère même, on a exploité un filon qui contenait en outre de la galène.

A Pégut, entre Champagnat-le-Jeune et le Vernet, on a trouvé un filon qui contenait du minerai de cuivre très riche dans certaines parties.

Antimoine sulfuré.

Sur la rive gauche de l'Allier, on trouve de nombreux filons d'antimoine sulfuré. C'est surtout dans le Cézallier et dans la chaîne qui s'étend jusqu'à la Margeride, qu'ils sont très abondants. Leur direction est le plus généralement N. 20° O. Les plus connus sont ceux d'Anzat-le-Suguet, de Lubillac, de la Licoulne près Ally et tous ceux que l'on trouve entre le bassin de Langeac et Saint-Flour. Leur gangue est toujours le quartz.

On a trouvé un petit filon de graphite à Léotoing, près Lempdes. Graphite.

III

ROCHES ÉRUPTIVES ANCIENNES

OU FORMATION GRANITIQUE.

Je comprends sous le nom de formation granitique : le granite à grains fins, le granite à gros grains, le granite porphyroïde et leurs congénères, qui sont, la pegmatite, etc. Toutes ces roches sont plus récentes que le terrain de gneiss, car elles l'ont relevé, fracturé et disloqué pour s'épancher.

GRANITE.

Le granite proprement dit est de beaucoup la roche dominante. Il est ordinairement composé de quartz gris plus ou moins translucide, de feldspath blanc opaque, ordinairement de l'orthose, et de mica noir ou brun, habituellement très brillant. Mais plusieurs géologues, entre autres M. Gruner, M. Durocher et M. Fournet ont aussi reconnu de l'albite dans les granites porphyroïdes du Beaujolais.

Les éléments sont associés en masses plus ou moins volumineuses, mais les cristaux de feldspath prennent quelquefois des proportions énormes. La diversité de grosseur dans les éléments a fait diviser ces roches en granite grenu ou granite ordinaire et granite porphyroïde.

Mais le premier est le plus abondant, quoique le second forme, comme dans les Margerides, des massifs considérables. Du reste, ces deux espèces de granite passent assez souvent l'une à l'autre.

Le granite ordinaire se divise lui-même en granite à grains fins et en granite à gros grains.

Dans sa description géologique de la Loire, M. Gruner dit que le granite à grains fins est le granite type du Forez. Les éléments en sont fins, et leurs particules quartzeuses et feldspathiques ne dépassent pas 2 ou 3 millimètres dans leurs plus grandes dimensions. Le mica est assez abondant et possède des couleurs foncées. C'est cet élément qui donne à la roche une teinte sombre et la rend friable.

Le granite à grains fins n'est ni stratifié ni schisteux et ne passe jamais au gneiss. Il forme des crêtes arrondies et des chaînes mollement ondulées. Il empâte des blocs de gneiss ou de micaschistes souvent d'un volume considérable.

Lorsque les éléments du granite à grains fins deviennent plus volumineux, on lui donne alors le nom de granite à gros grains. La grosseur des cristaux ne dépasse pas 10 à 15 millimètres. Le feldspath est le minéral le plus abondant et la proportion de mica est bien moindre que dans la variété précédente.

Le granite à gros grains est plus rare et passe quelquefois au granite porphyroïde. Le feldspath prend une teinte rosée et le mica est noir, brun, vert ou jaune.

Le granite porphyroïde se distingue des précédents par l'abondance et la grosseur des cristaux de feldspath. Ses caractères minéralogiques sont peu variés. Il n'alterne jamais avec les gneiss et les micaschistes.

Dans les endroits où cette roche est la mieux caractérisée, sa structure est massive et sans délits. Elle forme une roche difficile à tailler et possède des éléments essentiellement cristallins. La cassure est irrégulière, rugueuse et inégale.

La couleur toujours claire varie du blanc grisâtre au gris clair, et les endroits où elle devient rougeâtre ou fauve sont extrêmement rares. Au milieu d'une pâte toujours à gros grains, facilement dicernables à l'œil nu, sont disséminés de nombreux cristaux de feldspath, variables dans leurs dimensions, mais souvent très volumineux, et qui donnent à ce granite son aspect porphyroïde. Cette roche contient deux espèces de feldspath, l'un formant les gros cristaux dont je viens de parler, et qui sont régulièrement cristallisés, et l'autre répandu en grains au milieu de la pâte.

Éléments composants.

Les éléments sont : le quartz, l'orthose, un feldspath du sixième système, un seul mica, et quelquefois de l'amphibole hornblende.

Quartz.
Orthose.

Le quartz, qui est quelquefois très abondant, est hyalin et toujours d'une couleur grise. Les grains, irréguliers et amorphes, en général, présentent parfois des formes plus ou moins bien déterminées, qui ont quelque apparence de rudiments de cristaux. La quantité varie du reste d'un lieu à un autre. Les variétés où le quartz est gros et abondant, sont plus dures et résistent mieux à l'action des agents atmosphériques.

Feldspath du sixième système.

Le feldspath, qui forme les cristaux, est le minéral le plus abondant. Ceux-ci sont souvent répandus avec une grande profusion, et leur nombre paraît être en sens inverse de leur grosseur; dans les Margerides, on rencontre des cristaux d'une longueur de 15 centimètres sur 8 ou 10 de largeur.

Ce feldspath est toujours blanc, lamelleux, opaque ou légèrement translucide et quelquefois même un peu transparent. Son éclat est gras, très prononcé, et possède des reflets nacrés. Les cristaux sont toujours fortement engagés dans la pâte, en sorte qu'il est difficile de les isoler complètement. Quand on les brise, on peut s'apercevoir qu'ils ont deux plans de clivage bien distincts et très faciles.

Les cassures perpendiculaires à l'axe du cristal sont toujours parallélogrammiques ou hexagonales. Quand on peut en obtenir dans le sens de cet axe, on remarque fréquemment que le plan de clivage dans les deux moitiés offre des caractères différents. Une des parties est miroitante par le jeu de la lumière, tandis que l'autre est complètement terne, esquilleuse et obscure, ce qui dénote une hémitropie habituelle à l'orthose. Cette mâcle

7

résulte, en effet, comme on l'a observé, de la pénétration mutuelle de deux cristaux dont l'un aurait tourné de 180° sur une des arêtes de l'autre.

Le feldspath, qui forme un des éléments de la pâte de la roche, est ordinairement blanc, translucide, rarement rose de chair ou opaque. Il est éminement lamelleux et possède un éclat nacré ou vitreux dans certains sens et un reflet dans d'autres. Les cassures convenablement dirigées, laissent apercevoir des stries parallèles très prononcées, qui caractérisent les feldspaths appartenant au sixième système cristallin. Ce minéral ne se trouve jamais en cristaux complets et bien définis, mais plutôt en masses lamelleuses très petites et cristallines. Il est transparent, ce qui établit un caractère très tranché avec les cristaux d'orthose.

Mica.

Le mica est le minéral le moins abondant. Il est toujours noir ou vert noirâtre, et il possède quelquefois des reflets brillants, bruns ou dorés, qui indiquent un commencement d'altération de cette substance. On le voit en petites lamelles cristallines, dont les contours polygonaux sont bien déterminés.

On n'observe jamais qu'une espèce de mica dans cette roche, fait qui a également été constaté pour le granite porphyroïde d'autres régions.

Le mica est habituellement répandu avec plus d'abondance sur la surface extérieure des gros cristaux feldspathiques ; il existe aussi dans ces cristaux et dans le quartz.

Minéraux accidentels.

Les minéraux accidentels sont très rares dans cette roche. On y observe seulement quelquefois des cristaux qui sont noirs, petits, allongés et aplatis, et paraissent se rapporter à l'hornblende.

Le granite porphyroïde est loin de résister aux agents atmosphériques. Les blocs perdent d'abord leurs angles, parce qu'ils offrent plus de prise, et la décomposition procède ensuite par zones concentriques. La roche, ordinairement dure et tenace, devient tendre, facile à briser et très friable. Elle s'émiette même sous les doigts. Le feldspath devient blanc, opaque, verdâtre ou rougeâtre. Le mica perd sa couleur noire et prend une teinte brune verdâtre, rougeâtre ou dorée.

Décomposition du granite porphyroïde.

Quand la décomposition a fait des progrès plus avancés, la roche se désagrège complètement et le granite se transforme en arènes. La couleur de la roche nouvelle qui en résulte est ordinairement grise, jaunâtre, rougeâtre ou fortement violacée. Ces teintes proviennent de l'oxydation plus ou moins avancée des métaux qu'elle contient. Le feldspath et le quartz lui-même deviennent très friables. L'orthose perd son éclat et sa translucidité, prend souvent une couleur terne et ocreuse et les cristaux s'égrènent facilement. Quant au feldspath du sixième système, on n'en trouve pas ordinairement de traces dans les véritables arènes, et si, par hasard, il en reste encore quelques petits fragments, ils sont complètement modifiés et décomposés.

Dans le massif de granite porphyroïde de la Margeride, il existe un grand nombre d'endroits où l'on trouve des arènes. Les Fourches, près de Mende, en présentent un gisement remarquable. On en trouve aussi a Saint-Chély et surtout au Malzieu et à Juillanges. Mais dans cette dernière localité, il existe aussi du kaolin. Sa couleur n'est pas parfaitement blanche, mais grise ou rougeâtre. Cependant j'ai constaté que, dans certains endroits, cette substance serait assez pure pour être exploitée.

Partout où l'on trouve des arènes, on trouve des blocs quelquefois très volumineux et arrondis de granite, résultant des parties de la roche qui se laissent attaquer plus difficilement et qui ont résisté davantage à la décomposition. Arènes.

Le feldspath de la pâte se désagrégeant en premier lieu, les cristaux d'orthose restent en saillie sur la surface. Mais bientôt eux-mêmes se fendillent et finissent par se diviser en morceaux parallélipipédiques. Quand ce minéral a été complètement décomposé et que le kaolin a été délayé et lavé par les eaux, il ne reste plus qu'un sable quartzeux, qui, à son tour, est entraîné par les eaux pluviales.

PEGMATITE.

Le quartz est souvent en cristaux très gros ou en masses adjacentes énormes. Le feldspath paraît être de l'orthose, dont la couleur est tantôt Quartz et feldspath.

blanchâtre ou légèrement rougeâtre. Je n'ai pu y observer de cristaux, car ils sont toujours à l'état rudimentaire.

Mica blanc.

Le mica est toujours blanc, brillant, à reflets argentés, ce qui établit une distiction bien marquée avec celui du granite porphyroïde et sert même à caractériser cette roche d'une manière spéciale.

Tourmaline.

On y trouve aussi une grande quantité de tourmaline noire, en prismes hexagonaux déformés, surtout quand ils sont placés les uns près des autres. Alors les cristaux forment de longues aiguilles présentant des cannelures. Dans beaucoup d'échantillons, on trouve aussi ce minéral en masses aciculaires radiées, et les aiguilles qui en résultent, en augmentant de dimensions, divergent en éventail.

La pegmatite a quelquefois une structure assez lâche, car elle se brise facilement sous le choc du marteau. La séparation a toujours lieu suivant le plan des éléments qu'elle contient.

Granite graphique.

Dans certains points, le mica disparaît complètement, la roche devient à grains fins et prend alors une structure particulière qui constitue l'espèce de granite appelé granite graphique.

Dans les Margerides, la pegmatite est très abondante et, en certains points, devient très feldspathique; on n'y voit ni mica ni quartz. Le feldspath se montre alors en masses grenues blanches, contenant assez souvent de petits grenats et des cristaux noirs de hornblende.

La pegmatite, qui semble former des amas ou des filons au milieu du granite porphyroïde, serait postérieure à cette dernière roche.

FILONS DE GRANITE.

Filons de granite dans le granite porphyroïde.

Au milieu du granite porphyroïde, on trouve une assez grande quantité de filons granitiques qui possèdent une puissance considérable.

Granulite.

Dans les Margerides, le granite qui forme des filons est à grains très fins et d'une couleur rosée. Il est pauvre en mica, et, lorsqu'il y en a, il est toujours blanc d'argent comme celui de la pegmatite. La couleur et la nature de ce minéral peuvent servir, dans beaucoup de cas, à établir une distinction bien caractérisée dans les roches granitiques. Le quartz est toujours hyalin à éclat gras, mais n'est jamais très abondant. C'est le feldspath qui forme la masse de la roche. On en observe toujours deux espèces. Le plus abondant existe à l'état de grains amorphes ou de cristaux rudimentaires. Il a une couleur légèrement rougeâtre ou fauve qu'il communique à la roche. Il est peu transparent et ordinairement en lamelles, et ses caractères extérieurs paraissent le faire rapporter à l'orthose. L'autre minéral feldspathique se présente en cristaux imparfaits presque hyalins et lamelleux ; bien souvent il possède une couleur blanc de lait ; il est alors opaque, circonstance qui décèlerait un commencement de décomposition. Au milieu de la roche, on remarque quelquefois de petits cristaux de tourmaline noire.

Il existe encore dans cette roche une substance vert clair, tendre et dont les feuillets sont peu élastiques. Elle forme des points verdâtres sur la surface de la roche ou quelquefois de petites masses très lamelleuses. Ce pourrait être de la chlorite.

Cette espèce de granite, ne contenant qu'un seul mica dont la couleur est la même que celui des pegmatites, me paraît avoir quelque affinité et certains rapports avec ces dernières roches ; en quelques endroits, j'ai observé la structure graphique. Souvent il forme des bancs réguliers d'épaisseur uniforme, qui lui donnent une apparence de granite schisteux. Ceux-ci sont plus ou moins épais, mais il en existe quelquefois de très minces. Alors la roche se détache par plaques très peu épaisses ou tabulaires suivant des plans de joint bien nets et bien déterminés, parallèles aux épontes du filon.

Dans les Margerides, surtout aux environs de Saint-Chély et de Saint-Alban, on observe plusieurs filons de cette granulite. Dans le massif de granite porphyroïde de la Chaise-Dieu, on en rencontre également un certain nombre, mais les amas de pegmatite sont plus abondants.

Filons de granite dans le gneiss.

Dans le gneiss, on trouve de très nombreux filons de granite qui le traversent en tous sens. Dans les environs du bassin de Brassac, on en voit d'une épaisseur de 30 à 50 mètres. Le granite de ces filons empâte et enveloppe de très gros blocs de gneiss, qui semblent n'avoir éprouvé aucune modification ni aucune altération. Les feuillets sont tout aussi distincts que les roches éloignées du granite ; quelquefois seulement on aperçoit une teinte rougeâtre due à la suroxydation du fer.

Dans ces filons, le granite présente toujours la même couleur et les mêmes caractères. Son grain est fin et les éléments se désagrègent facilement en certains endroits.

Entre Saint-Géron et Riomartin, on voit le granite schisteux et le gneiss coupés obliquement par un filon de granite. Sa direction d'abord de N. 82° à 99° O. devient plus loin N. 72° O., tandis que le gneiss se dirige sur N. 28° E.

A Entremont près Brioude, on voit deux filons granitiques se croisant. L'un a une direction N. 40° E. et coupe le gneiss, dont la direction est N. 50° O. ; la première est à peu près la direction du ruisseau du Courgou. L'autre filon a une orientation de N. 20° O. On le retrouve sur la route de Brioude à Saint-Flour, où il paraît posséder une assez grande épaisseur.

Près de Vieille-Brioude en allant à la Prunière, on voit un petit filon de granite de 1^{m},50 d'épaisseur. Sa direction est O. 5° N. et recoupe le gneiss, qui est aussi orienté en cet endroit suivant N. 50° O.

Entre Javangues et Lavernède, on observe sur la route plusieurs filons granitiques dont deux, situés à 60 mètres l'un de l'autre, ont une direction O. 20° N. (Planche II, fig. 5.) Au nord de Lamothe, dans le ruisseau du Cros-sous-Agrat, on rencontre plusieurs filons granitiques. Il en est de même dans toutes les collines qui forment le flanc oriental de la vallée de l'Allier.

Au nord-est de Belmont et à une petite distance de la route qui va de Saint-Pierre-du-Dragon à ce village, on remarque sur la gauche un filon de granite que l'on peut suivre sur une longueur de 7 à 800 mètres. Sa direction varie entre N. 43° et 48° E. Ce granite est à grains fins et devient schisteux dans certaines parties. Dans d'autres endroits, il prend les caractères d'une pegmatite et passe au granite graphique.

L'extrémité visible de ce filon a seulement une épaisseur d'une dizaine de mètres ; c'est dans cet endroit que des recherches ont été entreprises, et les gens du pays disent qu'on y a trouvé de l'étain.

De nombreux blocs quartzeux de dimensions considérables, ainsi qu'une grande quantité de roches granitiques, ont été extraits et indiquent une masse adjacente ou un énorme filon de quartz. On suit les travaux à la surface par l'effondrement des galeries sur plus de 80 mètres de longueur. Le quartz est saccharoïde et cristallisé comme celui des filons métallifères. Les travaux ont une direction N. 54° O.

ROCHES DIORITIQUES ET AMPHIBOLIQUES.

La formation gneissique est sillonnée de filons amphiboliques. On les trouve surtout dans les chaînes nord-sud de la rive droite de l'Allier.

A la côte du Pin, près de Lachomette, on trouve de l'amphibolite intercalé dans le gneiss, et, à une petite distance, des schistes amphiboliques. Leur direction est N. 85° E. Côte du Pin.

Un peu plus à l'est, à Ailhat, des filons amphiboliques de 1 à 2 mètres d'épaisseur courent sur N. 68° E. A Ailhat.

Tout près de ce dernier endroit, on trouve un filon de diorite schisteuse de près de 4 mètres d'épaisseur. Cette roche est composée de feldspath et d'amphibole parfaitement visible à l'œil nu. Sur un certain parcours la direction est N. 52° O., et, plus loin, elle devient N. 20° O.

A Belmont, il existe une grande quantité de filons amphiboliques, interstratifiés dans le gneiss sur une épaisseur de plus de 40 mètres. L'ensemble forme une masse schisteuse pénétrée d'amphibole noire. Aux environs, le gneiss et les schistes en sont aussi imprégnés. Leur direction est N. 38° à 43° E., qui est à peu près celle du filon de pegmatite que j'ai cité plus haut et qui se trouve dans le voisinage.

Sur la route de la Chaise-Dieu, près Lavernède, on trouve un grand nombre de filons divers de granite, de baryte sulfatée et d'amphibolite, contenus dans un gneiss très micaschisteux. (Voir fig. 5, pl. II.) Leur direction est très variable. On peut signaler les suivantes : N.-S.; N. 68° O.; N. 30° E.

Près de Champagnat-le-Vieux, on remarque aussi beaucoup de filons amphiboliques. A la Chaux, on voit une carrière de pierre ouverte dans cette roche. La direction varie de N. 62° à 72° O. A Balistre, ces filons sont nombreux. L'un d'eux, qui a 1 mètre d'épaisseur, court sur N. 86° O.

Près de Saint-Préjet et de Peluche, et à l'est de Courrenge, les filons d'amphibolite noire et quelquefois verte sont très abondants. (Voir fig. 11, pl. II.) Leur direction est N. 40° O.

A Courrenge, un filon de serpentine avec asbeste et amiante a pour éponte un filon dioritique, qui passe à l'amphibolite par la disparition du feldspath. (Fig. 11, pl. II.)

A Cubelle, j'ai rencontré un filon semblable. (Voir fig. 9.) Au milieu du gneiss, il y a plusieurs filons contigus de roches différentes. On voit un filon de pegmatite au mur d'un filon de serpentine. Au toit de cette dernière, il existe un filon de quartz, et, au contact de celui-ci, on remarque un filon amphibolique.

A Vialle, près de Lamothe, j'ai trouvé plusieurs filons d'amphibolite et de diorite. (Voir fig. 6.) Leur direction est N. 18° O.

Sur la route de la Chaise-Dieu, près Coudat, on peut observer au milieu du gneiss la succession suivante, en allant de haut en bas. (Voir fig. 3, pl. II.)

— Gneiss. —
6° Diorite.
5° Gneiss.
4° Quartz.
3° Micaschiste.
2° Gneiss.
1° Micaschiste.
— Gneiss. —

CHAPITRE III

TERRAIN HOUILLER

I

CONSIDÉRATIONS GÉNÉRALES

SUR LES BASSINS DE L'INTÉRIEUR DU PLATEAU CENTRAL.

Distribution des bassins houillers du plateau central.

Disséminés çà et là, souvent sporadiques, d'autrefois semblant obéir à une loi déterminée, les bassins houillers sont d'ailleurs complètement isolés et ils ne possèdent aujourd'hui aucune relation géologique. Ils reposent directement sur les roches granitiques, car le calcaire carbonifère fait complètement défaut.

Plusieurs présentent cette particularité remarquable d'être placés sur un même alignement rectiligne. Ils traversent la partie occidentale du plateau central lui-même, suivant une direction N. 15° E.-S. 15° O. Cette bande houillère, qui se prolonge sur une longueur de 160 kilomètres, est formée par la succession des bassins de Pleaux, de Mauriac, de Bort, de Pontaumur, de Saint-Gervais, de Saint-Éloy, du Montet-aux-Moines, de Noyant, de Fins, auxquels on peut peut-être joindre celui de Decize, qui se trouve placé plus au nord. Ces lambeaux houillers sont isolés les uns des autres;

mais on a trouvé des liaisons bien caractéristiques, indiquant les rapports primitifs.

Dans les parties intermédiaires, sont assez souvent placés de minces lambeaux ou plutôt de petites bandes houillères, servant pour ainsi dire de traits d'union et qui prouvent que, quoique indépendants, ils ont dû, à l'époque de leur formation, faire partie d'un même tout. Ces traces, souvent réduites à quelques mètres, démontrent que le terrain houiller a été pincé, laminé, aminci, et que ces parties n'ont dû leur préservation qu'à un encastrement énergique dans la roche granitique, qui les a garanties et protégées.

A l'ouest de la bande houillère que je viens d'indiquer, on trouve quelques autres dépôts. Tels sont ceux d'Ahun et des environs de Bourganeuf. Mais ces derniers, Bostmoreau, Bouzogles et Mazuras, doivent, d'après les observations de M. Poyet, être plus anciens. M. Gruner a observé que ces terrains carbonifères sont bouleversés par le porphyre quartzifère, dont l'âge, on le sait, est antérieur au terrain houiller de Saint-Etienne, ce qui confirmerait les vues de notre regretté collègue.

A l'est de la ligne des dépôts dirigés N. 15° E., tout l'énorme espace circonscrit par les bassins de Bert, de Saint-Etienne, d'Alais et d'Aubin se trouve presque entièrement dépourvu de terrains carbonifères. Au centre, cependant, on voit deux bassins houillers, ceux de Brassac et Brioude, et de Langeac, et en outre le petit lambeau de Fressanges, placé à l'est du premier.

Ces dépôts sont complètement isolés au milieu du terrain gneissique, où ils sont profondément encaissés. Ils présentent ainsi une position anomale et singulière par leur éloignement et leur isolement complets de formations de même nature.

Mouvements du sol.

D'après l'exposé rapide que je viens de faire sur la disposition des terrains houillers à l'intérieur et sur les bords du plateau central, on peut tout d'abord tirer la conséquence que le sol du plateau central avait dû s'affaisser et s'abaisser considérablement pour que les eaux carbonifères aient pu pénétrer jusque dans les parties les plus élevées. Envahissaientelles tout le plateau ou y pénétraient-elles par de longues vallées, par des baies, par des golfes ou des bras de mer? Les nombreux soulèvements, qui s'entrecroisent en tous sens, ont effacé et fait disparaître les guides qui pourraient aujourd'hui servir à tracer les rivages sinueux des mers et des continents de cette époque.

Ce fut aussi un exhaussement du plateau central tout entier qui mit fin à la période houillère. Les terrains permiens font complètement défaut dans tout l'intérieur et on ne les trouve que sur ses bords.

Il est bien difficile de pouvoir préciser l'amplitude et la direction de ces oscillations; cependant l'épaisseur du terrain houiller, qu'on peut estimer à 2,400 mètres dans le bassin de Brassac et de Brioude, fait juger du degré d'importance de ce mouvement dans cette contrée.

Pendant les longues périodes géologiques des premiers âges, les mers paléozoïques n'avaient pas pénétré dans l'intérieur de cette région montagneuse et ne faisaient que baigner les pieds des pentes abruptes de son contour extérieur. Mais à la fin de la période dévonienne, certaines parties de la zone littorale commencèrent à s'affaisser.

Au nord-ouest, dans la Creuse; à l'est, près de Bourbon-Lancy, près du bassin de Bert, près de Vichy, près de Tarare et au sud de la montagne Noire, c'est-à-dire sur une très grande partie des contours du massif granitique, on trouve le terrain dévonien et le calcaire carbonifère.

Le mouvement d'affaissement de ce continent d'alors persista dans la période suivante, car le culm a pu se déposer dans quelques parties, comme dans le Roannais et dans la Creuse.

C'est à partir de ce moment que le sol du plateau central s'abaisse. Les mers carbonifères ont commencé d'envahir les parties les plus basses, qui devaient former des golfes, des baies et des vallées intérieures. Mais à mesure que les sédiments des terrains houillers se déposaient, le sol continuait encore à s'affaisser par un mouvement tantôt lent, tantôt saccadé, dont la nature des roches de ce terrain indique les phases diverses; la production des conglomérats, des poudingues et des grès grossiers correspond à une époque d'agitation, de dénudation, d'érosion et de décapage des terrains plus anciens. La grosseur des éléments diminuant, il se formait alors des grès fins et des schistes, roches qui accusent des eaux moins troublées et même calmes. Les mers plus ou moins profondes étaient sans cesse comblées par tous ces sédiments, et lorsqu'il ne restait plus qu'une petite lame d'eau et qu'une période de tranquillité arrivait, la flore houillère se développait rapidement par une végétation active et luxuriante. Il y avait alors production des éléments qui ont formé la houille. L'épaisseur en était d'autant plus considérable que cette période était plus longue et que le niveau du sol restait stable pendant plus longtemps.

Les alternances si souvent répétées des diverses roches et des couches de charbon démontrent la persistance de ce mouvement, qui s'est prolongé pendant une très longue période géologique, mais aussi prouvent qu'il y a eu des intermittences et des temps d'arrêt.

Dans chaque bassin, l'affaissement devait être produit par des failles, qui découpaient le sol en zones plus ou moins étendues, où se sont établis les bassins houillers et dont l'ouverture devait se produire, comme je l'ai déjà dit, par un mouvement continu, mais lent ou saccadé. Il devait alors en résulter des relèvements latéraux, par l'affaissement du dépôt vers les parties centrales. Les nouvelles couches de grès, de schiste ou de charbon étaient circonscrites à leurs bords extérieurs par des courbes concentriques de plus en plus resserrées à mesure que les bas-fonds de la partie centrale se comblaient.

Le classement général des terrains houillers de France par M. Grand'Eury peut permettre de se rendre compte des mouvements du sol du plateau central pendant la formation houillère.

Le premier mouvement d'abaissement s'est fait sentir sur ses bords extérieurs, du côté du nord-est dans le Roannais, où le calcaire carbonifère et le culm avec ses anthracites se sont déposés.

A la fin de cette période, le mouvement a cessé dans cette contrée, mais a continué de se manifester plus au sud, dans la région de Rive-de-Gier. Cependant ce mouvement n'a pas du être exclusif à cette contrée, car on trouve, à Saint-Perdoux près de Figeac, du terrain houiller du même âge que celui de Rive-de-Gier.

Après cette longue période pendant laquelle florissaient avec abondance les filicacées, le mouvement d'abaissement continua à se propager vers l'ouest et permit au puissant étage stérile séparant le système de Rive-de-Gier du système stéphanois de se déposer.

Mais des parties centrales du plateau furent aussi atteintes et participèrent à ce mouvement. C'est alors que les roches du terrain houiller de Brassac commencèrent à se déposer, car elles sont du même âge que celles du système inférieur de Saint-Étienne. Puis à celui-ci se superposa le système moyen de Saint-Étienne, qui est caractérisé par l'abondance des Cordaïtées.

Cependant le mouvement que nous cherchons à étudier devint encore plus général et presque tout le plateau central subit son influence, comme à la Grand'Combe, à Saint-Éloy, à Blanzy, au Montet-aux-Moines.

C'est toute la partie est qui commença à s'affaisser et le mouvement se fit sentir jusqu'au bassin de Brassac et de Langeac, où son amplitude atteint le chiffre considérable de 2,400 mètres. Ce mouvement a persisté jusqu'à l'époque permienne, car la plus grande partie des dépôts houillers du centre de la France sont compris entre l'étage de Rive-de-Gier et le terrain permien auquel appartient le terrain houiller de Bert.

Pour le bassin houiller de Brassac, en particulier, le mouvement d'affaissement s'arrêta pendant qu'il persistait et continuait dans d'autres parties. Le quatrième étage, ou étage supérieur du bassin de Brassac, appartient encore à l'étage des Cordaïtées, mais cependant on y trouve également une assez grande quantité de fougères qui annoncerait que l'on commence à pénétrer dans l'étage des Filicacées.

M. Grand'Eury pense que la butte de terrain houiller silicifié de Lugeac près de Lavaudieu, serait du même âge que les roches de Landuzières près Saint-Étienne et de la butte de Saint-Priest.

II

SITUATION DU BASSIN DE BRASSAC ET DE BRIOUDE.

Le dépôt houiller de Brassac et de Brioude est complètement enfoui et encaissé dans le gneiss, entre les hautes montagnes du Cézallier à l'ouest et celles de la Chaise-Dieu et de Saint-Germain-l'Herm à l'est.

Enchâssé dans une dépression profonde, les parois sont ondulées, irrégulières et les assises houillères subissent les mêmes ondulations, les mêmes irrégularités, car elles s'y sont pour ainsi dire moulées.

Il occupe le fond de la vallée de l'Allier, depuis Auzat jusqu'au delà de Brioude vers Lavaudieu. La carte géologique (pl. 1) indique toutes les parties à découvert.

De chaque côté, de nombreuses collines s'élèvent graduellement en s'éloignant, de manière à atteindre une assez grande hauteur à une petite distance.

Si l'on se place sur le haut d'une sommité comme le Montcelet, près de Moriat, qui domine la vallée de l'Allier de 132 mètres, ou sur le pic d'Esteil, au nord-est de Jumeaux, qui à une distance de moins de 3 kilomètres s'élève à 428 mètres au-dessus de la rivière, on peut saisir l'ensemble et la forme de la vallée.

On voit les collines gneissiques s'étager les unes derrière les autres graduellement, à mesure de leur éloignement. L'œil peut distinguer les encaissements granitiques et les vallées qui les coupent perpendiculairement à l'Allier.

Le fond de la vallée est rempli par le terrain houiller, les terrains tertiaire, quaternaire, et les alluvions récentes.

L'Allier, en sortant du défilé étroit de Vieille-Brioude, où son lit est creusé dans le gneiss et le granite schisteux, coule dans une plaine très fertile, qui entre Brioude et Lamothe atteint 4 kilomètres de largeur. Celle-ci diminue graduellement jusqu'au ruisseau d'Auzon, où la vallée se resserre complètement. A partir de la Taupe, elle s'élargit de nouveau jusqu'à Brassac, pour se refermer encore et former un défilé étroit jusqu'à la plaine du Breuil et d'Issoire où commence la Limagne d'Auvergne.

De chaque côté de la vallée il existe une terrasse, d'élévation uniforme, d'une trentaine de mètres au-dessus du cours actuel de l'Allier. Elle est formée de petits plateaux, découpés par les nombreux petits ruisseaux qui descendent de la région montagneuse.

Cette différence de niveau entre la plaine actuelle et la terrasse, dont j'ai parlé, indique évidemment le travail prolongé de l'érosion et de l'action des eaux après le dépôt des terrains quaternaires. Les bords sont en effet très déchiquetés, festonnés, et l'Allier se tient presque à égale distance de chaque côté.

Configuration extérieure du sol houiller.

Comme il vient d'être dit, le terrain houiller de Brassac et de Brioude forme une longue bande enchâssée dans la profonde dépression de la vallée de l'Allier.

De l'extrémité nord, c'est-à-dire d'Auzat, à l'extrémité sud, à Lavaudieu, il y a une distance de 25 kilomètres en ligne droite.

Au nord, depuis le confluent de l'Alagnon et de l'Allier jusqu'à une ligne tirée de Lempdes à Lugeac près de la Taupe, le terrain houiller est complètement à découvert : c'est la partie que l'on appelle le bassin de Brassac.

L'extrémité septentrionale se trouve comprise entre les deux rivières et se termine au nord, un peu avant leur confluent.

Cependant le terrain houiller franchit l'Allier et se développe sous la plaine d'Auzat. Il se prolonge au nord-est et donne lieu à un petit appendice qui se relève sur les flancs des collines de gneiss au-dessus de Jumeaux. On suit en effet ses limites d'Auzat-sur-Allier, presque en ligne droite, jusqu'au sommet de la montagne de Garde-Petite.

Le terrain houiller éprouve un rétrécissement très marqué en passant sous l'Allier. A partir de cet endroit, cette dernière rivière et l'Alagnon tracent approximativement les limites et indiquent ses contours généralement assez irréguliers.

A l'est, on peut suivre facilement la ligne de séparation de la roche gneissique et du terrain houiller. Elle passe par le sommet élevé de la butte de la Vachère et se dirige ensuite vers Brassac. Là, il se produit un angle saillant, et la limite, se recourbant par une inflexion brusque vers Brassaget, se dirige en dessous de Vezezou. De ce point, elle va couper l'Allier, presque au confluent du ruisseau du Sçay, vis-à-vis du port de la Taupe, et de là contourne à gauche la butte de Lugeac pour passer ensuite à l'est de Lubière. Au delà, la ligne de séparation se dérobe complètement à l'œil, car la formation houillère disparaît au sud sous les terrains diluviens et tertiaires.

Au nord des mines de la Combelle, la limite contourne le massif de gneiss de la côte des Costilles, puis s'infléchit brusquement au sud. Elle suit assez exactement la rive gauche de l'Alagnon et forme quelques ondulations. A la Chapelle-Saint-Martin, la limite se recourbe vers l'ouest pour venir passer un peu au nord du village de Charbonnier. Bientôt après, elle va se perdre sous les alluvions récentes de l'Alagnon, dans la plaine de Moriat.

Cependant cette ligne de démarcation ne doit pas se tenir éloignée des rives de cette rivière, car sur le chemin de Charbonnier à la route de Brioude à Clermont, entre cette route et Moriat, et enfin près de Lempdes, on peut constater la présence du gneiss.

Sur toute l'étendue dont nous venons de suivre les contours, la formation houillère est complètement à découvert; cependant des lambeaux isolés de terrains quaternaires en dérobent à l'œil quelques petites surfaces, comme à la côte de Verdéme, à celle des Pierrailles, au plateau de Chambory, à l'est de Solignat, aux côtes de l'Air et de Chamas et au plateau de Chamblève et de la Pénide au-dessus de Mégecoste.

A partir d'une ligne ondulée, commençant près de l'Alagnon, à l'ouest des mines du Grosménil, passant par les Lacs, le château de Frugères, les Barthes, les Airs, Bouxhors, Arrest et la Taupe, la formation houillère disparaît complètement sous les terrains tertiaires. Cependant les couches ont été poursuivies sous ces derniers terrains aux Airs et au Feu. En outre, un sondage placé près de Vergongheon a trouvé le terrain houiller à 285 mètres de profondeur, mais il n'y a pénétré que de 35 mètres.

Cette circonstance peut donner à penser que la formation houillère se prolonge encore au sud-est, sous le terrain tertiaire, en suivant la vallée de l'Allier.

Affleurement de Côte-Rouge.

En suivant le pied des collines gneissiques qui bordent la plaine en allant de la Taupe à Azerat, on trouve entre Lendes et Allevier un affleurement houiller assez important. Sa distance de la Taupe est de 5,500 mètres et sa longueur mesurée sur le bord de l'Allier est de 1,300 mètres.

Ce lambeau houiller s'appuie à l'est sur la roche gneissique et plonge sous les alluvions récentes de la rivière et le terrain tertiaire qui les supporte. Malgré la distance, il est évident que ce terrain appartient à la formation houillère de Brassac. Dans cette partie, relevé à une plus grande hauteur, il émerge de dessous les terrains plus récents et s'élève au-dessus de la plaine, tandis que les parties intermédiaires, n'ayant pas reçu un exhaussement aussi considérable, ont été recouvertes par les dépôts tertiaires.

Affleurement de Lamothe.

Quand on suit la même berge de la vallée au sud-est, on trouve au delà de Lamothe, à 5 kilomètres de Côte-Rouge, un autre affleurement houiller, qui n'apparaît au jour que sur une petite surface, mais qui a été suffisamment étudié par de nombreux travaux dans les puits de Lamothe, de Pressac et de Fontannes.

Affleurement de Lavaudieu.

Enfin, sur le même alignement, dans la commune de Lavaudieu, on trouve, de Granat à la rivière de la Senouïre, une étendue assez considérable de terrain houiller à découvert. Il faut ensuite aller jusqu'à Langeac, c'est-à-dire à une distance de 16 kilomètres, pour retrouver la formation carbonifère. Les deux bassins sont séparés par de hautes collines gneissiques, qui sont à nu et qui permettent d'étudier leur nature.

De Granat à Buze, le terrain houiller sort de dessous le terrain tertiaire suivant une ligne ondulée. Le long de la Senouïre, il s'appuie sur le gneiss et il est facile d'en suivre toutes les limites.

Le terrain de Lavaudieu constitue la partie la plus méridionale du bassin de Brassac.

Limite occidentale.

De Lempdes à Brioude, et ensuite de ce dernier lieu à Lavaudieu, on ne voit nulle part le terrain houiller affleurer. Le terrain tertiaire déborde de ce côté et on le voit s'appuyer sur le gneiss. La limite du terrain houiller est complètement cachée.

Comme il a déjà été dit, il existe dans la berge d'un ruisseau (fig. 2, pl. II) des stéaschistes et des schistes que quelques personnes ont voulu considérer comme houillers, mais leurs caractères ne présentent rien de semblable avec les roches de nom similaire de la formation houillère.

Un petit puits de recherches a été creusé près du ruisseau de Riomartin et du chemin de Bournoncle-la-Roche à Saint-Gérou et à l'ouest du chemin de fer. Il était destiné à aller constater la présence du terrain houiller sous le terrain tertiaire. Son existence semblait en effet indiquée par la présence d'affleurements schisteux noirâtres, qu'on avait remarqués dans le ruisseau de Riomartin près de la maison de ce nom, au delà du petit pont pour le passage du chemin qui va de Balzac à la Roche.

Le puits a traversé des argiles et des macignos tertiaires. Les déblais que j'ai vus, et qui sont les derniers extraits, indiquent que le puits est arrivé dans un stéaschiste rougeâtre et dans un gneiss fortement rubéfié. Ces stéaschistes sont feldspathisés comme ceux qui existent entre Buze et Lavaudieu, ce qui démontrerait que la limite du terrain houiller passe un peu plus à l'est, car les stéaschistes rougeâtres passent à un poudingue qui forme ordinairement la base du terrain houiller. Il est donc probable que ce dernier existe sous Bournoncle-la-Roche et même un peu à l'ouest sous la ligne du chemin de fer de Clermont.

Existe-t-il du terrain houiller sous le terrain tertiaire de la Limagne et de la vallée de l'Allier au nord du bassin de Brassac?

Malgré les lacunes qui existent entre les lambeaux houillers qui émergent au-dessus des terrains tertiaires, il est infiniment probable, et on peut dire même évident, qu'ils appartiennent tous à la même formation et que ce sont les parties d'un même tout.

Par l'inspection de la Carte géologique (planche I), on peut remarquer que le gneiss limite le terrain houiller de toutes parts; celui-ci est complètement encaissé dans les roches azoïques, où il est enfoui profondément.

Au nord, un bourrelet gneissique sépare le terrain houiller des dépôts tertiaires de la plaine de la Limagne. Cette large vallée, où coule l'Allier, se prolonge jusqu'au delà de Moulins dans une direction nord-sud.

La formation houillère existe-t-elle sous le terrain tertiaire? Rien jusqu'à présent n'est venu en donner même un commencement de preuve. Cependant cette vallée dans la direction concordante et caractéristique de celle de Vieille-Brioude à Brassac, pourrait peut-être faire soupçonner la présence de dépôts houillers profondément enfouis, qui autrefois auraient pu faire partie de celui qui fait l'objet de cette étude. Il pourrait en exister quelques lambeaux, isolés maintenant, comme ceux de la bande houillère de Mauriac à Fins, qui traverse tout le plateau central dans sa partie occidentale. Un soulèvement de même nature pourrait avoir morcelé d'une manière analogue le terrain houiller de la vallée de l'Allier.

L'idée de la présence de la formation houillère sous le terrain tertiaire de la Limagne et de la vallée de l'Allier, vient naturellement à l'esprit quand on étudie la constitution géologique du plateau central, et paraît confirmée par la présence du terrain houiller de Brassac et de Brioude, placé en amont de la vallée.

La direction de cette dernière ne représente pas certainement l'orientation primitive de la vallée houillère, mais celle que les soulèvements postérieurs lui ont imprimée et qui ont eu pour résultat de former la dépression comblée plus tard par le terrain tertiaire.

A l'est de Jumeaux et à 5,500 mètres de l'Allier, on trouve un lambeau houiller qui devait autrefois faire partie intégrante du bassin de Brassac. Lambeau houiller de Fressanges.

La limite *Est* du dépôt houiller est jalonnée, comme nous l'avons vu, par des affleurements qui permettent de tracer d'une manière très approximative la ligne de séparation avec le gneiss. La planche III est une carte théorique indiquant ces limites. Les parties connues et visibles des affleurements sont indiquées par des lignes pleines, tandis que celles qui sont pointillées montrent les limites supposées et interpolées. Formes et contours du dépôt houiller.

Il ne reste de complètement inconnu que la limite occidentale, partant du sud de Charbonnier, passant par Lempdes, se dirigeant vers Bournoncle-la-Roche, puis sur Brioude, Fontannes et Buze, où l'on retrouve le terrain houiller.

Cependant, quand on examine avec attention l'allure du terrain houiller pris dans son ensemble, on peut remarquer qu'elle obéit à deux directions principales et caractéristiques.

Toute la partie septentrionale, qui est à découvert, forme le bassin de Brassac et possède une direction nord-sud avec quelques degrés à l'ouest. La partie méridionale obéit à une direction générale N. 50° O. Cette orientation est reproduite dans beaucoup de parties de la limite orientale et est nettement accusée dans l'appendicé houiller d'Auzat-sur-Allier à la montagne de Garde-Petite.

Ces deux accidents ont laissé des traces profondes dans toute cette contrée et ont déterminé le soulèvement de nombreuses chaînes de montagnes. La limite occidentale doit donc avoir une direction se rapprochant beaucoup de N. 50° O., comme l'indique la carte de la planche IV.

De Buze près de Lavaudieu, dernier point connu de ce côté, on a tracé une ligne jusqu'à Bournoncle-la-Roche, où l'on a retrouvé, dans le puits dont j'ai parlé, les stéaschistes de la base du terrain carbonifère; la limite doit passer à l'est du chemin de fer, car à peu près vis-à-vis Paulhac on voit le gneiss dans la tranchée.

Relief du sol houiller.

Le sol houiller est loin de présenter une surface unie et régulière. Il est découpé par de nombreuses vallées et forme des collines d'une certaine élévation. Le point le plus bas est au confluent de l'Allier et de l'Alagnon, qui est à 383 mètres au-dessus du niveau de la mer, tandis qu'à la montagne de Garde-Petite la côte est de 493, ce qui fait que le terrain houiller se relève brusquement de 110 mètres à une distance seulement de 500 mètres de l'Allier.

Ce sommet de la côte du Pin atteint 560 mètres, tandis que la côte d'Armois est à 490 mètres.

L'affleurement de Côte-Rouge est à 440 mètres et celui de Lamothe à 465 mètres.

Le terrain de Lavaudieu se tient à un niveau de 500 mètres, mais la butte de Lugeac s'élève à 575 mètres.

A partir du château de Frugères, il existe des collines nord-sud entre la vallée de la Leuge et celle de l'Alagnon. Elles se terminent à la Combelle, où elles forment des escarpements de 60 à 90 mètres au-dessus de la rivière.

III

ALLURE GÉNÉRALE DU TERRAIN HOUILLER.

D'après l'étude que je viens de faire, on voit que la formation houillère a une direction nord-sud dans la partie connue sous le nom de Bassin de Brassac, et qu'à partir de la Taupe le terrain houiller s'infléchit au sud-est vers Brioude et Lavaudieu, c'est-à-dire dans le sens de la vallée et de la dépression primaire.

L'inclinaison et la direction des assises est des plus variables et des plus contournées. Cependant, à prendre les choses dans leur ensemble, on peut dire que la moitié *Est* du bassin a son pendage vers l'ouest, la moitié *Ouest* a le sien vers l'est et que le passage de l'une de ces inclinaisons à l'autre a constamment lieu par le sud, aucun pendage au nord n'existant dans la partie septentrionale du terrain houiller. On entrevoit immédiatement la conséquence de ces faits, qui fixent déjà la forme générale du bassin et celle de la dépression où il est encastré.

Dans la partie du nord, c'est-à-dire dans le bassin de Brassac proprement dit, la moyenne des pentes est et ouest n'est pas au-dessous de 60°. En plusieurs endroits, il y a verticalité et même renversement. La moyenne des pentes sud, quoique moindre, peut encore s'élever de 30° à 40°.

Il en est de même pour la partie méridionale du bassin, mais les pentes de l'est sont toujours plus fortes que celles qui existent dans la partie de l'ouest, car les premières sont ordinairement verticales et souvent même renversées, puisque le gneiss surplombe sur le terrain houiller.

Allure des couches.

Quand on entre dans les détails et qu'on étudie pas à pas le tracé des couches, on peut se convaincre que leur allure n'est pas aussi simple qu'on pourrait le croire au premier abord.

Les couches sont en effet soumises à des contournements brusques, à des inflexions nombreuses et à des plis et des replis qui sont en rapport avec la forme irrégulière du vase gneissique qui contient le terrain houiller. Si on se reporte aux cartes géologiques des planches I, II, III et IV, on peut suivre facilement les limites du terrain houiller et avoir une idée de la forme de la partie septentrionale.

La planche IV indique d'une manière spéciale les affleurements des couches.

Les premières couches, c'est-à-dire les plus inférieures, sont assez rapprochées du terrain de gneiss. Elle suivent assez exactement tous les contours du vase azoïque lui-même. On les voit s'infléchir d'une manière semblable à toutes les ondulations qu'il forme.

Au nord, aux mines de la Combelle, la direction générale des couches est de l'est à l'ouest avec pendage au sud.

A l'ouest, elles viennent butter souterrainement contre l'escarpement gneissique de la Roche près de Beaulieu. Aussi, dans cette partie, les affleurements ne viennent pas à la surface et restent en profondeur, et en outre ils disparaissent sous les alluvions récentes de l'Alagnon. Mais ils doivent suivre à peu près le lit de la rivière pour s'infléchir à l'ouest et reparaître aux mines de Charbonnier.

A une certaine distance au sud de ce village, le terrain houiller disparaît de nouveau sous la plaine de Moriat, recouverte aussi par les alluvions récentes. Dans tout ce trajet, l'inclinaison est constamment à l'est. A l'est des mines de la Combelle, les couches s'infléchissent au nord pour se développer sous la plaine d'Auzat, puis elles se recourbent du nord-ouest au sud-ouest pour gagner les hauteurs de la montagne de Garde-Petite. Elles reviennent ensuite à l'ouest, se recourbent au sud pour se diriger sur Brassac, en passant entre la butte de la Vachère et la côte du Pin. Mais les traces des affleurements ne sont visibles qu'en très peu de points, car ils sont souvent cachés sous les terrains plus récents.

De Brassac, par un pli brusque, les couches se dirigent à l'est, passent au sud de Brassaget et s'infléchissent de nouveau au sud. Elles suivent à peu près le lit de l'Allier, et, après plusieurs inflexions, elles arrivent butter en apparence contre la montagne gneissique de Lugeac près de la Taupe.

Dans tout le parcours, depuis la partie *Est* des mines de la Combelle, le pendage est à l'ouest. Les couches doivent donc se réunir, chacune en profondeur, en formant un fond de bateau.

Les couches qui viennent au-dessus de celles dont je viens de suivre le tracé, sont celles d'Armois, du Grosménil et de la Taupe. Elles marchent parallèlement et concentriquement aux premières. Elles en reproduisent toutes les inflexions et les divers plis, mais en général les courbes sont plus régulières et à angles moins prononcés et moins vifs; seulement la partie *Nord* est terminée par un pointement aigu, qui correspond à l'allure des couches de la Combelle.

L'ensemble des couches de la partie moyenne du bassin s'infléchit à l'est et à l'ouest suivant les plis des couches à Brassac et à Charbonnier. Il en résulte plusieurs lignes d'ennoyage, dont l'inclinaison est au sud.

Les tracés des couches forment alors des figures ayant la forme d'un M dont le jambage de gauche serait plus petit que l'autre.

Le troisième faisceau de couches, qui vient au-dessus de ces dernières, est celui de Mégecoste et de Bouzhors. Il est placé sur l'ennoyage principal et présente la forme d'un Λ renversé, c'est-à-dire qu'on ne connaît que le pli du centre du bassin et que les autres, quoique inconnus, n'en doivent pas moins exister. Tout le terrain houiller disparaît ensuite au sud sous le terrain tertiaire.

Dans l'affleurement houiller de Côte-Rouge, la limite forme un arc de cercle ouvert à l'ouest (Voir fig. 101, pl. XIII.) Au sud, il se forme un pli brusque, comme celui qu'on remarque à Brassac, par un retour au nord pour revenir ensuite au sud.

A Lamothe, les assises houillères se dirigent sur N. 45° O. Elles forment un pli près du ruisseau du Breuil pour s'infléchir ensuite vers le sud. L'inclinaison est toujours à l'ouest.

Dans le terrain houiller de Lavaudieu (voir fig. 123, pl. XIII), la limite sud-ouest suit une ligne N. 50° O. ; celle nord-est accuse une orientation de N. 40° O. et celle de l'est N. 10° O. Il existe un pendage à l'est et un à l'ouest donnant naissance à une ligne d'ennoyage qui passe par Billange et la baraque de Lugeac.

Le terrain houiller s'arrête brusquement à la Senouïre. On ne trouve aucune inclinaison ni au sud ni au nord.

Ainsi, on voit en résumé que dans cette formation houillère il n'existe qu'un pendage sud dans la partie septentrionale, à la Combelle; dans tout le reste; il y a un pendage à l'ouest et un pendage à l'est. (Voir fig. 12, planche III.)

IV

SOULÈVEMENT QUI A MIS FIN A LA PÉRIODE HOUILLERE.

Le soulèvement qui a mis fin à la période houillère, dans la contrée dont je m'occupe, a dû être très énergique et d'une grande intensité. Un exhaussement général s'est fait sentir dans tout le plateau central. Son sol a surgi du sein des eaux et fut mis à découvert, et alors des sédiments d'aucune sorte ne purent s'y déposer pendant de très longs espaces de temps

Le soulèvement qui a clos la période carbonifère a atteint le terrain houiller dans plusieurs de ses parties.

Le bassin de Brassac a une direction générale bien caractérisée, qui est nord-sud.

Près de Lavaudieu, la butte de Lugeac forme une colline isolée et allongée suivant une ligne nord-sud quelques degrés ouest.

Aux environs de Brioude, plusieurs lignes de soulèvement N. 5° O.—S. 5° E. accidentent la contrée. De nombreuses crêtes de montagnes suivent cette direction caractéristique.

A l'est de la Chaise-Dieu, on remarque des lignes de faîte qui courent dans ce sens, des environs de Fix à Arlanc.

Sur le revers oriental de la Margeride, la ligne de séparation du gneiss et du granite (voir la Carte géologique générale) a une direction nord-sud depuis l'est de Saugues jusqu'à la Chaise-Dieu.

De Paulhaguet à Saint-Germain-l'Herm, les collines et les cours d'eau affectent cette même orientation.

A l'ouest du bassin de Langeac et au sud de Lavaudieu, on trouve de nombreuses crêtes dirigées dans ce sens, comme par exemple celles de Domeyrat allant vers l'est de Paulhaguet. La Senouïre elle-même, entre ces deux localités, affecte une direction nord-sud quelques degrés ouest. Au sud de Lempdes, une ligne de faîte d'au moins 30 kilomètres de longueur possède également cette même orientation caractéristique.

En s'éloignant davantage des environs de Brioude, on trouverait également beaucoup d'accidents de même nature et de même âge. Ceux que je viens d'énumérer peuvent convaincre que le soulèvement N. 5° O. — S. 5° E., qui a relevé le terrain houiller d'une manière énergique, s'est exercé dans toute cette contrée, a atteint profondément son sol et l'a bouleversé sur toute sa surface. Comme il a relevé les assises les plus récentes du quatrième étage du bassin, c'est lui qui a dû mettre fin à la période houillère. Par sa direction et son âge, qui se trouvent ainsi fixés d'une manière certaine, il se rapporte au système du nord de l'Angleterre, qui, d'après M. Élie de Beaumont, a clos la période houillère.

V

DIVISION DU DÉPOT HOUILLER EN QUATRE ÉTAGES

Le dépôt houiller de Brassac et de Brioude se divise en quatre étages, basés sur le groupement des couches au milieu du terrain. Ces étages sont : 1er étage ou étage de Charbonnier et de la Combelle; 2e étage ou étage d'Armois, du Grosménil, Fondary et la Taupe; 3e étage ou étage des Barthes, de Mégecoste et du Feu; 4e étage ou étage de Brioude, Lamothe et Lavaudieu.

1er étage de Charbonnier et la Combelle.

Le premier étage repose partout sur le gneiss. Son épaisseur peut être estimée à 500 mètres. Il comprend : un groupe inférieur de sept couches exploitées à Charbonnier et à la Combelle, et qui affleurent à Charbonnier, à la Combelle, à la Roche-Brezens, à Auzat, à Jumeaux, à la butte de la Vachère et à Vezezou (voir pl. IV); et un groupe supérieur formé par une seule couche qui affleure sur le flanc ouest de la côte du Pin et à une distance de 350 mètres du premier.

2e étage d'Armois, du Grosménil et de la Taupe.

Le deuxième étage est formé de trois groupes de couches et son épaisseur est approximativement 1,100 mètres : 1° le groupe inférieur contient quatre couches et peut être appelé groupe d'Armois. Ces couches affleurent à la Prade, au Puy-Morin, au Pradel-Pré, à Armois, à la côte de Chamas;

2° Le deuxième groupe ou groupe du Grosménil et de la Taupe contient aussi quatre couches que l'on a exploitées aux lieux suivants : les Lacs, la Fosse, le Grosménil, Neuvialle, Barathe, les Préminots, les Gours, Fondary, Arrest, Grigues et la Taupe;

3e étage de Mégecoste, Bouzhors, les Barthes et le Feu.

3° Le groupe supérieur contient six couches, que l'on connaît au parc de Frugères, au Bourguet, au puits de l'Acacia et au puits de la Leuge.

Le troisième étage, que l'on peut appeler étage de Mégecoste, Bouzhors, les Barthes et le Feu, a une épaisseur de 200 mètres seulement dans sa partie connue. Il se divise en deux groupes :

1° Le groupe inférieur ou groupe de la Pénide contient six couches;

2° Au-dessus vient le groupe supérieur ou groupe de Mégecoste proprement dit, qui contient onze couches exploitées aux Airs, aux Barthes, à Mégecoste, à l'Orme, à Bouzhors et au Feu.

4° étage de Brioude, Lamothe et Lavaudieu.

Un puits et ensuite un sondage faits près de Vergongheon ont retrouvé le terrain houiller sous le terrain tertiaire. Au sud-est, l'affleurement de Côte-Rouge indique qu'il se poursuit encore à 5 kilomètres plus loin. L'affleurement de Lamothe, le terrain houiller de Lavaudieu, démontrent qu'il existe aussi dans cette région jusqu'au bord de la Senouïre. D'autres assises houillères sont donc superposées au troisième étage de Brassac et doivent former un nouvel étage.

Les caractères identiques de ces terrains, la similitude des roches qui les composent, prouvent que des assises de même nature s'étendent souterrainement jusqu'à la rivière de la Senouïre.

Quand on étudie le terrain houiller de Côte-Rouge, de Lamothe et de Lavaudieu, on peut se convaincre qu'il est partout de même nature et que les roches houillères sont en tous points semblables. Cette identité m'a déterminé à regarder ce groupe de roches comme un nouvel étage qui formerait l'étage supérieur ou le quatrième étage du dépôt et que je désignerai sous le nom d'étage de Brioude.

De la disposition et de la succession des étages, il résulte que les assises houillères disparaissent les unes sous les autres en allant du nord au sud.

Mais, si l'on se reporte à l'extrémité méridionale de Lavaudieu, on n'aperçoit dans le relèvement du terrain houiller aucune des roches des étages de Brassac, on ne constate que la présence de celles du quatrième étage. Les travaux et les puits foncés ont démontré qu'il n'en existait pas d'autres et que l'épaisseur du terrain houiller n'était même pas considérable.

Disposition relative aux étages.

Les trois étages de Brassac disparaissent donc en profondeur et ne reparaissent plus au jour. Les étages sont à stratification transgressive. En restituant par la pensée leur horizontalité primitive aux étages de Brassac, on peut remarquer qu'ils seraient dans la même position respective, qu'ils seraient transgressifs et qu'ils déborderaient successivement les uns sur les autres. C'est, guidé par ces considérations, que j'ai été amené à construire la coupe longitudinale du dépôt houiller de Brassac et de Brioude que donne la figure 13 de la planche III.

Cette coupe, quoique théorique, doit se rapprocher beaucoup de la vérité, et il serait difficile de concevoir une autre manière d'être du terrain houiller. Une grande partie de cette coupe est tracée d'après des données certaines et positives : ce sont celles que fournissent les travaux, aussi bien vers Lavaudieu qu'à Brassac. Le puits de Fontannes, près de Brioude, placé dans l'axe du bassin, et le puits de Vergongheon, dont la position est pareille, ont fixé la profondeur du terrain houiller sous le terrain tertiaire et ont donné le moyen de déterminer d'une manière très approximative la forme du bassin tertiaire.

Les étages houillers doivent aussi prendre la disposition indiquée dans la coupe et celle indiquée dans la carte théorique, figure 12, planche III.

Les assises houillères en retrait les unes sur les autres doivent se terminer d'autant plutôt au sud qu'elles sont plus anciennes. Ainsi, d'après la coupe, figure 13, l'étage de Brioude ou quatrième étage ne doit commencer qu'un peu au nord de Vergongheon. Il reposerait en grande partie sur le deuxième étage et au sud sur le gneiss.

Le troisième étage se terminerait vers le puits de Fontannes, un peu au delà de Brioude. La plus grande partie couvrirait le deuxième étage ; mais, à partir de Brioude, il serait en contact avec le gneiss.

Le deuxième étage prendrait fin à peu près vers Brioude et reposerait en partie sur l'étage de la Combelle et Charbonnier, et en partie sur la roche gneissique. Quant au premier étage, il se terminerait vers Rilhac, au sud de Vergongheon, et s'appuierait tout entier sur la roche azoïque. En sorte que chaque étage, en débordant successivement celui qui est sous-jacent, vient reposer en partie sur le gneiss en s'avançant vers le sud.

Telle est la seule disposition rationnelle que l'on puisse concevoir du bassin de Brassac et de Brioude. Ces idées étant admises sur la structure et la manière d'être du terrain houiller, l'interprétation géologique des faits précédents peut nous amener à découvrir le mode de sa formation, ou plutôt nous expliquer comment ont dû s'opérer la sédimentation et la marche qu'elle a suivie.

L'étage inférieur a dû naturellement commencer à se déposer dans le nord du bassin, où il devait exister une dépression amenée par un des derniers soulèvements qui ont précédé la période houillère, dépression dont il est impossible de préciser l'étendue et la direction. Un abaissement général du plateau central la mettait vraisemblablement en communication avec la mer houillère et il y avait peut-être dans cette contrée un bras de mer intérieur; mais si d'autres affaissements ne s'étaient pas produits, si le continent de cette partie du plateau central était resté à la même hauteur, la dépression se serait remplie de sédiments, et la houille n'aurait pu se produire que lorsqu'il y aurait eu une lame d'eau assez mince. Il a donc fallu qu'un affaissement tantôt lent, tantôt saccadé, se soit produit. Ce mouvement, probablement continu, se faisait sentir insensiblement dans la partie méridionale, en sorte que la plage s'enfonçait graduellement et lentement, et que les eaux l'envahissaient insensiblement. Il résultait de cet enfoncement que les étages s'allongeaient vers le sud à mesure que le mouvement se produisait. Cette hypothèse rend compte d'une manière complète et satisfaisante de la disposition du terrain houiller. (Voir fig. 13, pl. III.)

Un mouvement semblable a été signalé par M. Gruner dans le terrain anthraxifère du Roannais et du dépôt houiller de Saint-Étienne; le savant ingénieur, dans sa *Description géologique de la Loire*, page 429, dit en effet :

« Une série d'oscillations graduées, parallèlement à l'axe E. 25° N., ont produit tour à tour dans nos contrées des affaissements et des soulèvements, et cela pendant toute la deuxième partie de la période carbonifère, c'est-à-dire depuis l'origine du grès anthraxifère jusqu'à la fin de la formation houillère. »

Il est probable que le même mouvement devait se faire sentir jusqu'au bassin de Brassac, car il a eu la même direction dans les deux dépôts houillers, comme il résulte des observations précédentes.

VI

1° CARACTÈRES GÉOLOGIQUES DE LA FORMATION HOUILLÈRE DE BRASSAC ET DE BRIOUDE.

Dans la contrée dont je m'occupe, le terrain carbonifère est loin de présenter la série complète de ses étages. Le calcaire carbonifère y fait complètement défaut. Cette formation ne serait donc représentée que par le terrain houiller proprement dit.

Étage anthraxifère.

Les charbons de l'étage anthraxifère [1] sont d'une nature anthraciteuse et placés à la base du terrain houiller. Cette circonstance seule doit faire distinguer cet étage et le faire séparer de ceux qui composent le reste de la formation. Il repose directement sur le gneiss et contient au contact de ce dernier une véritable arkose ou grès quartzeux et feldspathique.

Au-dessus vient un assez grand développement de grès, au milieu desquels on trouve des bancs de schistes très peu épais et plusieurs couches d'anthracite; au toit de ces dernières il existe un grand développement de grès, de poudingues et de schistes feldspathiques, d'une épaisseur de plus de 300 mètres dans certaines régions, puis viennent des grès quartzeux et siliceux, et au toit de ces derniers des schistes qui contiennent une petite couche de charbon.

2e étage.

Le deuxième étage commence par un grand développement de schistes

1. Cette dénomination est basée uniquement sur la nature du charbon et n'indique pas que cet étage soit la base du terrain houiller pris dans son ensemble et comprenant les bassins du nord et du centre de la France.

auxquels succèdent des grès contenant quelques couches de houille et des schistes charbonneux.

Le troisième étage est composé de grès gris comme ceux du deuxième, au milieu desquels se trouvent plusieurs couches de houille accompagnées de petites épaisseurs de schistes charbonneux. 3e étage.

Le quatrième étage présente des roches de nature un peu différente. On y trouve de nombreuses alternances de grès et de schistes. Les poudingues et les grès sont gris, verdâtres et rouges. Les schistes présentent aussi souvent les mêmes couleurs et sont accidentellement noirs et charbonneux. 4e étage.

2° CARACTÈRES MINÉRALOGIQUES DES ROCHES DU TERRAIN HOUILLER.

Les roches arénacées, produites par l'action érosive des eaux, composent presque uniquement le dépôt houiller de Brassac et de Brioude. Cependant on y remarque quelques dépôts siliceux provenant de précipitation chimique. Ce sont les terrains encaissants qui ont fourni tous les éléments divers de ces roches dont on rencontre, du reste, une très grande variété.

On y trouve des arkoses, des grès feldspathiques et quartzeux, des poudingues, des grès quartzeux à gros grains et à grains très fins, des grès micacés, des psammites et des schistes de couleurs diverses.

Les poudingues sont formés de blocs quelquefois assez gros de roches anciennes, telles que granite, gneiss, pegmatite, quartz, feldspath, leptynite, schistes argileux, micaschistes, stéaschistes, etc. Ces blocs sont ordinairement liés par une pâte de grès. Ces poudingues passent quelquefois à des grès grossiers dont les éléments sont les mêmes. Poudingues.

Les grès à gros grains ou à grains moyens sont formés par le mélange de petits fragments roulés ou anguleux des roches qui forment les poudingues. Mais le quartz est l'élément le plus abondant, et il forme même tout seul des bancs assez épais. Les grès à grains fins contiennent les Grès.

mêmes éléments, mais ceux-ci sont de grosseur uniforme et mélangés quelquefois de paillettes de mica et agglutinés fortement. Lorsque la quantité de ce dernier minéral augmente et qu'il s'introduit des particules de schiste, le grès devient schisteux et forme de plus petits bancs. L'interposition du mica et sa concentration dans certains plans de la stratification facilitent la cassure et la division de la roche. Lorsque ce minéral devient plus abondant, la roche passe au psammite, et même au psammite schistoïde.

La couleur des grès est très variable, comme celle des poudingues ; ils sont gris, jaunâtres, noirâtres, verdâtres, rouges, mais ces derniers se trouvent surtout dans la partie méridionale du bassin. Les grès verdâtres sont souvent des roches contenant de la stéatite et de l'argile verdâtre endurcie, mélangées de quartz tantôt hyalin, tantôt blanc et de grains feldspathiques.

Schistes. Les schistes sont formés de débris très fins, indiscernables à l'œil nu, de toutes les roches que j'ai citées. La pâte est souvent argileuse et la couleur varie du gris au noir; ils sont très micacés, mais le plus souvent les paillettes sont imperceptibles. Ils sont plus ou moins colorés par le carbone.

Arkose. La roche de contact du terrain houiller et du gneiss est une arkose.

C'est un grès quartzeux et feldspathique, très tenace, très dur surtout lorsque le feldspath n'est pas décomposé. La stratification est souvent confuse ou peu prononcée.

Grès feldspathiques. Au toit de l'étage anthraxifère, on trouve des grès feldspathiques passant au pétrosilex grisâtre, verdâtre ou blanchâtre. Dans certaines parties, la roche devient quartzeuse et très dure. Au milieu des assises, on remarque des bancs de quartz et des poudingues à gros blocs arrondis et roulés de gneiss, de granite, etc.

Prédominance des grès. Dans le bassin de Brassac et de Brioude, il y a une prédominance des grès bien marquée. Sauf une exception, c'est-à-dire le grand développement de schistes au toit des grès pétrosiliceux de la Combelle et de Charbonnier, le schiste est toujours en lits minces et le plus souvent au contact du charbon. Ce n'est que dans le quatrième étage qu'on peut en signaler une épaisseur d'une soixantaine de mètres, car ailleurs des alternances de quelques mètres d'épaisseur sont assez rares.

Il est à remarquer que la formation de la houille se lie à la production des grès et que le charbon diminue ou disparaît même dans tous les schistes.

Il est aussi à remarquer que les grès et les schistes de couleur rouge sont complètement stériles. Cette coloration caractéristique est un indice certain qu'on ne trouvera pas de charbon dans cette nature de roches. Une partie de l'étage supérieur est dans ce cas et la houille n'y existe que dans les grès gris ; les schistes noirs n'en contiennent jamais.

Dans les schistes et dans les grès, on rencontre une grande quantité d'empreintes et de débris de végétaux. Ces derniers sont quelquefois dans les roches, mais le plus souvent, ils sont couchés dans les plans de stratification, comprimés et aplatis par le poids des bancs superposés. Empreintes et débris de végétaux des terrains houillers.

La présence du fer carbonaté a été signalée déjà depuis bien longtemps dans les mines des Barthes. C'est en 1809 que cette espèce minérale a été observée, pour la première fois en France, par Berthier.

Dans le terrain houiller, on trouve accidentellement de petits filons de quartz de $0^m,01$ à $0^m,12$ d'épaisseur qui recoupent les assises du terrain houiller dans diverses directions. Près de Lavaudieu, le quartz a silicifié une assez grande épaisseur de terrain houiller. Minéraux accidentels. Quartz.

On trouve aussi de petits filons de sulfate et de carbonate de baryte, de quelques centimètres seulement et, dans les schistes, de petits lits de silicate d'alumine, qu'on peut considérer comme une espèce d'halloysite. Sulfate de carbonate de baryte. Silicate d'alumine.

Dans le toit et le mur des couches, on observe dans les schistes de la *Pholérite*, dans les surfaces des plans de joint. Pholérite.

3° ALLURES ET ACCIDENTS DES COUCHES DE HOUILLE.

Si l'on se reporte à la carte géologique et topographique (planche IV) et qu'on suive les lisières du bassin, en partant de Charbonnier, passant par la Combelle, le Théron, l'est de la côte du Pin, Brassac, Brassaget,

Vezezou, et enfin Lugeac et Bergonade, on peut remarquer plusieurs anomalies qui sont plus apparentes que réelles.

On voit que, dans plusieurs points, le faisceau des couches se resserre beaucoup, s'étrangle pour ainsi dire.

Ainsi, à l'ouest des travaux de la Combelle, les couches viennent butter contre le gneiss. La coupe de la figure 46 (planche VII) rend compte de cette disposition. Les couches ont dû se déposer contre les parois du vase primaire qui devait être abrupt dans cette partie. Aussi à l'ouest les couches de la Combelle ne doivent pas affleurer au jour.

Entre la côte du Pin et la côte de la Vachère, les couches se rapprochent d'une manière étrange. Au lieu de 500 mètres d'épaisseur de terrain houiller, il n'y a plus que 160 mètres. Dans cet endroit, comme à l'ouest de la Combelle, les couches se développent en profondeur et viennent butter contre les parois escarpées de la dépression gneissique.

Mais l'anomalie la plus frappante existe près de la Taupe, vers la montagne de Lugeac. La couche de la Taupe, qui est la même que celle de Grigues, Fondary et le Grosménil, se tient à une distance d'environ 800 mètres du gneiss, mesurés normalement à la direction. (Fig. 15, 15 *bis* et 16.)

La montagne de Lugeac forme un promontoire dans le terrain houiller (voir planches I et IV), et la couche à la Taupe ne se trouve au plus qu'à une distance de 100 mètres du gneiss. Les couches du système de Charbonnier et de la Combelle paraissent venir buter contre la roche azoïque.

L'anomalie dans ce lieu n'est encore qu'apparente, comme dans les deux cas que j'ai cités. Les affleurements des couches se maintiennent en profondeur et n'apparaissent pas à la surface. Le terrain houiller a dû se déposer contre une falaise à bords plus ou moins escarpés.

Les affleurements sont alors placés contre la roche gneissique. Il est évident que le gneiss doit, dans cet endroit, surplomber sur le terrain houiller et même le recouvrir sur une certaine étendue. En sorte qu'il est probable que, si l'on perçait le gneiss sur la montagne de Lugeac et peut-être même vers l'Allier, on pourrait retrouver le terrain houiller.

Au nord du bassin de Langeac, on a constaté un renversement pareil. La roche gneissique recouvre, sur une certaine surface, complètement le terrain houiller et un puits foncé à la mine de la Chalède a traversé cette roche avant d'atteindre ce dernier terrain.

Dans le reste du bassin de Brassac et de Brioude, on observe des accidents pareils, en sorte que, sur presque toute la lisière *est*, les couches sont fortement redressées dans beaucoup de points et dans d'autres, comme à Lavaudieu, le gneiss est renversé sur le terrain houiller et le recouvre.

Cette position et cette manière d'être des assises houillères sont importantes à signaler à cause des recherches que l'on pourrait entreprendre dans les parties non encore explorées.

Plis et conditions de l'allure des couches.

Des compressions latérales dans l'ensemble du terrain houiller ont amené des pendages en sens inverse et allant à la rencontre l'un de l'autre. Cette disposition, la plus simple et la moins compliquée, a donné lieu à celle que l'on nomme *ploiement en fond de bateau.* C'est celle que donnent les coupes transversales faites normalement à l'axe du bassin, mais, comme je l'ai déjà expliqué, cela n'a pas lieu dans le sens longitudinal.

Cette allure si simple, qui est surtout celle du nord du bassin, se trouve changée et modifiée vers le centre, c'est-à-dire au Grosménil et à Fondary par des plis multiples qui compliquent beaucoup l'allure première.

Les couches sont ramenées plusieurs fois à la surface et l'allure est alors caractérisée par la juxtaposition d'une série de plis en fond de bateau raccordés par des plis en selle.

Ennoyages.

Les ennoyages des plis, étant ordinairement inclinés, ont la forme d'une espèce de gouttière et les plis eux-mêmes viennent affleurer à la surface. Leurs traces, sur le plan vertical, comme sur le plan horizontal, donnent lieu à des figures ayant la forme de V, de N ou de M.

Ainsi les pendages opposés de l'allure générale en fond de bateau sont interrompus par des contre-pentes, qui déterminent l'allure en zigzag que j'ai signalée. La direction des ennoyages est déterminée par l'intersection des deux plans au sommet ou au fond du pli et suit une allure particulière.

La carte géologique (planche IV) et les coupes des figures 14, 15 et 16 indiquent avec détail les plis des couches. On peut remarquer que les lignes d'ennoyage sont loin d'être parallèles et se recourbent au sud-est.

Brouillages, serrées ou crains.

Les modifications que déterminent les plis dans l'allure des couches n'ont pu s'effectuer sans qu'il en résulte des désordres dans les conditions de puissance et de stratification dans les assises houillères. Ce sont ces accidents qui ont donné lieu aux étranglements des couches ainsi qu'aux renflements qu'elles éprouvent. Mais ordinairement des renflements entraînent toujours des étranglements, et l'un est la conséquence de l'autre. C'est à la succession de ces sortes d'accidents qu'est due l'allure en chapelet.

A Charbonnier, la grande couche, qui a une puissance moyenne de 12 mètres, atteint parfois jusqu'à 22 mètres, mais sur de petites longueurs.

La couche principale du deuxième étage, c'est-à-dire celle du Grosménil, de Fondary et de la Taupe, éprouve des accidents de pareille nature. La succession des étranglements et des renflements lui donne une apparence d'allure en chapelet. A la Taupe, la puissance atteint jusqu'à 32 mètres. C'est l'épaisseur la plus considérable qu'on ait signalée dans le bassin de Brassac.

Dans le troisième étage, les couches sont plus nombreuses, mais il n'existe pas d'épaisseurs aussi fortes. Leur allure est plus régulière, plus uniforme. Cependant elles sont aussi sujettes à des serrées ou à des brouillages. Le charbon se mélange de schistes charbonneux, qui deviennent bientôt prédominants et la couche, sur une certaine longueur, n'est plus composée que de matières stériles. A la Combelle, il en est de même.

Dans d'autres parties du bassin, les couches sont amincies et étirées; le toit et le mur se rapprochent de manière à se toucher quelquefois.

Dans les plis, les couches sont très tourmentées, le charbon est aminci ou fait complètement défaut. Parfois la couche est démantelée, les roches du toit et du mur sont brisées et les blocs sont mélangés avec le charbon, qui s'est, dans certains cas, introduit dans les cassures du terrain.

Failles.

Il est à remarquer que, dans les bassins où les couches sont soumises à une allure en zigzag et où elles sont souvent repliées sur elles-mêmes, les failles sont plus rares. Ces plis répétés annoncent évidemment une certaine élasticité dans les terrains et une plasticité qui leur a permis de se prêter à toutes les inflexions et aux contournements nombreux et souvent brusques auxquels ils ont été soumis. Si le mouvement de compression n'a pas été trop brusque et trop saccadé, le terrain a pu obéir, sans se rompre, à toutes les forces qui agissaient sur lui.

Quoique l'allure des assises houillères de Brassac se trouve dans ce cas, on n'en constate pas moins quelques failles plus ou moins considérables.

La coupe du chemin de fer entre la Roche, le Théron et le Garret (fig. 44, 45, pl. VII; fig. 47, pl. V), indique deux ou trois failles dont on connaît assez bien la direction et l'importance, mais j'aurai l'occasion d'y revenir. Dans la mine de la Combelle, à l'est du puits de la vieille machine, on a rencontré une faille qui rejette les couches de quelques mètres.

Dans le troisième étage, ce genre d'accident est bien plus fréquent. La vallée de la Leuge doit résulter probablement d'une faille, car, dans la mine de Mégecoste, on en a trouvé une souterrainement dans le voisinage du lit de ce ruisseau, et dans les travaux des Barthes, des Airs, de Bouzhors et du Feu, on en a constaté plusieurs.

Au sud du puits des Airs, les travaux sont venus buter contre une faille qu'on appelle *faille de Vergongheon*. (Voir fig. 56, pl. VIII.)

Entre les travaux des Barthes et ceux de Bouzhors, une faille mieux étudiée et qu'on appelle *faille de Bouzhors* a une direction N. 50° O. qui rejette les couches au toit d'une trentaine de mètres. Nous verrons plus tard qu'un soulèvement très énergique et très important a accidenté le terrain houiller suivant cette direction.

La faille de Monlaye, à l'est des travaux de Bouzhors, a une direction N. 21° E., qui est la direction du système du Rhin, qui a relevé la bande houillère du nord-ouest du plateau central. Elle rejette les couches au toit de quinze à dix-huit mètres.

La faille qui sépare Monlaye du vieux Feu est presque parallèle à la précédente et a pour direction N. 22° E. Cette faille de l'ancien Feu rejette les couches au toit de dix-huit à vingt mètres ; cet accident se ferait sentir jusque dans les travaux de la mine d'Arrest, où on l'aurait rencontré.

La faille du nouveau Feu, à l'est de la précédente, a pour direction N. 69° E., et rejette au toit les couches de vingt à vingt-deux mètres.

Près de Frugères, le terrain houiller affleure dans le parc, aux Barthes et près le pont de la Leuge ; cependant, à très peu de distance, un puits foncé dans le terrain tertiaire ayant plus de cent mètres de profondeur n'a pas retrouvé le terrain houiller. Il est probable qu'une faille ou une forte dépression le rejette en profondeur.

On remarque encore plusieurs autres petites failles bien moins importantes dans l'affleurement houiller de Côte-Rouge et dans le terrain houiller de Lavaudieu. Dans ce dernier endroit, leur direction est N. 30° O.

VII

NATURE ET COMPOSITION DES HOUILLES DE BRASSAC

J'emprunterai à l'ouvrage de M. Baudin les renseignements suivants, relatifs à la nature et à la composition des charbons.

Les houilles de Brassac, dit cet ingénieur, sont réputées, dans le commerce houiller de forge, médiocrement grasses et médiocrement pures.

Cette appréciation, juste pour la généralité des houilles de ce bassin, juste pour les mines de l'étage moyen, qui ont toujours joué le rôle principal dans la production totale du bassin, ne s'applique point cependant à toutes les mines, à beaucoup près. Ainsi elle ne s'applique point aux houilles éminemment sèches de l'étage inférieur, et surtout à celles de Charbonnier, et elle s'applique mal encore aux houilles éminemment grasses de l'étage supérieur.

Pour se rendre compte avec quelque précision de ces natures de houille si variées, M. Baudin entreprit l'étude docimastique au point de vue des cinq données suivantes :

1° Densité;

2° Coke;

3° Gaz à la distillation;

4° Cendres;

5° Pouvoir calorifique.

De plus, comme la présence des matières minérales masque plus ou moins complètement les résultats relatifs au combustible lui-même, M. Baudin a déduit ces derniers résultats de ceux de l'expérience pour le coke, les gaz et le pouvoir calorifique par une simple proportion, et pour la densité par la relation

$$\frac{1}{D}=\frac{\alpha}{\delta}+\frac{1-\alpha}{d}$$

dans laquelle

D exprime la densité de la houille en expérience ;

δ exprime la densité des matières minérales contenues dans la houille ;

d exprime la densité de la houille pure ;

α exprime la proportion des cendres.

Pour plus de simplicité, on emploie la relation

$$d=D-\frac{\alpha}{2}D,$$

à laquelle conduit la précédente, en supposant à la partie minérale, ce qui s'éloigne fort peu de la vérité, une densité (2,60), par exemple, exactement double de celle (1,30) de la partie combustible.

Cet examen analytique a fourni à M. Baudin les éléments du tableau synoptique suivant, et je renverrai à l'ouvrage de cet ingénieur pour tout ce qui regarde la nature des houilles et leur emploi industriel :

HOUILLES D'AUVERGNE. — BASSIN HOUILLER DE BRASSAC

PAR M. BAUDIN.

NUMÉROS D'ORDRE.	NOMS DES CONCESSIONS OU LOCALITÉS.	DÉSIGNATION des COUCHES.	RÉSULTATS D'EXPÉRIENCES. Poids spécifique.	Coke.	Produits volatils.	Résidu à l'incinération.	Plomb réduit d'un excès de litharge.	RÉSULTATS CALCULÉS. Poids spécifique.	Coke.	Produits volatils.	Plomb réduit.
1	Charbonnier	Grande couche	1,43	87,80	12,20	10,20	30,43	1,36	86,41	13,59	33,89
2	La Combelle.	Grande couche	1,38	82,30	17,70	10,10	29,46	1,31	80,31	19,69	32,77
3	id.	La Ronzière.	1,36	80,60	19,40	8,40	29,55	1,30	78,82	21,18	32,36
4	Armois.	Fontaine du Chien.	1,38	80,00	20,00	11,20	28,78	1,31	77,48	22,52	32,41
5	id.	Chemas.	1,41	80,50	19,50	16,00	27,05	1,30	76,79	23,21	32,20
6	Grosménil	Grande couche	1,35	77,50	22,50	8,00	29,25	1,29	75,31	24,69	32,11
7	Fondary	Les Vignes.	1,30	75,90	24,10	3,00	30,72	1,28	75,15	24,85	31,67
8	La Taupe, etc.	Arrest	1,32	74,12	25,88	4,10	29,83	1,29	73,89	26,11	31,11
9	Mégecoste, etc.	Sixième couche de 4 pieds.	1,34	75,60	24,40	9.60	27,40	1,28	73,01	26,99	30,31
10	La Taupe, etc.	Grande masse.	1,33	73,60	26,40	6,40	28,64	1,29	71,80	28,20	30,00
11	Les Barthes, etc.	Bâtarde de 3 pieds	1,36	74,20	25,80	9.80	27,76	1,29	71,40	28,60	30,77
12	id.	Grande couche de 8 pieds.	1,39	74,40	25,60	14,60	26,12	1,29	70,14	29,86	30,58
13	Mégecoste	Septième couche de 8 pieds	1,34	72,80	27,70	7,40	28,49	1,29	70,09	29,91	30,77
14	Les Barthes, etc.	Gare noire de 3 pieds.	1,45	76,80	23,20	22,50	24,10	1,29	70,07	29,93	31,00
15	Mégecoste, etc.	Première couche de 6 pieds	1,34	72,60	27,40	9,10	28,15	1,28	69,86	30,14	30,97
16	Les Barthes, etc.	Sole de 8 pieds	1,35	71,70	28,30	9,70	27,63	1,29	68,66	31,34	30,58
17	Mégecoste	Quatrième couche de 7 pieds.	1,49	75,90	24,10	26,80	22,39	1,29	67,08	32,92	30,59
18	Les Barthes, etc.	Le Feu	1,33	69,40	30,60	7,90	28,07	1,28	66,78	33,22	30,47
19	La Mothe, près Brioude.	Pressac.	1,32	62,90	37,10	8,40	29,95	1,27	59,48	40,57	28,22
20	Fressanges.	» » »	1,30	63,10	36,90	6,60	»	1,26	60,49	39,51	»
21	id.	» » »	1,32	68,00	32,00	8,00	»	1,27	65,21	34,79	»

VIII

ÉPAISSEUR DU TERRAIN HOUILLER

ET RÉPARTITION DE LA HOUILLE DANS LES DÉPOTS ARÉNACÉS DU BASSIN DE BRASSAC ET DE BRIOUDE

On doit distinguer dans un bassin la puissance totale des dépôts et la richesse plus ou moins grande en couches de houille.

Ces deux éléments de la constitution de la formation houillère varient dans chaque bassin particulier, et aucune loi générale ne peut être établie entre la puissance des dépôts et la richesse en combustible. Cependant cette dernière paraît quelquefois en relation avec l'étendue du bassin.

Je vais examiner pour chaque étage la puissance des dépôts arénacés et la richesse plus ou moins grande de houille qu'ils contiennent.

La figure 23 de la planche V donne une coupe théorique des couches du bassin de Brassac et peut faire juger à l'œil de la proportion de charbon qui existe dans ce terrain houiller :

1° Étage anthraxifère; cet étage contient huit couches d'anthracite, dont cinq ou six au plus sont exploitables. L'épaisseur de charbon pouvant être exploitée peut atteindre au plus en moyenne 10^{m},50, tandis que celle du terrain houiller peut être estimée à 500 mètres. On a environ un rapport de $\frac{1}{50}$;

2° L'étage d'Armois, du Grosménil et de la Taupe, a une épaisseur approximative de 1,100 mètres, et la puissance du charbon exploitable peut être estimée au maximum à 34 mètres, ce qui donnerait un rapport de $\frac{1}{33}$ environ;

3° L'étage de Mègecoste, des Barthes, du Feu, n'a qu'une épaisseur de

TABLEAU SYNOPTIQUE DE LA FORMATION HOUILLÈRE DE BRASSAC ET DE BRIOUDE.

DIVISION du DÉPÔT HOUILLER en quatre étages	PUISSANCE APPROXIMATIVE des couches de grès, houille et schistes composant chaque étage	INDICATION DES GROUPES de chaque étage.	NOMBRE DE COUCHES dans chaque groupe.	NOMBRE DE COUCHES exploitables dans chaque groupe.	POINTS PRINCIPAUX de CHACUN DE CES GROUPES exploités présentement et anciennement.	CONCESSIONS AUXQUELLES appartiennent ces localités.	MAXIMUM D'ÉPAISSEUR de la plus puissante des couches de houille de chaque groupe.	ÉPAISSEUR TOTALE de toutes les couches dans chacun des groupes.	Total.	TOTAL PRÉSUMÉ des épaisseurs moyennes des couches de houille exploitables dans toute leur étendue.	Total.
4e étage.	600m,00	3e Groupe supérieur.	10		Puits de Lamothe, de Pressac, de Billange et de Lavaudieu.	Concession de Lamothe.	1m,00	2,70	5,50	1,20	1,20
		2e Groupe moyen.	3	2			1 50	1,80			
		1e Groupe inférieur.	5				0 20	1,00			
3e étage.	200 00	2e Groupe supérieur.	11	6	Les Airs, les Barthes, l'Orme. la Pénide, Mégecoste, Bouzhors et le Feu.	Mégecoste et les Barthes.	3 00	23,40	27,40	8,80	12,80
		1e Groupe inférieur.	6	3	La Pénide.	Mégecoste.	1 60	4,00		4,00	
2e étage.	1100 00	3e Groupe supérieur; parc de Frugères.	0	4	Puits de la Leuge, Parc de Frugères, puits de l'Acacia, le Bourguet.	Mégecoste, Fondary. Les Barthes, parc de Frugères.	3 00	7,00	41,00	7,00	34,00
		2e Groupe moyen; Grosménil et la Taupe.	4	4	Les Lacs, la Fosse, le Grosménil, Neuville, Barate, les Préminots, les Gours, Fondary, Arrost, Grigue, la Taupe.	Grosménil, Fondary, la Taupe.	30 00	30,00		23,00	
		1e Groupe inférieur; Armois.	4	4	La Prade, Puy-Morin, Pradel-Pré, Armois, côte de Chamas.	Grosménil et Armois.	1 50	4,00		4,00	
1er étage.	300 00	2e Groupe supérieur.	1	1	Flanc ouest de la côte du Pin, côte de Lair.	La Combelle.	1 00	1,00	10,70	0,50	10,50
		1e Groupe inférieur.	7	4	Charbonnier, la Combelle, la Roche-Brezens, Auzat, Jumeaux, la Vachère, Solignat, Vezerou.	Charbonnier, la Combelle et Armois.	22 00	15,70		10,00	
Totaux.	2400m,00		57	28					90,60		58,50

200 mètres, car on ne connaît pas les assises houillères placées au toit, et ne possède que $12^m,80$ de charbon exploitable, qui fournit une proportion de $\frac{1}{16}$;

4° Quant au quatrième étage, il est encore peu étudié, et peut-être y existe-t-il de nombreuses couches, mais qui sont encore inconnues. L'épaisseur du terrain houiller prise dans les travaux de Lamothe peut être estimée environ à 600 mètres, et le rapport peut être évalué à $\frac{1}{100}$.

Le tableau ci-contre indique la puissance approximative des étages, le nombre de couches de houille connues et l'épaisseur moyenne des couches dans toute leur étendue.

On voit que l'épaisseur totale du terrain houiller est de 2,400 mètres, mais il ne s'ensuit pas que, pour le traverser entièrement en un point quelconque, il soit besoin d'un puits de cette profondeur. On aurait à percer tout au plus 1,800 mètres; car les étages, comme je l'ai dit, sont à stratification transgressive.

Dans la formation houillère de Brassac, il y a une puissance de $90^m,60$ de charbon; en y comprenant la totalité des petites veines comme des grandes couches, on obtiendrait la proportion de $\frac{1}{26}$. Mais, si l'on remarque que le charbon est disséminé en beaucoup de petites couches souvent inexploitables, dont je tiens compte géologiquement, mais qui, dans la pratique de l'exploitation, ne sauraient être prises en considération, on obtiendrait un chiffre bien moins élevé et qui serait $\frac{1}{41}$, si l'on prend pour point de comparaison le chiffre de la colonne intitulée : total présumé approximativement des épaisseurs moyennes des couches de houille exploitable dans toute leur étendue.

D'après M. Burat, voici les proportions pour différents bassins, qu'il donne dans son ouvrage *la Houille*, auxquelles je joins celles de Brassac et Brioude. (Voir 2e tableau.)

On voit que le rapport de $\frac{1}{41}$ pour le bassin de Brassac et de Brioude se trouve dans les conditions ordinaires de beaucoup de bassins réputés comme riches en combustible.

Mais encore, avec les données précédentes, on ne ferait pas une part

DÉSIGNATION DES BASSINS.	ÉPAISSEUR DES DÉPÔTS.	ÉPAISSEUR TOTALE DES COUCHES.	PROPORTIONS	
			Rapportée à l'épaisseur.	Rapportée à 100.
Bassin belge.	1400^m,00	40^m,00	$\frac{1}{35}$	$\frac{28}{1000}$
Pays de Galles (Merthyr-Tydvil).	1000 00	25 00	$\frac{1}{40}$	$\frac{25}{1000}$
Bassin de Newcastle.	500 00	12 00	$\frac{1}{42}$	$\frac{25}{1000}$
Vorsley, près Manchester.	700 00	14 00	$\frac{1}{50}$	$\frac{20}{1000}$
Bassin de la Loire.	1200 à 1400^m,00	57^m,00 à 78^m,00	$\frac{1}{20}$	$\frac{50}{1000}$
La Grand'Combe	750^m,00	25^m,00	$\frac{1}{30}$	$\frac{34}{1000}$
Bassin de Saône-et-Loire.	500 00	29 00	$\frac{1}{18}$	$\frac{58}{1000}$
Brassac et Brioude.	2400 00	58 50	$\frac{1}{41}$	$\frac{24}{1000}$

assez grande aux accidents des couches, aux serrées, etc. On ne peut estimer l'épaisseur moyenne et totale à plus de 20 mètres, et encore est-elle probablement exagérée; en admettant ce chiffre, on peut faire une évaluation plus ou moins approximative de la quantité de charbon exploitable que contient ce dépôt houiller.

Voici les nombres auxquels, dans cette évaluation, fort hasardée, on le conçoit, je m'arrêterais de préférence.

ÉTAGES.	CONCESSIONS ASSISES sur CHACUN DE CES ÉTAGES.	TOTAL des épaisseurs moyennes des groupes de chaque étage.	SURFACE développée approximativement en kilomètres carrés.
4e étage. . .	Lamothe et terrains non concédés.	1 mètre.	44 kilom. carrés.
3e — . . .	Mégecoste; les Barthes	6 —	23 — —
2e — . . .	Grosménil; Fondary; la Taupe; Armois. .	8 —	61 — —
1er — . . .	La Combelle; Charbonnier.	5 —	58 — —
	Totaux. . . .	20 mètres.	186 kilom. carrés.

Les chiffres obtenus par M. Baudin pour la surface des étages sont bien inférieurs aux précédents, parce que cet ingénieur ne considérait que la partie connue du bassin, c'est-à-dire la portion la plus restreinte. Mais, en me basant sur le tracé de la planche IV, on arrive à une surface totale pour tous les étages de 186 kilomètres carrés, ce qui donne un cube de 3,720 millions.

Il faut défalquer de ce chiffre les cubes suivants, estimés approximativement :

Charbon exploité ou gaspillé	100,000,000	de mètres cubes.
Couches minces inexploitables	100,000,000	—
Un quart pour ce qui échappe à l'exploitation même dans les gîtes les plus favorables	150,000,000	—
Accidents et non-recouvrement des étages	500,000,000	—
Total.	850,000,000	de mètres cubes.

Il reste encore 2,870 millions de mètres cubes.

En supposant que l'extraction annuelle s'élève à 100,000 mètres cubes, chiffre qu'elle n'a jamais réellement atteint, on aurait encore un avenir de 28,700 ans d'extraction avant l'entier épuisement du bassin.

Cela suppose, il est vrai, que les exploitations doivent être approfondies à 1,800 mètres. Mais il est probable que, de longues années, on ne pourra parvenir à des profondeurs aussi considérables, et, en admettant celle de 700 ou 800 mètres, on aurait encore, d'après les appréciations de M. Baudin, au moins pour 3,000 ans de charbon.

Malgré les fortes atténuations que j'ai fait subir aux chiffres, on voit, en résumé, qu'il reste encore une réserve très considérable de charbon dans le dépôt houiller de Brassac et de Brioude.

IX

SUPERFICIE DU TERRAIN HOUILLER

ET DES CONCESSIONS.

Le tableau suivant résume toutes les données sur la surface des concessions et sur celle du terrain houiller :

DESIGNATION DES CONCESSIONS.	SURFACE des concessions sur le gneiss.	SURFACE couverte par les terrains quaternaires et tertiaires.	SURFACE couverte par les alluvions récentes.	SURFACE à découvert.	SURFACE totale de la concession.	SURFACE totale du terrain houiller.
	hect. ares.	hect. ares.	hect. ares.	hect. ares.	hect. ares.	hect. ares.
1. De Charbonnier.	91,20	»	75,90	81,90	249,00	157,80
2. De Celle et Combelle. . . .	230,00	106,20	204,80	800,00	1341,00	1111,00
3. De Jumeaux	39,50	»	»	11,00	50,50	11,00
4. D'Armois.	10,20	16,00	8,20	383,60	418,00	407,80
5. De Grosménil.	»	385,34	255,16	330,00	970,50	970,50
6. De Fondary.	»	16,00	19,00	83,00	118,00	118,00
7. De Grigues et la Taupe. . .	207,00	140,00	59,00	22,00	518,00	221,00
8. De la Pénide, Mègecoste et l'Orme	»	14,00	»	40,00	54,00	54,00
9. Des Barthes, des Airs et du Feu	»	163,00	»	24,00	187,00	187,00
10. De Lamothe, près Brioude. .	20,30	382,85	251,35	1,50	656,00	635,70
11. De Frugères.	»	55,00	»	16,00	71,00	71,00
Totaux. . .	688,20	1278,39	873,41	1793,00	4633,00	3944,00

TERRAIN HOUILLER NON CONCÉDÉ

	hect. ares.	hect. ares.	hect. ares.	hect. ares.	hect. ares.	hect. ares.
Bassin de Brassac.	»	33,50	»	107,54	»	141,04
Lambeau de Fressange.	»	»	»	65,43	»	65,43
Diverses parties du bassin. . .	»	4317,88	»	»	»	4317,88
Côte-Rouge	»	»	»	46,61	»	46,61
Lavaudieu.	»	»	»	278,24	»	278,24
Totaux. . .	»	4351,38	»	497,82	»	4849,20

CHAPITRE IV

I

ÉTAGE INFÉRIEUR OU ÉTAGE ANTHRAXIFÈRE

L'étage anthraxifère est formé par des grès quartzeux et feldspathiques, qui dominent, et comme roches subordonnées, par des schistes et des couches de charbon.

Nature des roches du terrain anthraxifère.

Son épaisseur à la surface est, aux mines de la Combelle, d'environ 800 mètres.

Les roches s'y succèdent de haut en bas de la manière suivante :

Étage inférieur ou étage anthraxifère.	2° Groupe supérieur. . .	11° Schistes.
		10° Couche de charbon supérieure.
		9° Schistes.
	1° Groupe inférieur. . .	8° Grès feldspathiques.
		7° Grès quartzeux.
		6° Schistes tendres.
		5° Couche de charbon.
		4° Schistes tendres.
		3° Grès durs.
		2° Couche du mur.
		1° Grès dur ou arkose.

Les couches de la Combelle et de Charbonnier appartiennent à l'étage anthraxifère et doivent être assimilées, comme il sera démontré plus tard, bien que la distance des deux mines soit de 2,600 mètres, sans travaux intermédiaires.

1° CONCESSION DE CHARBONNIER.

La concession de Charbonnier est assise sur la lisière *ouest* du dépôt houiller et fait partie, comme je viens de le dire, de l'étage anthraxifère. Ce terrain s'appuie sur le gneiss, sur toute la partie *ouest*, et possède une étendue environ du tiers de la concession. Le reste est occupé en grande partie par la roche azoïque, qui encaisse complètement le terrain carbonifère, et par les alluvions modernes de la rivière d'Alagnon qui masquent ce dernier, à l'est, d'une manière complète.

Entre Charbonnier et Moriat, les alluvions modernes et le terrain tertiaire recouvrent également le gneiss et le terrain anthraxifère, et dérobent à l'œil les limites de ces deux derniers terrains.

La partie du terrain anthraxifère qui est à nu ne laisse voir que le groupe inférieur, le supérieur placé au-dessus des grès feldspathiques est caché sous le lit de l'Alagnon.

La disposition du terrain anthraxifère dans cette partie du bassin, la manière dont il est enchâssé entre le gneiss et les grès feldspathiques, qui sont d'une grande dureté et qui, par conséquent, le défendent encore des atteintes et des dégradations de l'Alagnon, ont dû le protéger des érosions énergiques des cours d'eau d'époques plus anciennes. On peut ainsi expliquer la conservation de ce terrain sur la rive gauche de la rivière, où les assises forment une berge de 40 mètres au-dessus de son lit.

Le terrain anthraxifère est fortement plissé dans toute la partie ouest du bassin. Les contournements des couches suivent parallèlement les anfractuosités du terrain gneissique, dont les planches III et V donnent un relevé complet.

Direction des couches. L'ensemble de la direction des couches se rapproche d'une ligne nord-sud. Au nord de la concession, à la chapelle Saint-Martin, elles s'infléchissent brusquement à l'est, pour reprendre plus loin, dans la concession de la Combelle, une direction à peu près pareille à la première et suivre alors assez exactement le lit de l'Alagnon.

Entre la chapelle Saint-Martin et les travaux de la Combelle, les couches sont complètement inconnues et n'ont pas été exploitées, et leurs affleurements sont recouverts par les alluvions de la rivière. Mais, aux environs de Charbonnier, les travaux ont permis d'étudier d'une manière assez complète l'allure des couches, de suivre leurs replis et de constater leurs divers accidents.

La coupe verticale et transversale (fig. 15 *bis*, pl. III) indique l'allure des couches et leur manière d'être dans le terrain houiller. Elle passe par le grand puits de Charbonnier et Brassac.

Le plan de la planche V donne le tracé exact des couches exploitées. On voit les affleurements suivre les ondulations du terrain gneissique. Au nord de Charbonnier, les couches s'infléchissent brusquement à l'est.

Vers le puits de la machine, elles font un pli prononcé résultant d'une forte *selle*. Elles se dirigent ensuite en ligne droite vers l'ouest de l'église de Charbonnier, contournent le village et s'infléchissent de nouveau vers l'ouest, pour disparaître sous les alluvions récentes de la plaine de Moriat.

Un des accidents les plus fréquents, c'est sans contredit les serrées ou crains, qui limitent les parties exploitables des gîtes. Le plan en montre plusieurs, dont la direction est N.-N.-O., approximativement.

Les couches exploitées à Charbonnier peuvent se subdiviser en deux sous-groupes parfaitement distincts, compris entre le gneiss et le grès feldspathique. La couche du groupe supérieur de l'étage anthraxifère, placée au toit de cette dernière roche, est complètement inconnue dans cette concession. Elle doit passer sur la rive droite de l'Alagnon et sous les alluvions de cette rivière, qui la masquent complètement. Une coupe faite perpendiculairement à la direction donne la succession suivante en allant de haut au bas :

9. Grès feldspathique	?	20m,00
8. Grès et schistes tendres		125m,00
7. Grande couche	5 à	8m,00
6. Grès dur quartzeux	10 à	40m,00
5. Couche de la sole		4m,90
4. Grès dur		30m,00
3. Petite couche		0m,30
2. Grès	4 à	5m,00
1. Arkose	15 à	20m,00
Gneiss. Épaisseur totale		253m,20

Gneiss. Près de la mine de Charbonnier, le gneiss présente les caractères ordinaires de celui de la contrée. On y trouve des nœuds et des masses cristallines contenant assez souvent des géodes. La carte géologique, planche I, indique les limites de la roche azoïque.

Arkose. Au-dessus du gneiss vient un grès très dur, que l'on peut assimiler à une arkose, car il en offre tous les caractères minéralogiques. Cette roche est composée de grains de quartz, qui quelquefois paraissent roulés ou à angles émoussés, et d'autres fois en cristaux plus ou moins parfaits. Les grains sont toujours très petits, demi transparents ou opaques. Ce quartz est relié ou agglutiné par un ciment feldspathique, quelquefois assez abondant et même prédominant. La couleur est ordinairement verdâtre, aussi la roche a une teinte vert d'huile. Ce minéral est opaque, et parfois il se présente en petits grains, comme le quartz.

A l'air, par la décomposition du feldspath, elle se délite assez rapidement. Alors elle s'égrène et s'émiette dans les doigts par une légère pression. Par un séjour prolongé à l'air, elle finit par se réduire en arène.

Au milieu de la roche, on voit souvent de nombreuses lamelles d'une substance analogue au mica, d'une couleur brillante dorée ou rouge; ces nuances indiqueraient, peut-être, un commencement d'altération dans la composition de ce minéral.

Cette arkose d'une nature arénacée, bien caractérisée, doit posséder une épaisseur de plus de 20 mètres, car le puits de la machine l'a traversée en partie ; à 130 mètres de profondeur, on a rencontré cette roche, très dure et sans stratification apparente.

Au nouveau puits Saint-Alexandre, à 230 mètres de profondeur, l'arkose a un aspect un peu différent; elle présente toujours une grande dureté et paraît imparfaitement stratifiée.

Au-dessus de la roche précédente, repose un grès quartzeux de 4 ou 5 mètres d'épaisseur. Puis vient une petite couche d'une épaisseur de 0m,30. C'est la plus ancienne du bassin; elle représente la couche de la Cure, de la concession de la Combelle. Grès quartzeux. Petite couche.

Au toit de cette petite couche existe une série de bancs de grès quartzeux très dur, dont l'épaisseur totale va à 30 mètres. Grès dur quartzeux.

La couche de la sole qui repose sur le grès précédent se trouve à une distance du gneiss, qui varie de 40 à 55 mètres. Son affleurement peut s'observer dans toute la partie septentrionale du village de Charbonnier. Il obéit à toutes les inflexions de la limite des deux terrains. Couche de la sole.

Dans la partie nord des travaux, il existe deux *serrées* ou *crains*, placées à une distance d'environ 200 mètres, l'une passant par le puits de la Mollette, l'autre près du puits Saint-Alexandre. Cette portion du gîte ainsi limitée prenait autrefois le nom de *massif principal* sur lequel l'exploitation a porté bien longtemps (pl. XI.)

La couche de la sole dans cette partie possède une épaisseur de 5 mètres, y compris des intercalations schisteuses ou nerfs qui la divisent; en sorte qu'elle se subdivise de la manière suivante en plusieurs couches, en commençant par celle du toit (fig. 33, pl. V) :

	Épaisseur.
5. Couche d'anthracite	1m,30
4. Banc de schiste	0m,50
3. Couche d'anthracite	1m,30
2. Banc de schiste	0m,50
1. Couche d'anthracite	1m,30
Épaisseur totale	4m,90

On voit donc que la couche de la sole est subdivisée en trois couches distinctes. Son allure laisse à désirer et n'est pas très régulière, surtout dans le sens de l'inclinaison.

Les coupes (pl. XV) indiquent cette allure variable. Les couches s'amincissent et se renflent alternativement, et forment ainsi des espèces d'amandes très aplaties qui rappellent l'allure en chapelet. Ainsi, après avoir exploité les trois couches de la sole au-dessus de l'étage de 114 mètres, on a pu les retrouver en profondeur entre les niveaux de 114 et de 142 mètres. A part l'irrégularité que je viens de signaler, la couche de la sole, dans les parties exploitables, n'est affectée d'aucun dérangement, d'aucun renflement ni retrécissement dans la direction.

La nature du combustible est de l'anthracite dont la teneur en cendre est faible, 8 à 10 0/0. La qualité du charbon de la couche de la sole est bien meilleure que celle de la grande couche. Cette couche contient des boules ou sphéroïdes plus ou moins parfaitement arrondies. Ces nodules affectent aussi des formes plus ou moins allongées et sont composées de charbon pur, qui se lève par pellicules concentriques de 3 ou 4 millimètres d'épaisseur. Il est probable que ces boules charbonneuses doivent être des fruits de végétaux de l'époque houillère. Leur grosseur atteint quelquefois celle du poing. Le charbon est pur, brillant, spéculaire et à cassure légèrement conchoïde.

Dans la partie du gîte, au sud du massif principal et que l'on appelle *massif du sud-ouest* ou *de derrière*, la couche de la sole subit une modification désavantageuse. Elle est divisée en deux couches dont une, celle du mur, est seule exploitable.

Les empreintes de plantes et les débris de végétaux sont très rares dans les couches de Charbonnier. Cependant les schistes accompagnant les couches, qui sont noirs et charbonneux, contiennent quelquefois des empreintes fossiles, des troncs d'arbres de toute grosseur, mais très rarement des fougères, ainsi que les fruits ressemblant à de grosses amandes dont j'ai parlé.

Au mur de la couche de la sole, on a trouvé au voisinage d'une serrée ou étranglement de la couche, dans les anciens travaux du puits de la machine, une roche formant une assise d'une trentaine de centimètres d'épaisseur, en contact avec une argile blanche ayant l'aspect du kaolin.

Cette roche est formée d'une pâte feldspathique dans un état plus ou moins avancé de décomposition, remplie de petites cavités bulleuses comme une pierre ponce. Un grand nombre de ces dernières sont remplies de divers minéraux cristallisés, comme de petites géodes. On y trouve des pyrites, du fer carbonaté, des cristaux bruns et transparents, des cristaux de quartz. Les cavités sont de formes plus ou moins parallélipipédiques, comme si elles avaient contenu des cristaux qu'une cause quelconque aurait fait disparaître.

Un grès dur et quartzeux sépare la couche de la sole de la grande couche. Il est en gros bancs avec des lits de schistes, et forme une épaisseur variant de 10 à 40 et même à 60 mètres dans quelques cas. Grès dur quartzeux.

Au-dessus repose la grande couche, dont l'inclinaison va de 40° à 48°. Grande couche.

Dans le massif principal, la grande couche est subdivisée par deux nerfs et forme ainsi trois couches (fig. 32, pl. V). Voici comment elle est composée en allant du toit au mur :

	Épaisseur.
5. Couche du toit	$2^m,20$
4. Banc de schiste	$0^m,60$
3. Couche du milieu	$1^m,40$
2. Banc de schiste	$0^m,60$
1. Couche du mur	$3^m,00$
Épaisseur totale	$7^m,80$

Entre toit et mur, on a donc une épaisseur totale de $7^m,80$ sur lesquels il y a $6^m,60$ de charbon.

Dans le massif principal, on peut fixer assez approximativement la distance de la grande couche au gneiss à 130 mètres environ. Le charbon est de moins bonne qualité que celui de la couche de la sole. Il renferme également des nodules ou boules sphéroïdales charbonneuses.

Dans le massif du sud-ouest, on voit les affleurements de la grande couche en plusieurs points, notamment le long de la colline sur laquelle est bâti le village de Charbonnier; et dans l'exploitation, on a pu constater que la grande couche n'était plus subdivisée en trois couches, et que les intercalations stériles avaient complètement disparu ; la puissance variait de 5 à 12 mètres. La qualité du charbon est partout inférieure à celle du massif principal; cela provient probablement du mélange de la matière schisteuse des bancs stériles, qui s'est répandue dans la masse charbonneuse, au lieu de former des lits séparés.

Le puits (fig. 35, pl. V), placé près de la serrée du massif principal, est destiné à exploiter la partie du sud du gîte. La tête du puits est placée dans les grès feldspathiques sur une profondeur de 8 à 10 mètres. La séparation de ce grès et des grès et schistes qui viennent au-dessous est nettement tranchée suivant une ligne inclinée de 50° à l'est.

Les coupes figurées indiquent la succession des roches et la position des couches. Au toit, il existe des alternances de grès quartzeux et de schistes, dont l'épaisseur peut être estimée à 125 mètres. Les deux couches ne sont qu'à une distance d'une dizaine de mètres, mesurée normalement au plan de l'inclinaison. Dans cet endroit la couche de la sole est assez régulière et la grande couche se réduit à une seule masse charbonneuse. Dans les schistes tendres du toit, on a rencontré, dans le puits, un filon de quartz accompagné de barytine, de spath calcaire et de fer carbonaté.

Au niveau de 196 mètres dans le puits Saint-Alexandre, le charbon est en poussière et de médiocre qualité. Il donne lieu à des dégagements abondants d'acide carbonique et même d'hydrogène carboné. A partir du point A (plan des travaux de Charbonnier, pl. V), la serrée semble terminée. La grande couche est telle qu'elle avait été reconnue et exploitée par le niveau de 142 mètres au puits de la machine avant l'année 1855, c'est-à-dire formée de trois couches distinctes séparées par deux nerfs d'un mètre d'épaisseur, comme l'indiquent les coupes.

Coupe par le puits de la machine.

La coupe passant par le puits de la machine est faite dans le massif principal; les couches de la sole exploitables, dans la partie où le puits les a recoupées, n'offrent que des traces insignifiantes en dessous de l'étage de 114 mètres.

Une autre coupe GH (fig. 29) dans la partie nord du massif du sud-ouest indique aussi la division en trois veines de la grande couche et l'allure irrégulière ou en chapelet de la couche de la sole. Coupe suivant GH.

La distance entre les deux systèmes de couches ne reste pas constante. Près du jour, elle est de 27 mètres, et au niveau de 140 mètres, où l'inclinaison diminue beaucoup, elle atteint 40 mètres.

Comme je l'ai dit, le puits Saint-Alexandre est au voisinage de la serrée qui sépare les deux champs d'exploitation : l'un, celui du sud, dit derrière l'église et exploité seulement de 1850 à 1867; l'autre celui du nord ou massif principal exploité de temps immémorial, et qui va être prochainement remis en exploitation au niveau de 233 mètres du puits précédent.

La coupe CD (fig. 28), prise dans la partie nord du massif principal fait également voir la grande couche divisée en trois, et les couches de la sole se réduisant à une couche unique. Coupe CD.

La coupe EF (fig. 27), placée dans le même massif et passant par le puits intérieur d'exploitation montre la grande couche réduite à une seule et celles de la sole à deux. Coupe EF.

La coupe suivante passe par le travers-bancs de l'étage de 142 mèt. du puits de la machine. Elle indique la distance de la grande couche à Coupe par le travers-banc.

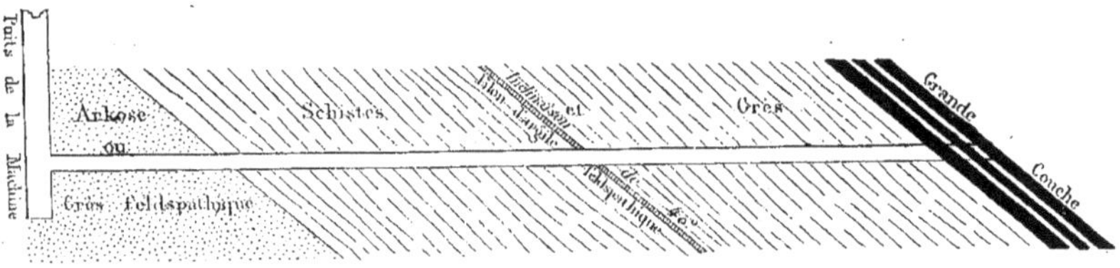

l'arkose, où est arrivé le fond du puits. La couche de la sole fait complètement défaut et se trouve tout à fait atrophiée.

C'est dans le massif principal que les anciens travaux ont été con- Massif principal.

centrés depuis une époque assez reculée. De 1820 à 1865, cette portion du gîte a été le seul siège de l'exploitation. On ne possède aucun document ni renseignement sur les anciens travaux voisins des affleurements. Mais ils ont dû être très restreints, soit à cause du village, soit à cause des alluvions aquifères, qui recouvrent les affleurements au sud-ouest. Il n'est pas à présumer que ces travaux, qui remontent au siècle dernier, dépassent la profondeur de 30 mètres.

Dans la partie inférieure du massif principal, exploitée et, par conséquent, plus connue et mieux étudiée, le gîte est souvent composé d'une manière un peu différente : la grande couche est formée de trois couches, savoir :

	Épaisseur.
5. Couche du toit	$4^m,00$
4. Nerf (Intercalation schisteuse)	$1^m,00$
3. Couche intermédiaire	$2^m,00$
2. Nerf	$1^m,50$
1. Couche du mur	$3^m,00$
Épaisseur totale	$11^m,50$

et les couches de la sole, distantes de 50 mètres des précédentes, sont aussi représentées par trois couches séparées par deux nerfs.

	Épaisseur.
5. Couche du toit	$2^m,00$
4. Nerf	1 à $1^m,50$
3. Couche intermédiaire	$2^m,00$
2. Nerf	1 à $1^m,50$
1. Couche du mur	2 à $2^m,50$
Épaisseur totale	$9^m,50$

ce qui fait un total de $15^m,50$ pour les deux couches.

Au puits de la machine, les couches ont été exploitées jusqu'à la profondeur de 142 mètres. La partie inférieure du massif principal va être maintenant exploitée par le puits Saint-Alexandre, dont la profondeur est de 235 mètres. Le dernier étage est pris à 1 mètre au-dessus du fond du puits.

Pour l'exploitation de cette partie du gîte, en dessous des plus anciens travaux, on ouvrit, en 1826, un puits appelé *Puits de la Machine* ou *d'en haut*. Il était placé sur le pendage *Est* de la grande couche, dont la direction est dans cet endroit N. 50° E., et qu'il atteignit à une profondeur de 20 mèt. de son orifice. Depuis lors, il a été poussé jusqu'à 122 mètres, et le fond a rencontré l'arkose où il a pénétré de quelques mètres. Ce puits, servant pour l'extraction et l'épuisement, fut pourvu, en 1840, d'une machine à vapeur de douze chevaux. **Puits de la Machine.**

Un étage fut ouvert à 83 mètres de profondeur et un autre à 110 mètres. Dans ce dernier niveau, une galerie à travers bancs fut ouverte de l'ouest à l'est, pour aller recouper la couche que l'on rencontra à une distance de 65 mètres. On ouvrit alors une galerie d'allongement dans la couche du mur, qui suivit toutes les inflexions de la couche. Cette galerie de roulage desservait les travaux d'exploitation entre 90 et 110 mètres.

Une voie d'aérage, fort sinueuse, fut poussée dans une petite couche au mur de la grande couche, et fut mise en communication avec un puits d'aérage à la profondeur de 83 mètres de la surface. Ce puits d'aérage était pourvu d'un manège pour extraire les eaux de temps en temps, pour que la voie d'aérage restât complètement libre.

Le puits de la Mollette fut ouvert en 1820, sur le pendage sud de la couche, dont la direction est O. 30° N. Les travaux s'étendirent vers le sud et furent arrêtés à la serrée du sud-ouest, à 110 mètres du tournant de la couche et vers le nord-est, à la serrée qui existe dans cette partie. De ce côté, des difficultés d'aérage et aussi des craintes, peut-être exagérées, des eaux de l'Alagnon, n'ont permis de s'avancer que de 120 mètres, ce qui fait un développement total de 230 mètres environ. La grande couche possède une puissance moyenne d'une douzaine de mètres environ, et accidentellement de 22. Elle est subdivisée, par deux minces bancs de rocher, en trois couches, dont celle du mur est la plus puissante et fournit le combustible le plus pur. **Puits de la Mollette, ou d'en bas, ou encore puits Vachon.**

Les anciens travaux ont, en dehors des limites d'exploitation que je viens d'indiquer et à une moindre profondeur, suivi la même couche sur environ 85 mètres vers le sud et autant vers l'est; ce qui porte à près de 400 mètres le développement total en allongement des travaux, tant anciens que modernes.

Au mur de la couche exploitée, à 20 mètres au-dessous environ, les anciens travaux avaient porté sur la couche de la sole qui, à ces niveaux dans les puits de la Machine et de la Mollette, n'avait que 1 à 2 mètres de puissance.

Au toit de la couche exploitée, des affleurements et travaux anciens accusent l'existence d'une autre couche ou même de plusieurs autres couches exploitables, mais sur lesquelles on n'a point de données précises. L'existence de ces couches au toit de celle exploitée concorderait d'ailleurs parfaitement avec la manière d'être du même groupe houiller dans la concession limitrophe de la Combelle.

Travaux existant en 1848.

A l'époque où les concessionnaires actuels, c'est-à-dire en 1848, devinrent acquéreurs de la concession de Charbonnier, deux puits desservaient l'exploitation : l'un, le puits de la Machine, qui était alors le puits actuel d'extraction; l'autre, le puits de la Mollette, abandonné en 1865.

Le niveau inférieur des travaux était à la profondeur de 114 mètres au puits de la Machine. Une seule galerie, à travers bancs au mur des couches et se dirigeant à l'est, reliait ce puits à la grande couche, la couche de la sole faisant défaut sur ce point.

Cette dernière était en communication avec le puits de la Mollette par deux galeries aux niveaux de 82 mètres et de 123 mètres.

Près de ces puits, les deux systèmes de couches, grande couche et couche de la sole, sont dirigés dans leur ensemble du nord-est au sud-ouest, et plongent vers le sud-est avec une inclinaison comprise entre 35° et 40°. Ces deux systèmes sont séparés par des bancs de grès dont l'épaisseur varie de 30 jusqu'à 60 mètres, formant le toit de la couche de la sole. Le toit de la grande couche consiste dans une alternance de grès durs, quartzeux et de schistes tendres.

En 1848, le puits de la Machine fut foncé pour créer un nouvel étage à 142 mètres, et, en outre, un puisard de 12 mètres, ce qui porta la profondeur à 154 mètres. On ouvrit une galerie à travers bancs, qui atteignit la grande couche à 130 mètres de distance du puits. Travaux de 1848 à 1865.

Près de la serrée du sud, la couche du toit, qui avait persisté jusque-là, disparaît la dernière avec une épaisseur de $0^{m},60$.

Une recherche au sud de la serrée dont je viens de parler fut entreprise à l'étage de 142 mètres pour reconnaître le massif principal.

A la fin de 1856, la galerie était poussée à 200 mètres de distance, mais le charbon était encore très impur et mélangé de schistes. En 1858, la galerie d'exploration, toujours poussée dans la direction du sud, était parvenue à la distance de 500 mètres de la galerie à travers bancs aboutissant à la recette du puits d'exploitation. La couche à cette distance était puissante et d'une pureté passable, mais ne donnait pas de gros.

A 600 mètres du même puits, la grande couche semble diminuer un peu d'épaisseur. Des difficultés d'aérage ne permirent pas alors de poursuivre cette recherche à une plus grande distance. On fit alors une galerie à travers bancs pour aller recouper les couches de la sole qui donnèrent d'excellents résultats. On poussa un avancement dans la deuxième couche, qui était la plus puissante, et on le poursuivit jusqu'à 250 mètres. Elle présentait en plusieurs endroits 5 ou 6 mètres d'anthracite très dure, dont l'abatage fournissait une assez forte proportion de gros. L'avancement du sud aboutit à une serrée et à un rejet qui rapprocha en ce point les veines de la sole de celles de la grande couche.

Les conditions du gîte dans les nouvelles parties explorées, dans le massif de derrière l'église, décidèrent les exploitants à ouvrir, en avril 1864, un nouveau puits, placé au sud sous la terrasse du château de Charbonnier. Ce puits est désigné sur le plan sous le nom de puits d'Air, et ne fut terminé que vers le milieu de 1865, et après avoir atteint une soixantaine de mètres de profondeur. Massif du sud ou de derrière l'église.

Dans le massif du sud, la grande couche ne forme qu'une seule couche d'une puissance moyenne de 5 mètres. Au voisinage de la serrée, elle présente un renflement important, qui lui a fait atteindre la puissance de 12 à 14 mètres, mais sur une assez faible longueur. Cette partie n'a donc, dans le siècle actuel, été exploitée que de 1850 à 1867, entre les niveaux de 142 à 114 mètres du puits de la Machine. Le système des couches de la sole y est moyennement distant de 40 mètres de celui de la grande couche.

La couche de la sole est formée de deux couches : l'une au mur d'une puissance de 3 mètres, l'autre au toit de 1 à 1m,50, séparée de la première par un nerf de 1 mètre. L'inclinaison moyenne est de 40°.

Travaux de 1865 à 1867.

Après avoir mis en relation les nouveaux travaux avec le puits d'Air dont je viens de parler, on a commencé à mettre en exploitation le massif du Sud au niveau de 140 mètres.

Mode d'exploitation.

Le mode d'abatage du charbon est le suivant : une galerie est prise suivant la direction de la couche, et lorsqu'elle a atteint la limite voulue, elle est complètement remblayée. Ensuite, on monte sur ce remblai pour prendre une nouvelle galerie. Si, comme cela arrive en certains points, la puissance de la couche permet de prendre deux, quelquefois trois galeries en direction et au même niveau, chacune de ces galeries est remblayée successivement, et une nouvelle tranche est prise de la même manière dans la couche en s'élevant par-dessus ces remblais.

Affleurement houiller entre Charbonnier et Moriat.

En dehors de la partie dénudée du terrain anthraxifère, aux environs de Charbonnier, un petit îlot houiller se montre dans le terrain tertiaire entre Charbonnier et Moriat, et presque à mi-distance de ces deux villages. Cet affleurement houiller, qu'accuse aux yeux la couleur noire de la terre arable, a donné lieu, lors de l'ouverture des petites mines révolutionnaires des ans III et IV de la République, à un éphémère travail d'extraction, encore aujourd'hui connu dans la localité sous le nom de puits de *Cent francs*, par allusion, au rôle qu'aurait joué dans son exécution l'assignat de *cent francs*.

Cet îlot houiller, que sa distance au gneiss tend bien à rattacher à l'assise anthraxifère des mines de Charbonnier, rend d'ailleurs très présumable l'extension souterraine de la formation houillère sous une partie très notable de la plaine de Moriat, entre Charbonnier, Moriat et Lempdes.

En résumé, le gîte de Charbonnier se compose dans son ensemble de la manière suivante :

Résumé sur la composition du gîte de Charbonnier.

A une petite distance du gneiss, dont on ne connaît pas au juste l'éloignement, mais qui pourrait bien être de 25 à 30 mètres, on trouve une petite couche. Sa puissance dans les parties connues est de $0^m,30$, et elle semble se poursuivre assez régulièrement. Elle est encaissée dans des grès quartzeux, très durs, et son charbon est *très anthraciteux*. Sa distance aux couches de la sole doit être de 25 à 30 mètres. Le puits Saint-Alexandre l'a recoupée; mais, ce puits étant placé dans la serrée qui sépare les deux champs d'exploitation, l'ensemble du système des couches et du terrain houiller est très resserré, très atrophié, avec des variations d'inclinaison très prononcées.

A la distance que je viens d'indiquer, est un faisceau de trois couches, qui forment les couches de la sole.

On peut considérer l'ensemble comme formant une seule couche d'une épaisseur de $4^m,90$, divisée par deux nerfs de $0^m,50$ chacun et chacune des couches ayant $1^m,30$.

Au-dessus de la couche de la sole et à une distance variable de 10 à 40 mètres, on trouve la grande couche, tantôt composée d'une seule couche variant de 5 à 8 mètres de puissance, tantôt divisée par deux nerfs de $0^m,60$ chacun, et donnant ensemble une épaisseur de 8 à 9 mètres.

Ainsi, à Charbonnier, on ne trouve que deux horizons charbonneux principaux, qui forment deux faisceaux de couches, séparés par une distance variable, d'un point à l'autre du gîte, de 10 à 40 mètres.

Avant de terminer cette étude sur la concession de Charbonnier, je dois déclarer que je tiens la plus grande partie des plans, coupes et renseignements précédents à la bienveillance de M. Jules Denier, propriétaire de ces mines ; les détails que j'ai donnés sur les vieux travaux ont été pris en partie dans l'ouvrage de M. Baudin.

2° CONCESSION DE LA COMBELLE.

Constitution géologique.

Dans la concession de la Combelle, le terrain anthraxifère se montre à nu sur 800 hectares de superficie environ. Le gneiss qui l'encaisse au nord et à l'est peut y occuper 230 hectares. Les alluvions modernes, superposées en très grande partie au terrain houiller, ont une même étendue de 230 hectares, et les dépôts quaternaires en recouvrement exclusif du terrain houiller, environ 900 hectares.

Le gneiss enveloppe d'une manière complète tout l'étage anthraxifère. A l'ouest, on voit cette roche azoïque depuis Charbonnier jusqu'au village de la Roche, près de Beaulieu, et au nord des mines de la Combelle, à la côte des Costilles, ainsi qu'aux environs d'Auzat et de Peillerat. On la retrouve encore, au nord-ouest, à la montagne de la grande vigne, au-dessus de Jumeaux, qui est à une grande élévation au-dessus de la vallée; enfin à l'est, à la butte de la Vachère, à Brassaget, et tout le long des collines de la rive droite de l'Allier, depuis Jumeaux jusqu'à la montagne de Lugeac, près de la Taupe, et dans celles qui se poursuivent plus au sud sur la même rive. Le terrain anthraxifère suit les contours et les sinuosités du gneiss, comme la carte géologique et topographique l'indique suffisamment (pl. IV).

Sur la rive droite de l'Allier, d'Auzat au Nord de Jumeaux et à une certaine distance, le terrain anthraxifère donne lieu à un appendice de forme assez singulière. Le terrain se resserre sous le lit de la rivière pour se développer au nord-est. Il se termine suivant une ligne légèrement ondulée dont la direction est N. 55° à 60° O. Une extrémité de la pointe du côté de Jumeaux a donné lieu à quelques recherches, à la suite desquelles fut instituée la concession de ce nom.

La coupe transversale (fig. 14), passant par le Moncelet, le moulin d'Amblart, la côte du Pin et le suc d'Esteil, indique la relation de l'ensemble du terrain houiller avec le gneiss. Elle va de l'est à l'ouest, comme la suivante, qui est placée un peu plus au sud (fig. 15). Cette dernière part de l'ouest de Charbonnier, se dirige sur le château de ce nom, sur Solignat, et se poursuit jusqu'au petit lambeau houiller de Fressange, qui primitivement devait faire partie du bassin de Brassac.

Les couches de la Combelle font suite à celles de Charbonnier. Depuis la chapelle Saint-Martin, en suivant l'Alagnon, jusqu'à la Roche près de Beaulieu, leur direction moyenne est à peu près nord-sud, sauf un léger infléchissement à l'ouest sur la côte d'Amblart. Cette partie est complètement inconnue, et on n'a aucune donnée sur sa richesse en combustible; le pendage général est à l'est. Mais, à partir de la Roche, les couches s'infléchissent brusquement à l'ouest, en sorte que leur direction entre l'Alagnon et l'Allier est assez exactement est-ouest; dans la partie septentrionale du bassin, les couches ont été étudiées et exploitées par les travaux des mines de la Combelle, et leur pendage est au sud. Vis-à-vis de Cellamine et avant d'arriver à la Roche-Brezons, les couches se dirigent au nord-ouest pour revenir, après un détour, à un pendage au sud-ouest. La carte géologique de la planche VI, indique d'une manière très nette cette allure sinueuse et irrégulière des couches de la Combelle.

Les tranchées du chemin de fer, depuis la Roche-Brezons jusqu'à l'est du Théron, ont permis d'étudier le terrain houiller dans cette région, et de déterminer d'une manière exacte le passage des couches. Coupe géologique suivant l'axe du chemin de fer.

Je dois à M. Jules Buhet de nombreux renseignements sur la concession de la Combelle, et le plan (fig. 44, pl. VII) où sont indiquées les directions des roches et les affleurements des couches. Celles-ci passent vers le tunnel de la Roche avec une inclinaison à l'Est, et près du Théron avec un pendage à l'ouest. Les couches du système *Verrerie* traversent le village même. La couche de la Cure qui devrait se trouver très près, c'est-à-dire à une trentaine de mètres, à l'est, a son affleurement à 600 mètres de distance. Dans l'intervalle, on trouve des alternances de grès et de schistes, avec de fréquents changements d'inclinaison, des contournements et des plissements brusques des assises houillères, interrompus par de nombreuses cassures (fig. 44, pl. VII).

D'après le plan précédent, j'ai construit deux coupes verticales : l'une passant un peu au sud du chemin de fer et l'autre théorique suivant son axe. Ces coupes sont représentées dans les figures 45 et 47 (pl. V et VII).

Failles du Théron.

On remarque cinq failles qui bouleversent le terrain houiller. La première passe à l'est du Théron et au delà des affleurements du système Verrerie. On voit des grès, qui doivent être des grès supérieurs, puis ensuite, plus loin, les schistes qui recouvrent ordinairement ces derniers. Au Théron, les couches ont été ramenées au jour, tandis qu'à l'est, elles sont restées en profondeur. Il existe encore au delà trois autres failles qui découpent les assises houillères et leur font subir des dénivellations prononcées.

La cinquième passe un peu au toit de la couche de la Cure. Le plan de la faille est le même que celui des assises, en sorte qu'il y a eu glissement et compression de celles placées au toit. L'Allier, au nord du Théron, prend une direction parallèle aux failles précédentes.

Faille à l'est des travaux des mines de la Combelle.

A l'est des travaux de la Combelle, on a trouvé un brouillage dans les couches. Il a été rencontré au niveau de 264 mètres dans la grande veine. Cet accident a été produit par une faille qui a brisé les assises houillères, et a fait naître une masse charbonneuse mélangée de blocs de grès et de schistes. Sa direction prolongée irait passer à l'est du Théron, en sorte que ce n'est autre chose que la faille du Théron qui a disloqué le terrain houiller à l'extrémité des travaux.

Ces failles ont une direction E. 16° N.-O. 16° S., et présentent cela de particulier, que prolongées à l'est et à l'ouest, elles vont passer par le suc d'Esteil et le Montcelet, bouches volcaniques par où s'est épanché le basalte qui les recouvre; c'est probablement par une de ces cassures que sourd la source minérale de Beaulieu, sur les bords de l'Alagnon.

Affleurements de la couche de la Cure.

La figure 48 (pl. V) est une coupe de l'affleurement de la couche de la Cure, à l'est du Théron. La roche, qui est au contact du gneiss est une arkose. C'est un grès composé de grains de quartz très abondants avec un peu de feldspath. Dans certaines parties, on voit de petites lamelles brillantes, qui pourraient être de la chlorite ; elles sont grisâtres et légèrement verdâtres. Cette roche est friable, à texture lâche et s'égrenant facilement dans les doigts, comme celle de Charbonnier, surtout quand elle a séjourné quelque temps à l'air. Au dessus vient un grès de même nature, mais plus quartzeux. Sur ce dernier, repose un grès à grains très fins avec noyaux et filons de quartz. Ce minéral est très abondant et forme la masse de la roche. On y voit des mouches de feldspath transformées en kaolin, mais peu discernables à l'œil nu. Cette roche présente encore tous les caractères d'une arkose. Sur cette dernière repose un schiste noir, très tendre, qui supporte un grès à gros grains, micacé, peu feldspathique, mais très quartzeux, avec lamelles très petites de mica ; on y trouve de petits noyaux de matières tendres argilo-feldspathiques et de couleur noirâtre. Cette roche forme le mur de la couche de la Cure. Au toit, il existe un grès très quartzeux, très ferrugineux, à grains moyens, avec paillettes blanches de mica. Il est sillonné de filets de quartz, laiteux blancs, légèrement transparent; la couleur de la roche est rougeâtre.

Succession des roches aux mines de la Combelle.

Au toit des couches et à une certaine distance, on trouve, comme à Charbonnier, une puissante assise de roches feldspathiques et quartzeuses, qui suit tous les contournements et les ondulations du terrain anthraxifère. Elle forme une espèce de fer à cheval, qui de Peillerat est jalonné par la côte du Pin, la côte de Celle et celle d'Amblart.

L'épaisseur de cette assise est à la côte du Pin de 360 mèt. ; mais en allant vers l'ouest, elle s'amincit graduellement, de manière à n'avoir plus qu'une soixantaine de mètres à l'autre extrémité. Les inclinaisons, comme celles des couches, offrent des pendages bien divers, mais de l'est et de l'ouest, on les trouve allant l'un vers l'autre, et donnant lieu ainsi à un fond de bateau. Au toit de cette formation et à une distance variable de 120 à 280 mètres, on remarque la présence de la couche qui forme le groupe supérieur de l'étage anthraxifère. Voici la succession des roches que l'on observe dans la partie où les couches sont exploitées et suivant une coupe transversale, qui serait faite par le puits d'Orléans :

Étage inférieur ou anthraxifère.	Groupe supérieur.	Petite couche	0m,90 à	4m,00
	Groupe inférieur.	Schistes, grès quartzeux et siliceux		160 00
		Grès feldspathique et pétrosilex		80 00
		Grès quartzeux et schistes		200 00
		Schiste argileux		6 00
		Petite veine		0 80
		Grès		0 80
		Grande veine-Combelle		4 00
		Grès		4 00
		Petite veine		0 40
		Grès		7 50
		Veine de la sole		0 80
		Grès	24 à	50 00
		Veine de forge		1 50
		Schiste argileux		4 00
		Grande veine de la Verrerie		3 90
		Grès		43 00
		Veine de la Cure	0m,40 à	0 60
		Grès et arkose		53 00
		Épaisseur totale		624m,30

Gneiss.

Aux environs des mines de la Combelle, près des limites du terrain houiller, le gneiss est à grains fins, contient beaucoup de mica et possède une stratification assez prononcée, qui le fait ressembler à une roche sédimentaire. Le feldspath est blanc et souvent en décomposition.

Arkose.

Au contact du gneiss, non loin du puits d'Orléans, on rencontre une arkose, à peu près pareille à celle dont on a constaté la présence à Charbonnier. Elle est moins cristalline, parce qu'elle se trouve dans un état assez avancé de décomposition. Le feldspath est blanc, mat et terreux. On y voit des grains de quartz engagés au milieu de la pâte feldspathique.

Grès.

Les grès sont quartzeux et composés de grains réunis par un ciment invisible, et d'autres fois siliceux ou feldspathique. Ils passent à un psammite, lorsque les lamelles de mica sont dans une certaine proportion. A la surface, ils deviennent friables et se convertissent en sable par la décomposition du ciment feldspathique. Suivant une coupe passant par le puits de la verrerie, ce grès a une épaisseur de 53 mètres.

Couche de la Cure.

Puis vient la veine de la Cure, qui a été reconnue dans le puits de la

Verrerie, où elle possède une épaisseur de $0^m,40$ à $0^m,60$. Au niveau de 205 mètres, on a essayé de la suivre en allongement, mais elle ne conserve pas son épaisseur et paraît sujette à de fréquents amincissements. Elle n'a jamais été exploitée, et il n'est pas probable qu'elle soit dans de bonnes conditions d'exploitation ; le charbon qu'elle fournit est très nerveux.

Au dessus de la couche précédente, il existe une série de bancs de grès d'une épaisseur de 43 mètres, qui forment le mur des couches. La roche est de couleur grisâtre et composée de petits grains de quartz hyalin, réunis par un ciment peu visible à l'œil nu, et d'autres fois siliceux et feldspathique, comme celui du mur de la couche de la Cure. Ce grès possède ordinairement une grande dureté. Grès du mur.

Les couches du gîte de la Combelle forment deux systèmes indiqués dans le tableau suivant, qui donne leurs épaisseurs et celles des bancs qui les séparent :

COUCHES DE CHARBON DE LA COMBELLE

DÉSIGNATION DES COUCHES et DE LA NATURE DES BANCS INTERCALÉS.		ÉPAISSEURS des couches.	ÉPAISSEURS des bancs intercalés entre les couches.	ÉPAISSEUR totale.
Couches du toit.	Petite gare du toit.	$0^m,80$	»	$0^m,80$
	Grès.	»	$0^m,80$	0 80
	Grande veine Combelle.	4 00	»	4 00
	Grès.	»	4 00	4 00
	Petite veine.	0 40	»	0 40
	Grès.	»	7 50	7 50
	Veine de la sole.	0 80	»	0 80
Couches du mur.	Grès.	»	50 00	50 00
	Veine de forge.	1 50	»	1 50
	Grès fin.	»	4 00	4 00
	Grande veine Verrerie.	3 90	»	3 90
	Totaux des épaisseurs.	$11^m,40$	$66^m,30$	$77^m,70$

D'après le tableau précédent, les deux systèmes de couches de la Combelle donnent une épaisseur de charbon de $11^m,40$, et celle des bancs où elles sont intercalées, est de 66m,30. L'épaisseur totale du terrain étant de 77m,70, la proportion des parties charbonneuses aux parties stériles est de $\frac{1}{7}$. Les couches du toit présentent une épaisseur de 6 mètres et celles du mur 5m,40. Ainsi la quantité de charbon est peu différente dans les deux systèmes de couches.

La composition n'est pas la même dans toutes les parties du gîte. Ainsi la coupe en travers des couches, de la figure 37, donne la composition suivante du gîte dans la partie *Ouest* des travaux.

On voit qu'il est composé de trois groupes :

Grande veine.	Gare de la grande veine ou veine de forge. . .	0m,80
	Banc de grès.	0 80
	Petite couche.	0 60
	Banc de grès.	0 20
	Grande veine.	1 50
	Total.	3m,90

La grande veine peut être considérée comme ne formant qu'une couche de 3m,90 d'épaisseur avec deux bancs de schistes de 1 mètre. Pour compléter le premier groupe, on doit y joindre la veine de forge ayant 1m,50 de puissance, et séparée de la première par 4 mètres de grès. Au toit de cette dernière, on trouve une série de 15 mètres de la même roche et puis une petite couche de 0m,20.

Cette dernière est séparée du deuxième groupe par 50 mètres de grès.

Le deuxième groupe est formé par les veines de la sole, qui forment un système à part. Voici comment il est composé en partant du toit :

Groupe des couches de la sole.	9e Petite veine.	0m,25
	Schiste.	0 50
	8e Petite veine.	0 10
	Banc de schiste	1 20
	7e Petite veine.	0 70
	Banc de schiste	1 50
	6e Veine	1 00
	A reporter	5m,25

	Report	5^m,25
Groupe des couches de la sole.	Banc de schiste	0 80
	5° Petite veine	0 15
	Banc de schiste	0 60
	4° Veine de la sole proprement dite	1 70
	Banc de schiste	0 60
	3° Petite veine	0 10
	Banc de schiste	0 10
	2° Veine	0 80
	Grès et schiste	4 00
	1° Petite couche du mur	0 30
	Épaisseur totale	14^m,40

Si on fait abstraction de la petite veine du mur, on peut considérer les veines de la sole comme formées de huit petites couches, donnant une épaisseur de 4^m,80 de charbon et de sept nerfs schisteux, ayant ensemble 5^m,30 de puissance.

Les couches de la sole sont séparées de celles du groupe supérieur par une épaisseur de 8^m,50 de grès.

Ce dernier groupe est formé de la manière suivante :

Groupe de la grande veine Combelle.	4° Gare du toit	0^m,80
	Banc de schiste	0 80
	3° Grande veine Combelle	4 00
	Schiste	1 00
	2° Veine	0 70
	Banc de schiste	0 30
	1° Veine du mur	1 00
	Épaisseur totale	8^m,60

La grande veine Combelle comprend donc quatre veines donnant 6^m,50 de charbon et 2^m,10 de nerfs schisteux intercalés.

La partie *Est* des travaux n'offre pas une aussi grande richesse en charbon ; c'est ce que démontre l'inspection de la coupe (fig. 40).

Les couches de la grande veine sont complètement atrophiées, et il ne reste que leurs *représentations*. Celles de la sole se réduisent à une seule couche de 0^m,80.

Quant au groupe de la grande veine Combelle, il est séparé du précédent par 7^m,50 de grès, et il est composé de la manière suivante :

Groupe de la grande veine Combelle.	3° Gare de la grande veine	0^m,80
	Schiste	0 80
	2° Grande veine Combelle	4 00
	Schistes et grès	4 00
	4° Veine de la galerie de roulage	0 40
	Épaisseur totale	10^m,00

La grande veine Combelle, dans la partie *Est* des travaux, possède 5^m,20 de charbon, répartis en trois couches avec 4^m,80 d'intercalations de schistes et de grès.

Couches du mur ou couches du système-Verrerie.

D'après cela, les veines du mur se composent de deux couches :

1° Grande veine Verrerie;

2° Veine de forge.

La grande veine Verrerie peut se subdiviser elle-même : 1° grande veine proprement dite; 2° gare de la grande veine.

Grande veine-Verrerie.

La grande veine est coupée par un nerf bien réglé, d'épaisseur uniforme, qui ne se perd jamais et qui divise la couche d'une manière régulière en deux parties : la partie du mur, qui a une épaisseur de charbon de 0^m,60, très dur, schisteux et très nerveux ; les mineurs lui donnent le nom de *Farandel*, et la couche du toit, qui a une épaisseur de 1^m,50, et donne un charbon beaucoup moins dur et de bonne qualité, quoique encore un peu nerveux.

Le faux toit ou l'intercalation, qui sépare la grande veine de la Gare, a une épaisseur moyenne de 0^m,80. Les mineurs du pays désignent ordinairement par le nom de gare une petite couche qui en accompagne une autre beaucoup plus puissante, soit au toit, soit au mur.

Le faux toit est composé de grès à grains très fins, dans lequel on distingue des paillettes de mica. Il a souvent une tendance très marquée à passer aux schistes, et se casse en morceaux plus ou moins prismatiques.

Gare de la grande veine.

La gare de la grande veine constitue une couche d'une épaisseur moyenne et assez régulière de 0^m,80. Le charbon est dur et de bonne qualité. Cette couche a été exploitée en grande partie, mais cependant d'une manière moins complète que la grande veine.

La petite couche précédente est séparée de la veine de forge par un banc de grès, dont l'épaisseur est de 4 mètres. Cette roche est identique au faux toit, et il n'existe de différence que dans la teinte.

Veine de Forge.

La veine de forge possède une allure particulière; elle se montre par lambeaux plus ou moins développés et toujours assez espacés. Dans la partie stérile, entre les deux lambeaux, on suit facilement la trace schisteuse, qui est la représentation de la couche.

Cette veine est dure et le charbon est de bonne qualité, et peu nerveux dans les parties exploitables.

Grès au dessus de veine de Forge.

Au dessus de la couche précédente vient une alternance assez considérable de bancs de grès d'une épaisseur de 50 mètres, et séparant complètement le système des veines-Verrerie de celui des veines-Combelle. Ces grès sont toujours quartzeux, à grains très fins, non discernables à l'œil nu, durs et très résistants. Le quartz est gras, translucide, et réuni par un ciment feldspathique, quelquefois en décomposition et peu abondant. Les teintes varient du gris clair au gris noir, et il est alors probablement coloré par des matières charbonneuses. On y voit de petits fragments de roches gneissiques.

Les grès précédents alternent avec des grès extrêmement fins, à grains très serrés, qui deviennent tendres, argileux et schisteux. Aussi, ils passent à des schistes gris, se délitant à l'air. Les teintes varient du gris clair au gris noir. On distingue à la loupe de petits grains légèrement transparents ou kaolineux, qui ne sont autre chose que du feldspath terreux, qui forme une grande partie de la roche.

Ces grès et ces schistes sont en tout semblables à ceux qui se trouvent intercalés entre les couches du système Verrerie, ainsi qu'au toit de la grande veine.

Couches du système Combelle

Sur le grès précédent, reposent les couches du système Combelle, qui se compose de deux couches principales :

1° Veine de la sole;

2° Grande veine Combelle.

Veine de la Sole.

La veine de la sole a une épaisseur moyenne de 0m,60 à 0m,80. Elle donne un charbon nerveux, schisteux, le plus souvent feuilleté, et fournit la qualité la plus inférieure de la Combelle.

Veine de la galerie de roulage.

Au toit de cette couche repose un banc de grès plus ou moins schisteux, compacte de 12 à 15 mètres d'épaisseur, au milieu duquel se trouve une petite couche de charbon de 0m,30 à 0m,40, que l'on suit habituellement pour tracer les voies de roulage qui doivent avoir une longue durée.

Grande veine Combelle.

Après ce banc de grès, vient la grande veine Combelle d'une puissance de 3 à 4 mètres en moyenne. Le charbon est de bonne qualité et rarement nerveux.

Gare de la grande veine.

Au dessus est un faux toit d'une épaisseur de 0m,80, qui est schisteux et très ébouleux. Celui-ci supporte la gare de la grande veine, qui est une petite couche de 0m,80 d'épaisseur, mais très sujette à de fréquents amincissements. Souvent cette petite couche s'unit intimement aux schistes du faux toit. C'est alors une couche de schistes charbonneux, qui présente quelquefois à son toit des parties plus pures. Dans tous les cas, la gare de la grande veine donne du charbon très sale, et en un mot elle est peu exploitable.

Le toit des couches du système Combelle se compose d'une couche d'argile dure plus ou moins fendillée, schisteuse, épaisse de 12 à 15 mètres. Ce toit n'est pas solide; il se délite à l'air très rapidement, et rend l'exploitation de la grande veine assez difficile.

Allure générale des couches.

La planche VI, figure 36, indique l'allure des couches dans la partie exploitée des mines de la Combelle.

Leur direction générale, prise dans leur ensemble, abstraction faite de quelques contournements, est de N. 60° O.-S. 60° E. L'allure est assez régulière, et ce n'est que vers les limites *Est* et *Ouest* des travaux, que se produisent des plis assez prononcés, qui amènent un amincissement dans les couches. Cette circonstance a empêché l'exploitation d'aller plus en avant de chaque côté.

Il y a généralement peu d'accidents et de dérangements. Cependant, il existe une faille qui détermine un rejet à 120 mètres à l'ouest de la galerie à travers bancs du puits d'Orléans, qui amène exactement la grande couche dans le prolongement de la veine de la sole. A partir de cette petite faille, désignée dans le plan par xy, et dont l'orientation est à peu près N. 20° O.-S. 20° E., et en s'avançant vers l'ouest, les couches s'infléchissent assez brusquement vers le sud, et reviennent ensuite par un pli très prononcé vers le nord-ouest. C'est au changement de direction que se produisent les amincissements ou *serrées*, qui arrêtent le développement des travaux.

Aussi, il n'a pas été permis d'étudier cet accident d'une manière complète, et il se pourrait bien qu'en réalité, il y eût, en cet endroit, une cassure assez importante, placée dans le pli de la couche, produite par un refoulement énergique dans un sens parallèle à la direction des couches.

Dans un étage de la basse Combelle, qui doit correspondre à 235 mètres au puits d'Orléans, cet accident a été franchi. Après avoir dépassé le sommet du pli et s'être dirigé vers le N.-O., on est arrivé à une partie très riche qui, s'épanouissant en sens différents, donne lieu à une ramification confuse qu'on a appelée *Patte d'oie*. Cette partie qui est, dit-on, très riche, semblerait être dans la veine de la sole. Mais cet accident est mal défini et mal connu, et il est évident que sa reconnaissance a été très incomplète. Cependant, on doit croire que la branche AB (fig. 36) de la patte d'oie appartient à la grande veine système Combelle, et la branche AC à la couche de la sole. Quoi qu'il en soit de cette hypothèse, il serait indispensable que de nouveaux travaux éclairassent cette question, afin de pouvoir indiquer ce qu'il y a à espérer dans le prolongement ouest du gîte de la Combelle.

Des travaux devraient également être poursuivis dans la partie *Est*, pour faire connaître si le pli très brusque qui se produit au nord-est est analogue à celui de la partie voisine de l'Alagnon, et si les couches se continuent dans des conditions exploitables.

A partir de la petite faille xy dont j'ai parlé plus haut, la grande veine présente une allure en zigzag ou plissée, et à chacun des points saillants, il existe un renflement de la couche. A chacun de ces plis correspond une cassure dans la veine de la sole, qui la rejette le plus souvent du côté du mur.

A l'Ouest du rejet $x\,y$, la grande veine conserve une puissance assez régulière, sauf les renflements dont je viens de parler, tandis que la veine de la sole a une épaisseur uniforme de $1^m,50$, qui dans quelques cas cependant atteint un chiffre plus élevé.

Dans la partie Est, les travers bancs de la grande veine à la veine de la sole, atteignent en moyenne une épaisseur de 12 mètres; mais à l'Ouest, ils ont jusqu'à 22 mètres. Dans cette épaisseur, les veines charbonneuses sont complètement amincies et sauf une d'entre elles, les autres passent à l'état de joint qui n'est que la représentation de la couche.

Les deux coupes (fig. 37 et 40) indiquent clairement toutes ces circonstances. La coupe (fig. 37) est faite suivant le travers bancs n° 4. La figure 40 indique également les épaisseurs des couches, et montre celles du mur complètement réduites à des filets charbonneux.

Depuis le rejet xy jusqu'à une distance de 540 mètres vers l'est, les couches de la Combelle se développent en ligne presque droite ou légèrement ondulée avec une grande régularité dans l'épaisseur du charbon. Mais à la distance que je viens d'indiquer, le charbon disparaît complètement pour faire place à une masse de schistes entièrement bouleversés et entremêlés de blocs de grès brisés. Une reconnaissance poussée dans la veine de la sole a retrouvé le charbon au point a, mais l'inclinaison est en sens inverse de la plongée normale de la couche. A partir du point b' et en c', on a trouvé un amas de charbon d'une dizaine de mètres d'épaisseur. Mais les recherches ne sont pas assez avancées pour définir d'une manière bien exacte ce qui se passe en cet endroit. Cependant, il est infiniment probable qu'une ou plusieurs failles accidentent et bouleversent le terrain houiller dans cette partie. Leur direction serait E. 16° N., et irait passer à l'est du Théron, où j'ai déjà signalé des failles importantes, et qui sont indiquées dans les coupes des fig. 45 et 47 (pl. V) prises suivant l'axe du chemin de fer.

A une centaine de mètres à l'est du puits de la Verrerie, les couches jusque-là régulières, commencent à présenter des serrées qui deviennent de plus en plus nombreuses et importantes à mesure qu'on s'avance vers l'Allier. Souvent la couche ne disparaît pas complètement, mais elle s'amincit d'une manière très sensible. Au niveau de 153 mètres, à 320 mètres à l'est du puits, la couche perd beaucoup de son épaisseur et finit par disparaître. On a suivi la trace pendant 100 mètres; il n'y a pas eu d'amélioration, la serrée a continué et la couche se trouvait réduite à un filet charbonneux. Au niveau de 205 mètres, le charbon se perd un peu plus loin. Couches de la Verrerie.

Ce dérangement et cet appauvrissement dans les couches du système Verrerie, doivent être probablement attribués à la même cause que les accidents qui affectent les couches du système Combelle. Seulement, il pourrait se faire que les serrées des couches soient plus persistantes et plus étendues.

Entre le puits de la Verrerie et celui de la Ronzière, l'allure des couches est très régulière, et n'est marquée par aucun accident. Au delà du puits de la Ronzière, en se dirigeant vers l'ouest, il existe une longue serrée de 80 à 100 mètres, mais le charbon ne se perd jamais complètement. Plus loin la couche se renfle, revient à son épaisseur normale, et on l'a exploitée ainsi jusqu'à 350 mètres du puits. Mais cette reconnaissance ne serait peut-être pas assez complète, et n'aurait pas été assez poursuivie. Elle aurait, dit-on, porté sur la veine de forge qui serait dans cette partie dans de très bonnes conditions d'exploitation. La qualité du charbon aurait été bonne, l'allure très régulière, et la couche d'épaisseur uniforme, au lieu d'être en chapelet. Ces travaux furent abandonnés au mois de mars 1864, à la suite d'un incendie déterminé par le feu mis au bois de soutènement de la galerie à quelques mètres du puits, et dont la fumée asphyxia huit ouvriers qui se trouvaient à l'extrémité des travaux. Allure des couches entre le puits de la Verrerie et celui de la Ronzière.

Les galeries d'exploitation des couches du système Combelle, ont un développement de l'est à l'ouest de 600 mètres jusqu'à la patte d'oie.

A l'Ouest, du côté de l'Alagnon, le terrain houiller vient buter contre le gneiss. Une galerie poussée dans la veine de forge, à la profondeur de Les affleurements butent à l'ouest contre le gneiss.

205 mètres au puits de la Verrerie est venue aboutir à la roche azoïque.

Le terrain anthraxifère, près de la Roche et probablement plus au Sud, en allant vers Charbonnier, doit s'appuyer contre une pente abrupte du terrain gneissique. La coupe théorique (fig. 45, pl. VII) indique la position relative des deux terrains. Le terrain ancien est relevé suivant un angle de 70°, à en juger par la limite et l'extrémité ouest de la couche de la sole. Cette coupe est verticale et prise suivant une ligne MN, parallèle approximativement à la direction de cette couche. Elle indique les plis et les replis, et démontre que les assises ont été ondulées par une compression latérale très énergique. Il est probable que lors du dépôt du terrain houiller, le gneiss présentait une falaise ou un escarpement à pente assez forte. Les assises anthraxifères se seraient alors déposées contre le talus, et les affleurements des couches venant buter contre le gneiss, n'auraient alors pas leurs tranches visibles, et seraient à différentes profondeurs dans le sol, comme l'indique la coupe.

Travaux de la Verrerie.

Les travaux des mines de la Combelle, cantonnés dans un espace assez restreint, ont constitué pendant longtemps deux exploitations et même deux mines distinctes géologiquement : l'une dite de la Verrerie, l'autre de la Combelle.

Le puits de la Verrerie, ainsi nommé parce qu'il fut placé au milieu des bâtiments de l'ancienne Verrerie de la Combelle, a servi pendant longtemps de puits d'exploitation et d'épuisement, et était desservi par une machine à vapeur de vingt chevaux, qui fut placée en 1841.

Il fut ouvert en 1837, comme simple travail de recherches, et en 1841, il était approfondi jusqu'à 124 mètres, dans le but de reprendre en contrebas le gîte houiller traversé à 120 mètres.

Au niveau de 72 mètres et de 107 mètres, deux galeries à travers bancs marchant du Sud-sud-ouest au Nord-nord-est, l'une d'une quarantaine de mètres, faisant partie d'une maîtresse galerie de service, prolongée d'environ 75 mètres dans la couche principale, suivant son allongement est-sud-est ; l'autre, de 11 mètres seulement, tombée dans une serrée de couches et n'ayant donné lieu qu'à une simple reconnaissance du gîte, ensuite de laquelle on s'est déterminé au foncement du puits.

Le puits de la Verrerie, après avoir traversé près du jour les couches du système Combelle, et celui de la Verrerie à 128 mètres, a pénétré jusqu'au mur de la veine de la Cure, et a atteint une profondeur de 219 mèt. (Voir la coupe de la fig. 38, pl. VI.)

Les travaux d'exploitation de 72 mètres étaient desservis par une galerie de roulage, tant dans la couche principale que dans les deux couches qui l'accompagnent au toit. Pour aérer ces travaux, une galerie biaise montante partait de leur extrémité Est-sud-est, et allait rejoindre vers l'Ouest-nord-ouest une galerie d'inclinaison ou cheminée débouchant au jour.

Cette fendue d'une longueur de 65 mètres, suivant l'inclinaison de la couche qui est de 45°, débouche sur l'affleurement de la couche principale, en regard et à 115 mètres nord-nord-est du puits de la Verrerie. Cette cheminée servait à la fois de voie d'aérage et quelquefois de descente pour les ouvriers.

Les travaux de cet étage étaient limités à l'Est-sud-est et à l'Ouest-nord-ouest, par des serrées qui n'ont pas été franchies. Leur développement suivant la direction n'était que de 80 mètres environ, situés presque entièrement à l'ouest du puits de la Verrerie.

Le gîte exploité comprenait une couche principale dont la puissance moyenne peut être estimée à $1^m,50$ ou 2 mètres, et au toit de cette couche deux autres d'une puissance moyenne de 1 mètre chacune, séparées de la première, et entre elles par un banc de rocher d'une épaisseur de 1 à $1^m,20$.

L'ensemble formait ainsi une assise houillère d'au moins 6 mètres d'épaisseur totale, subdivisée par deux bancs en trois membres, dont l'inférieur est le plus puissant, circonstances qui rappellent tout à fait l'assise de Charbonnier, à cela près, que les bancs rocheux ont ici pris au détriment de la houille un plus grand développement

La coupe (fig. 39) est prise à l'Est du puits de la Verrerie. La coupe 41 passe par les puits de la Ronzière, de la Vieille machine et de la Grande machine. Une autre coupe (fig. 43) passant par le puits de la Ronzière, indique la composition du gîte avec plus de détail que la précédente. Enfin la figure 42 est une coupe en travers passant par les puits d'Orléans et de la Verrerie.

Travaux de la Combelle.

Le système de couches dit de la Combelle, formant les couches du toit, a été exploité anciennement, par des travaux qui à l'est et à l'ouest ont suivi les couches dans tous leurs développements.

Le puits le plus ancien qui desservait le champ d'exploitation était le *puits de la Vieille machine,* qui servait à l'extraction et à l'épuisement. Ouvert en 1807, il est aujourd'hui, par effondrement et abandon des cinquante derniers mètres, réduit à la profondeur de 128 mètres. C'est en 1809 que fut installée sur ce puits une machine à vapeur de huit chevaux, la première ayant fonctionné dans le bassin de Brassac.

Au niveau de 115 mètres, c'est-à-dire un peu au-dessus du point où le puits coupe la couche principale dite de la Combelle, une maîtresse galerie partant d'un petit travers-bancs de 2 mètres de longueur suit en allongement cette couche sur une longueur de 230 mètres vers l'Est-sud-est et sur 155 mètres vers l'Ouest. A l'Ouest-sud-ouest du puits et à une distance de 110 mètres, la couche éprouve un tournant brusque; sa direction devient Sud-nord et elle se perd à 45 mètres de ce tournant.

Les travaux se sont surtout développés à l'Ouest, et ont été poursuivis jusque dans la partie du gîte où la couche est mal réglée et l'allure très brouillée, qu'on appelle *la Patte d'oie.* La planche VI, figure 36, indique cet accident, dont j'ai du reste déjà parlé plus haut.

Pour aérer les travaux de l'Est-sud-est, on pratiqua une galerie d'aérage dans une petite couche, appelée *la Couverte,* placée à $1^m,50$ au toit de la grande.

Un autre puits, dit de la *Grande machine,* placé à 53 mètres plus au sud, fut foncé en 1819. Il était placé dans le toit de la couche dans toute sa hauteur, et il a été poussé jusqu'à une profondeur de 200 mètres, mais les effondrements et l'abandon de la partie inférieure l'ont réduit à 150 mèt.

Ce puits servait pour l'aérage et pour l'épuisement des eaux, et il était mis en communication avec le puits de la Vieille machine, par une descenderie allant de l'étage de 115 mètres au niveau de 140 mètres.

L'allongement total des travaux, desservis par les deux puits de la Vieille et de la Grande machine, doit être estimé au moins à 750 mètres.

En 1850, les travaux étaient bien plus restreints, car leur développement en allongement était au plus de 250 mètres de chaque côté du puits, tandis qu'en 1836, à l'étage de 200 mètres, ils s'étendaient vers l'est au moins 250 mètres plus loin.

Le gîte exploité se composait d'une couche principale, la couche de la Combelle, ayant 3 à 4 mètres de puissance, très bien réglée, et de deux couches accessoires; l'une à 18 mètres environ au mur, dite *couche de la sole*, l'autre à 1^m,50 au toit, dite de *la Couverte*. Composition du gîte exploité.

Ces deux couches n'ont pas plus de 1 mètre de puissance en moyenne, et n'ont été exploitées que pour avoir des galeries de roulage ou d'aérage, possédant beaucoup de solidité.

Ce groupe de couches est placé au toit et à la distance de 95 mètres de celles de la Ronzière et de la Verrerie, comme on peut l'observer dans le puits de la Verrerie, qui traverse les unes et les autres (fig. 38, 39, 42 et 46) sous une inclinaison de 45°, savoir : la Couverte et la grande couche de la Combelle à environ 25 mètres; la sole à 50 mètres et le groupe de la Ronzière à 120 mètres.

Pour donner aux travaux un développement plus considérable, la Compagnie de la Combelle commença, en 1841, un puits à grande section, appelé puits d'Orléans. Il est placé à 292 mètres plus au sud que celui de la verrerie, et il a été foncé jusqu'à la profondeur de 335 mètres (fig. 42, pl. VI). Deux galeries à travers bancs furent ouvertes pour aller à la rencontre des couches; l'une au niveau de 325 mètres et l'autre à 264 mètres.

On a pu ainsi attaquer la partie du gîte inférieure au niveau de 205 mètres au puits de la Verrerie.

La position éloignée dans le toit du puits d'Orléans peut le faire devenir un puits d'un long avenir, car il ne recoupera pas probablement les couches avant la profondeur de 500 mètres et peut-être même au delà.

Les travers bancs ont recoupé les deux systèmes de couches, et les travaux se sont développés à l'est et à l'ouest dans les deux étages. Le plan général des travaux (fig. 36) indique l'allure générale des couches dans cette partie.

Anciens travaux. Les travaux des anciens, à l'est-nord-est des travaux modernes, ont suivi les couches de la Ronzière et de la Combelle jusque sur le bord de l'Allier, c'est-à-dire sur un parcours d'au moins 1,200 mètres. La tradition, comme l'observation des lieux, n'accusent du reste, pour cette dernière partie, d'autre modification notable dans la manière d'être du terrain houiller qu'une plateure très grande, laquelle succédant à un pendage d'environ 60° à la Combelle, vers les puits de la Vieille et de la Grande machine, et de 45° encore à la Verrerie, lui permet d'occuper à lui seul, en s'y étalant, toute la plaine d'Auzat et même au delà, de couvrir de ses assises inférieures les pentes basses des côtes d'Auzat et d'Esteil.

Indépendamment de ces travaux considérables, anciennement ouverts sur la couche de la Ronzière et de la Combelle, on observe encore près de la Verrerie à proximité du gneiss, quelques anciens travaux assis sur une petite couche d'environ 1 mètre de puissance, dite *couche de la Cure*, laquelle placée au mur de toutes les autres, représente assez exactement, dans la concession de la Combelle, la petite couche ou gare du mur de Charbonnier.

Cette couche de la Cure est la seule qui, en raison de son voisinage du gneiss, paraisse émerger de dessous les alluvions de l'Allier vers Auzat et Jumeaux. Elle a donné lieu à d'éphémères fouilles sur plusieurs points : sur le chemin d'Auzat à Issoire ; dans la maison du curé à Auzat même; sur le bord et à gauche du chemin d'Auzat à Jumeaux, à mi-distance à peu près de ces deux localités; sur la rive gauche du ruisseau de Courmerot et dans les vignes de la Chaux, sur la rive droite du ravin des Rognons.

Dans cette partie, comme je l'ai dit, le terrain houiller a une inclinaison très faible ; c'est ce qui explique comment les couches peuvent se développer sous la plaine d'Auzat, pour venir passer à l'est de la Roche-Brezons.

Quelques travaux ont encore eu lieu sur la partie de l'affleurement du groupe houiller, inférieur, entre le Théron et Peillerat : 1° aux abords et sur la rive gauche de l'Allier; 2° à Entremont, entre la montagne gneissique de la Vachère et le grès feldspathique de la côte du Pin. Mais le peu de consistance de ces travaux semble s'accorder avec l'étranglement de la lisière Est du bassin, pour prêter peu d'importance aux gîtes houillers qui doivent y exister.

Il n'en est point de même, d'après M. Baudin, nonobstant l'absence de tous travaux, du parcours du même groupe houiller sur la lisière ouest du bassin, de la Combelle à Charbonnier, car sans qu'il soit besoin d'invoquer l'observation directe de larges affleurements, qui paraît avoir été faite, par une année de grande sécheresse, dans le lit même de l'Alagnon vers Charbonnier, l'allure réglée des assises immédiatement superposées au groupe houiller, et les circonstances de son encaissement par le gneiss à l'ouest, semblent témoigner de son régulier développement dans cette partie de la concession; et quant à l'absence de tous travaux, elle s'explique pleinement par la présence de l'Alagnon roulant ou ses eaux ou ses galets sur les affleurements mêmes du gîte.

D'après ce que j'ai dit sur les mines de la Combelle, on peut considérer ce gîte comme composé de trois horizons charbonneux, formant chacun un faisceau de plusieurs couches, en faisant toutefois abstraction de la veine de la Cure et de deux petites veines entre le premier et le deuxième. Résumé sur le gîte de la Combelle.

L'épaisseur du charbon dans chacun d'eux est la suivante :

1° Groupe de 4 couches, système Combelle	6m,50
2° Groupe de 9 couches de la sole	4 80
3° Groupe de 4 couches système Combelle, au mur	4 40
Total de l'épaisseur du charbon	15m,70

Ainsi, à la Combelle, le premier groupe est séparé du deuxième par

Comparaison et identité des gîtes de Charbonnier et de la Combelle.

une épaisseur de 8m,50 de grès seulement. Le deuxième est à une distance beaucoup plus considérable du troisième; car il y a 70 mètres. On pourrait à la rigueur considérer les deux premiers comme n'en faisant qu'un, à cause de la petite distance qui se trouve entre eux. On n'aurait alors que deux groupes : le premier au mur ayant 4m,40 de charbon, et le deuxième à une distance de 70 mètres au toit, et possédant une épaisseur de 20 mètres, dans lesquels il y a douze couches formant 11m,80 de charbon.

A Charbonnier, on ne trouve que deux groupes séparés entre eux par une quarantaine de mètres de roches intercalées. Le groupe supérieur est formé par une couche de 5 à 8 mètres, qui se renfle accidentellement et qui prend parfois une puissance de 22 mètres. Le groupe inférieur est formé de trois couches, ayant ensemble une épaisseur de 8 à 9 mètres.

Il résulterait de ces considérations qu'un des groupes supérieurs de la Combelle s'atrophierait et s'amincirait considérablement en s'avançant vers Charbonnier.

Le groupe supérieur, qui présente une épaisseur de 20 mètres à la Combelle, serait réduit à 8 mètres et même à 5 mètres quelquefois. Je prends pour établir ces comparaisons les endroits où l'épaisseur du terrain est normale.

A Charbonnier, la distance du gneiss au grès feldspathique est de 320 mètres, tandis qu'à la Combelle elle atteint 450 mètres. On voit donc qu'il y a encore dans l'ensemble un amincissement considérable dans le terrain anthraxifère.

PIERRE CARRÉE OU GRÈS FELDSPATHIQUE

ET PÉTROSILEX.

Au dessus du groupe supérieur de l'étage anthraxifère se superposent des bancs de schistes et de grès quartzeux dont le développement atteint 200 mètres.

C'est sur ces derniers que repose une formation de grès feldspathiques et de pétrosilex.

Elle forme dans la concession de la Combelle un affleurement continu, facile à suivre par la nature des roches et sa manière d'être.

Cet affleurement obéit à tous les contours et à toutes les inflexions des assises houillères et décrit une espèce de courbe ouverte, analogue à celle d'un fer à cheval, dont le développement n'a pas moins de 6 kilomètres.

Ces grès forment une arête saillante, figurant grossièrement une parabole dont le point culminant à la côte du Pin atteint 560 mètres au dessus du niveau de la mer. La hauteur va en diminuant de l'est à l'ouest; elle n'atteint plus que 425 mètres au puits d'Orléans et 391 mètres au moulin d'Amblart. Mais à Charbonnier ce grés forme une colline d'une quarantaine de mètres de hauteur au dessus du lit de la rivière d'Alagnon, dont la cote dans cet endroit est de 400 mètres.

La plus grande épaisseur de cette formation correspond à la plus grande altitude, c'est-à-dire à la côte du Pin, où il existe un large empâtement qui se termine brusquement au nord de Peillerat. Dans cet endroit, l'épaisseur est de 400 mètres, mais elle diminue en allant vers l'est. Au puits d'Orléans, elle est réduite à 80 mètres, et ce puits n'a traversé que les assises inférieures sur une quarantaine de mètres.

A l'ouest, sur les bords de l'Alagnon, près du moulin d'Amblart, ces grès disparaissent sous les alluvions de l'Alagnon, pour ne reparaître qu'à Charbonnier.

En vertu de leur dureté et de leur ténacité, ces roches ont résisté à l'action des eaux et n'ont pu être entamées par les érosions qui ont sillonné et dénudé le terrain houiller. Elles ont pu primitivement peut-être barrer les cours d'eaux et rejeter l'Allier et l'Alagnon sur les lisières latérales formées par des encaissements granitiques.

Les roches qui composent ces assises de grès feldspathiques sont très variables; on trouve des grès feldspathiques, des schistes à ciment feldspathique, une roche pétrosiliceuse, et des poudingues et conglomérats dont les blocs sont reliés par les roches précédentes; toutes ces roches se succèdent et alternent sans loi déterminée.

Au nord de Peillerat, quand on suit le ravin entre la butte de la Vachère et la côte du Pin, on voit le terrain houiller, composé de schistes et de grès à l'état normal, et contenant des affleurements des couches de la Combelle, s'appuyer à l'est sur le gneiss qui forme la première de ces collines. Au dessus repose à stratification concordante la formation de grès et de schistes feldspathiques. (Voir fig. 14, 15, 15 *bis* et 51.)

Le terrain houiller se modifie insensiblement par l'addition de particules feldspathiques et kaolineuses.

Les grès et les schistes passent entièrement à des grès et des schistes feldspathiques. Ils perdent alors une partie de leur ténacité, et d'une manière complète leur couleur habituelle. La couleur claire est d'autant plus prononcée, que l'élément feldspathique devient de plus en plus dominant. Les schistes surtout deviennent encore méconnaissables par leur aspect extérieur.

Schistes feldspathiques.

Ils sont blancs, rubannés, formés d'une argile kaolineuse, jaunâtre et même grisâtre ou légèrement verdâtre. Ils sont alors très tendres et friables et passent quelquefois à une argile blanche.

On y aperçoit des cristaux de feldspath kaolinisé, et les plans de séparation contiennent des empreintes de plantes et des dendrites.

Grès à ciment feldspathique.

Les grès se transforment également par l'addition, à leurs éléments ordinaires, d'un élément feldspathique. Il y a passage insensible de la roche normale au grès feldspathique. La couleur devient blanche ou grisâtre, surtout lorsque le feldspath est à l'état de décomposition ou kaolineux, ce qui arrive souvent.

On remarque de petites cavités polyédriques, tantôt vides, tantôt remplies d'ocre, dont la présence indique la décomposition des cristaux de feldspath.

Le grès à ciment feldspathique est la roche la plus abondante. Elle est très nettement et très distinctement stratifiée, et elle présente assez souvent *des empreintes de tiges de végétaux* dont l'intérieur est occupé par une pâte feldspathique.

Le ciment ou pâte est un feldspath grenu grisâtre, tirant légèrement sur le vert, au milieu duquel il existe des grains ou des cristaux imparfaits de feldspath blanc.

Dans beaucoup d'endroits, on trouve de très petites lamelles de mica, discernables seulement à la loupe. La pâte ne paraît pas homogène; elle est tantôt translucide, tantôt opaque, tantôt grise, tantôt blanche, grisâtre ou gris jaunâtre.

Dans certaines parties, ces grès subissent une décomposition plus ou moins avancée. Alors, la roche prend une teinte bigarrée et elle devient blanche, grise, verdâtre, rouge, rose, etc. Lorsque la décomposition est complète, cette roche tombe en une espèce d'arènes. C'est un sable feldspathique et quartzeux quand le quartz est dominant dans la roche.

Les grès précédents passent à des poudingues et des conglomérats qui renferment des blocs de granite et de gneiss. Ceux-ci prennent des dimensions énormes, et d'autres fois ils ne présentent que la grosseur de petits noyaux. Les angles sont légèrement arrondis ou simplement émoussés, ce qui prouve que leur provenance n'était pas éloignée. Ces roches sont quelquefois altérées, et leur feldspath est devenu kaolineux, blanc, mat, opaque, tendre, friable et même argileux. Poudingues et conglomérats.

On peut étudier ces poudingues et conglomérats sur la rive droite de l'Alagnon, du moulin d'Amblart à la Combelle, et sur le revers méridional de la côte du Pin, au nord de Peillerat.

Au dessus des assises précédentes, il existe une roche à pâte tantôt feldspathique, tantôt euritique ou pétrosiliceuse. Elle forme une arête saillante qui constitue la partie centrale et culminante de la formation, sur tout le périmètre semi-circulaire. Pétrosilex.

Le type le mieux caractérisé de cette roche, est au haut de la côte du Pin. Lorsqu'elle n'a subi aucune altération, elle présente une grande dureté et surtout beaucoup de ténacité.

Résistant fortement sous le choc du marteau, elle offre, quand on la brise, une cassure esquilleuse rappelant celle du pétrosilex. Quoique généralement opaque dans la masse, les écailles sont cependant translucides sur les bords. Cette roche se présente par bancs peu épais, possédant non seulement des plans de joint et de séparation, mais même une stratification prononcée, parallèle à celle du terrain houiller. Elle affecte aussi parfois une structure prismatique. Les bancs eux-mêmes ont une apparence rubannée, zonée et schisteuse, suivant le plan de stratification, et contiennent de petites veines ou des lits de quartz hyalin.

Composition de la roche.

Cette roche se compose d'une pâte éminemment feldspathique, enveloppant quelquefois des cristaux de feldspath, des grains ou des cristaux de quartz et des lamelles de mica.

D'une texture très compacte, la pâte ordinairement grisâtre est légèrement nuancée par places de couleur verdâtre ou parfois jaunâtre. Ces couleurs sont quelquefois très peu tranchées et répandues de manière irrégulière.

Dans certains cas, les cristaux de feldspath n'ayant pu se développer, la roche se compose exclusivement d'une pâte euritique ou pétrosiliceuse brune, verdâtre et quelquefois rougeâtre, où l'on aperçoit quelques lames de mica.

A la loupe, l'aspect de la pâte change complètement et prend de nouveaux caractères. Elle paraît plus cristalline, et présente, quoique à un degré inférieur, la structure lamelleuse des minéraux feldspathiques.

Cette roche éprouve des décompositions très marquées de la part des agents atmosphériques. A son début, l'altération a pour premier effet d'enlever l'eau de combinaison qui s'élève, suivant M. Gruner, à 5,2 pour 100. Alors, le feldspath devient blanc de lait ou prend une légère teinte rosée, qui dans certains endroits devient très foncée. Cette rubéfaction, qui a souvent pénétré à plusieurs centimètres, donne à la roche une couleur rouge brique parfois très prononcée. Une oxydation moins avancée produit une coloration.

Le quartz est assez rare, mais on en trouve cependant en grains, et quelquefois même on aperçoit des cristaux imparfaits, très petits, bipyramidés, et présentant des sections hexagonales dans les coupes en travers. Il est hyalin et transparent.

On peut également constater la présence de cristaux de pyrite de fer. Pyrite de fer.

Le mica est quelquefois répandu avec assez d'abondance dans la pâte. Mica. Il est brillant, vert foncé et en petites lamelles parfois hexagonales. La couleur est bronzée, dorée, noire ou d'un aspect résinoïde.

Les cristaux de feldspath sont parfois répandus avec beaucoup de pro- Cristaux de feldspaths. fusion dans la pâte. Ils sont toujours petits, souvent peu discernables à l'œil nu, quand ils ne sont pas altérés. Ils possèdent une couleur claire, qui est le blanc jaunâtre ou le blanc légèrement verdâtre. Leurs contours sont souvent peu déterminés et l'absence complète de reflets irisés, si caractéristiques de ce minéral, indique évidemment une cristallisation rudimentaire et imparfaite, et pourrait faire conclure que les causes qui ont amené la cristallisation n'ont pas persisté pendant un temps suffisant.

Mais, presque toujours, les cristaux se trouvent dans un état plus ou moins avancé de décomposition, quoique la pâte elle-même n'ait subi aucune modification et soit à l'état normal.

Les cristaux sont alors difficilement déterminables. Le commencement de l'altération se trahit par une couleur verdâtre et puis par une teinte rosée qui indique que le fer passe par divers degrés d'oxydation.

Dans la pâte feldspathique non altérée, on aperçoit aussi des vides polyédriques qui contenaient primitivement des cristaux, remplis souvent en partie d'ocre jaune ou rouge, résidu résultant du départ des silicates basiques de la matière feldspathique. La kaolinisation attaque de préférence les cristaux et passe par toutes les phases qu'on a observées dans cette transformation chimique.

J'ai dit que la forme cristalline des cristaux était difficile à constater. On n'aperçoit, en effet, aucune trace de clivage, et ils ne se présentent jamais à l'état hyalin ni même transparent.

Leur petitesse extrême, car les plus grands ont tout au plus trois millimètres de longueur, empêche leur étude, surtout parce qu'il est impossible de séparer ces cristaux de la pâte, où ils sont fortement enchâssés.

L'examen des surfaces de la roche montre qu'ils ne sont pas orientés suivant une direction déterminée, mais qu'ils sont indifféremment tournés dans tous les sens. Leur adhérence si prononcée à la pâte, fait que dans la cassure on ne peut voir que des sections, qui quoique assez nettes, ne suffisent pas cependant pour reconnaître le type cristallin. Ces sections sont généralement allongées, et les plus fréquentes sont rectangulaires ou parallélogrammiques (*a* et *b*).

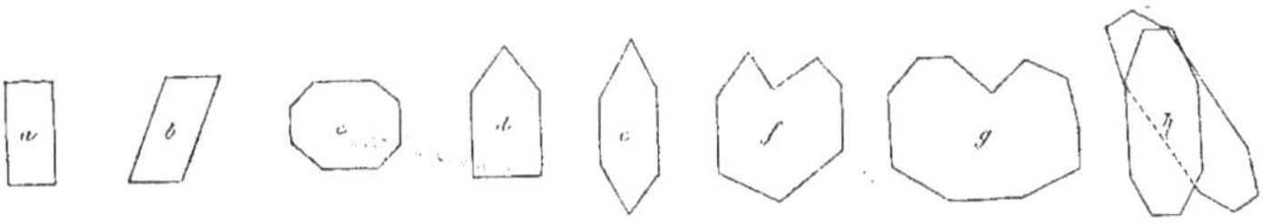

D'autres présentent des hexagones (*c*), qui ont l'apparence de figures régulières, ce qu'on ne peut vérifier à cause de leur petite dimension. D'autres fois, ces hexagones (*c*) ont deux côtés parallèles très allongés. (Voir aussi *d*.)

Ces sections indiqueraient des prismes à six faces analogues à ceux de l'orthose, et la cassure indiquée par la coupe *e* serait une section faite parallèlement à la face *g'*, et la figure *a* offrirait une coupe perpendiculaire à cette même face, et appartiendrait à un prisme rhomboïdal oblique. Les coupes *f* et *g* annonceraient peut-être celles de cristaux hémitropes habituels à certains feldspaths. Ces sections décèleraient une hémitropie parallèle à la face P, et dont une moitié du cristal étant supposée fixe, l'autre aurait tourné de 180°. Ces sections résulteraient alors d'une coupe parallèle à la face *g'*.

Sur un cristal resté en saillie dans une cassure, on a pu reconnaître une mâcle caractéristique (*h*) de l'orthose, résultant d'une hémitropie, qui a eu lieu parallèlement à la face *e*, laquelle correspond à un plan diagonal du prisme P, *g'* et *a* $\frac{1}{2}$. Cela démontrerait que ces cristaux appartiennent bien au cinquième système cristallin, qui est celui de l'orthose.

Au moulin d'Amblart, la roche est grise, bigarrée par places de taches verdâtres et presque toujours mouchetée de petits points jaunâtres ou rougeâtres, qui quelquefois sont très abondants. Elle contient, du reste, les mêmes éléments qu'à la côte du Pin. Cependant, le feldspath s'y laisse décomposer plus facilement, ce qu'indiquent la couleur verte et les parties ocreuses. Ce sont toujours les cristaux qui subissent de préférence cette altération. Le quartz y est un peu plus abondant. La fig. 49, pl. V, représente une coupe prise au moulin d'Amblart; les fig. 51 et 52 sont des coupes en travers à la côte du Pin, indiquant les relations du gneiss, du terrain houiller et de la roche pétrosiliceuse.

Cette formation ne reparaît plus jusqu'à Charbonnier, où je vais maintenant étudier ses caractères.

Près de ce village, une butte à flancs escarpés, où est bâti le château, est formée par les roches dont je viens de parler. Grès feldspathiques et pétrosilex à Charbonnier.

La partie la plus élevée est composée de grès et de schistes feldspathiques, qui présentent à peu de chose près les mêmes caractères que dans la concession de la Combelle.

Sur le bord de l'Alagnon, près du bac de Charbonnier, on voit des schistes noirs charbonneux, puis par une transition complètement brusque, apparaissent les roches feldspathiques; mais, celles-ci le deviennent d'autant plus qu'on s'éloigne davantage. Certains bancs sont d'une dureté extrême, et à la base de la formation on en trouve de très quartzeux, qui développent par insufflation une odeur argileuse.

Le quartz est gras, transparent, hyalin, en grains plus ou moins gros, ayant quelquefois l'apparence de cristaux à l'état rudimentaire, mais il y forme aussi des masses et des filons importants.

La pâte feldspathique de la roche est abondante, d'une couleur grise, blanchâtre, verdâtre, jaunâtre, et le plus souvent en décomposition.

Aux environs de la Combelle, il y a des parties où l'on voit beaucoup de mica, mais à Charbonnier il est rare et fait même complètement défaut.

Les bancs de grès feldspathiques sont en assises régulières et possèdent une stratification prononcée. On y trouve intercalées des amandes de schiste noir.

Tiges et empreintes de végétaux dans la roche feldspathique.

Mais un fait remarquable à plus d'un égard est la présence, au milieu de la roche feldspathique, d'une grande quantité d'empreintes végétales appartenant à la flore houillère, ce qui décèle d'une manière évidente son origine sédimentaire. On trouve surtout des tiges de calamites et de sigillaires dont l'espèce est peu déterminable.

M. Jules Denier en possède de très beaux échantillons, trouvés au milieu de cette roche pétrosiliceuse, que certains géologues regardent comme une roche d'éruption et de nature porphyrique.

Les empreintes se trouvent, non seulement dans le grès, mais encore dans les bancs composés de matière feldspathique présentant l'aspect d'une eurite grisâtre, dont la cassure est grenue et légèrement écailleuse.

L'épaisseur de cette formation pétrosiliceuse atteint au moins 200 mètres.

Dans les assises précédentes, on trouve du fer carbonaté, mais qui, le plus souvent, s'est entièrement oxydé et est passé en partie à l'état d'hydrate de peroxyde.

Je vais maintenant étudier en détail cette roche, en prenant successivement toutes les variétés qu'elle présente.

N° 1. — Grès très dur, à grains grossiers, texture serrée, couleur grise, à odeur argileuse par insufflation. Le quartz est très abondant et forme l'élément principal. Il est en grains amorphes ou en petites masses, transparents ou même hyalins, mais on ne peut apercevoir de cristaux. Cette roche est un véritable grès quartzeux.

Au milieu de la masse, on aperçoit du feldspath plus ou moins cristallin, opaque, blanc de lait ou légèrement blanc verdâtre. Ce minéral forme quelquefois des espèces de noyau d'un blanc jaunâtre.

On y trouve également de l'amphibole hornblende répandu en aiguilles ou en petits nœuds cristallins.

Cette roche présente quelque ressemblance avec certaines arkoses, à cause de l'abondance du quartz.

N° 2. — Roche analogue à la précédente, mais plus désagrégée, d'une texture très lâche, et s'égrénant facilement sous le choc du marteau. Elle est alors composée de grains de quartz amorphe au milieu d'un ciment feldspathique, toujours plus ou moins décomposé. Aussi, par insufflation, elle développe une odeur argileuse prononcée, mais l'élément feldspathique est aussi plus abondant que dans le n° 1.

Le quartz et le feldspath sont les éléments exclusifs. Cependant on rencontre, mais assez rarement, de petites masses d'amphibole. Le quartz est hyalin et en grains, et n'affectant aucune forme cristalline. Quant au feldspath, il est blanc de lait, blanc verdâtre, le plus souvent kaolineux et décomposé.

N° 3. — Roche analogue aux deux précédentes, mais l'élément feldspathique devient beaucoup plus dominant. On y voit des grains de quartz, mais en bien moins grande quantité.

Le feldspath forme une pâte plus ou moins cristalline, dont la couleur est grise, gris jaunâtre et quelquefois rosée. L'odeur argileuse est encore assez prononcée, ce qui annonce un commencement de décomposition de l'élément feldspathique, qui dans certaines parties devient kaolineux. On y rencontre également de petits fragments de schistes amphiboliques, si abondants dans diverses régions de cette contrée.

N° 4. — Roche à texture serrée, à éléments plus fins, bien mélangés les uns avec les autres, plus cristallins et ressemblant au n° 1 par ses caractères. Elle est traversée par de nombreux filons quartzeux, et même de feldspath fortement rubéfié et en décomposition.

De petits filets très nombreux, très déliés, de ces mêmes minéraux se croisent dans tous les sens et sillonnent la roche.

N° 5. — Cette roche est analogue surtout au n° 1, mais le feldspath y paraît plus abondant et cristallin, seulement il subit un commencement de décomposition.

Il se transforme alors en une matière de couleur d'ocre répandue dans toute la masse. On trouve également des noyaux de matière feldspathique, grenue, blanchâtre, tirant un peu sur le jaune, ainsi que des grains de quartz gras et hyalin. Ces petites masses forment des noyaux de formes diverses, et quelquefois ayant la forme d'une amande. La roche est dure, compacte et résistante, et le quartz entre aussi pour moitié dans la composition de la roche. Il se trouve en grains transparents, et le plus souvent hyalins, mais jamais en cristaux.

N° 6. — Même roche, composée des mêmes éléments, mais le feldspath montre une tendance à s'isoler d'une manière plus complète dans certaines parties.

Les masses de ce minéral sont plus volumineuses et ont plusieurs centimètres dans leurs dimensions.

Le feldspath est peu cristallin, grenu, d'un blanc de lait verdâtre ou gris; certaines ont subi un commencement de décomposition, elles sont tendres et se transforment en kaolin.

N° 7. — Roche contenant les mêmes éléments que les variétés précédentes. Ses éléments sont plus fins et forment un grès à plus petits bancs. On y remarque des empreintes indéterminables. Le feldspath est généralement décomposé et transformé en un résidu de couleur ocreuse.

N° 8. — Même roche, mais à éléments plus fins, peu discernables à l'œil nu, et qui ne peuvent être déterminés qu'à la loupe. C'est un grès gris et très dur.

N° 9. — Roche formée d'une pâte feldspathique grenue, abondante et formant presque exclusivement la masse de la roche. Le quartz est assez rare et forme des filets déliés.

Le feldspath est peu cristallin, gris, se décompose dans certaines parties, dont la couleur tranche au milieu de la masse. Il se transforme alors en matières grises, jaunâtres ou rougeâtres, argileuses, tendres, qui dénotent des transformations successives de l'élément feldspathique.

N° 10. — Même roche que la précédente. Le quartz est rare et en grains transparents, et même hyalins. La masse de la roche est formée par la pâte feldspathique.

N° 11. — Roche analogue à la précédente, mais à grains plus gros. Par parties, domine tantôt l'élément quartzeux, tantôt l'élément feldspathique. Le quartz est en grains et non en cristaux, mais le feldspath forme de petites masses grenues, très distinctes de la pâte, et plus ou moins décomposées.

Dans les grès précédents, on trouve fréquemment des filons quartzeux, ayant quelquefois plusieurs centimètres d'épaisseur. Ils contiennent souvent des géodes remplis de cristaux de quartz, quelquefois enduits d'une matière verte, dont la couleur rappelle celle de l'oxyde de chrome.

On trouve également dans les grès précédents des boules ou amandes d'un assez gros volume de fer carbonaté, d'une couleur grisâtre ou noirâtre, mais qui souvent s'est oxydé et a passé à l'état d'hydrate.

Comme je l'ai dit déjà, les empreintes et les moules de fossiles végétaux sont très abondants dans cette formation et nullement altérés.

On y rencontre aussi quelquefois des amandes très volumineuses de schistes gris ou noirs.

Opinion de divers géologues sur l'origine de la formation feldspathique.

Plusieurs géologues, qui ont visité la roche feldspathique de la Combelle, ont émis l'opinion que c'était un porphyre. Ainsi, MM. Elie de Beaumont, Dufrénoy, Baudin, Gruner, Burat, etc., la regardent comme une roche éruptive; seulement son âge, d'après ces habiles géologues, serait très incertain.

Opinion de M. Baudin.

M. Baudin, dans son *Étude sur le bassin de Brassac*, estime que la roche est d'origine éruptive, s'est déposée sous l'eau et est contemporaine du terrain houiller.

Opinion de MM. Dufrénoy et Burat.

MM. Dufrénoy et Burat regardent également la roche feldspathique comme un véritable porphyre.

Opinion de M. Gruner.

M. Gruner, dans un travail intitulé : *Note sur une roche éruptive trappéenne de la période houillère*, insérée dans le vingt-troisième volume de la deuxième série du *Bulletin de la Société géologique de France*, 1865, s'est occupé de la roche à pâte feldspathique du bassin de Brassac :

Ce géologue dit que les roches trappéennes se rencontrent tantôt à l'état de dykes ou de filons, tantôt en nappes plus ou moins régulières, interstratifiées dans les terrains houillers, en France et en Angleterre.

Les roches trappéennes ne seraient pas rigoureusement du même âge, car si quelques-unes, comme de véritables dykes, coupent transversalement les assises du terrain carbonifère, d'autres en grand nombre se présentent sous forme de coulées contemporaines.

On a constaté des roches de cette nature dans les bassins de la Loire, de l'Allier, de la Creuse et de Brassac.

D'après M. Gruner, à Ahun, des dykes trappéens coupent le granite et les roches anciennes qui bordent la Creuse jusqu'à Aubusson. Dans les assises houillères, on trouve à Fourneau une nappe continue de cette même nature de roches. L'étude des trapps houillers de Commentry, de Noyants, de Brassac et de Givors a conduit ce géologue à assimiler ces roches à celle d'Ahun et à les croire identiques.

A Fourneau, le trapp est assez régulièrement stratifié; il n'est pas soudé au schiste, et il n'y a ni passage ni altération d'aucune sorte au contact avec le terrain houiller normal. La roche est blanche ou d'un gris verdâtre pâle, et se divise en masses prismatiques dont les joints ont été remplis par un magma noir, qui la sépare de la houille.

Une remarque importante faite par M. Gruner, c'est que dans les parties où un trapp blanc n'est séparé de la couche que par une roche schisteuse d'une épaisseur *d'un* centimètre, la houille est tout à fait intacte et bitumineuse. Cette circonstance est d'autant plus frappante, ajoute-t-il, qu'ailleurs, où la roche éruptive se présente réellement sous forme de dyke, comme aux Ferrières, près de Commentry, et à Brassac dans la concession d'Armois, la houille est entièrement altérée dans le voisinage du trapp.

Le trapp de Fourneau se serait répandu en coulée ou en nappe pendant la période houillère même, et n'a pas dû être intercalé après coup. Les roches qui couvrent directement la nappe trappéenne se composent exclusivement, sur plusieurs mètres d'épaisseur, de schistes, de grès fins et de houille, c'est-à-dire de dépôts formés au sein d'une eau peu agitée, tandis que des galets supposent des courants ou des vagues. Ainsi, le trapp n'aurait pu fournir qu'un dépôt vaseux, dont les éléments impalpables, intimement mêlés aux argiles noires du terrain houiller, ne peuvent plus aujourd'hui être reconnus.

A Brassac, ajoute M. Gruner, on trouve des conditions bien différentes. La coulée trappéenne y est accompagnée de poudingues, tandis que les schistes fins manquent au voisinage; aussi voit-on des galets de trapps au milieu des poudingues. A Brassac, il y eut donc agitation, lorsque le calme, à Ahun, a dû se rétablir peu après l'éruption proprement dite.

Maintenant, dit le savant géologue, quel était l'état de la roche au moment de son apparition? Elle a dû couler à la façon d'une pâte fluide, en progressant lentement sur une surface de niveau, car elle n'a pas entamé le lit qu'elle couvre et s'y trouve même soudée sans interposition d'aucune brèche, à part les points, où l'on constate de véritables failles d'une époque postérieure. Mais cette pâte, on l'a déjà vu, n'a pu être ignée, à la façon des laves, puisque son action sur la houille et sur les argiles charbonneuses, situées au mur de la nappe, a été nulle. Mais si la roche a été fluide sans être ignée, il faut attribuer l'état fluide à la présence de l'eau. Il en résulterait que l'eau et l'acide carbonique doivent être considérés comme des éléments primordiaux des trappes.

J'ai tenu à faire connaître aussi succinctement que possible l'opinion d'un géologue aussi savant et aussi compétent que M. Gruner et, malgré son savoir si autorisé, je présenterai quelques objections contre l'origine éruptive de la roche, soi-disant trappéenne, de la Combelle.

L'étude que j'en ai faite sur place, lors de mon séjour dans le bassin de Brassac, me porte à croire que cette formation ne contient pas de roche porphyrique proprement dite, mais une modification du terrain houiller par un élément feldspathique, qui, répandu dans la masse, s'est concentré dans une partie et à une certaine hauteur, à l'exclusion de tous les sédiments ordinaires qui constituent le terrain houiller.

Quand on examine attentivement la nature de ces roches et la manière dont l'élément feldspathique y est distribué et disséminé, on ne peut s'en rendre compte que par l'acte de la sédimentation.

A la côte de la butte de la Vachère, qui est un des points où le contact des terrains peut s'observer plus facilement, on voit le terrain houiller s'appuyer sur le gneiss (fig. 51 et 52, pl. V). Il est composé, comme nous l'avons dit, de grès, de schistes et d'affleurements charbonneux, qui ne présentent rien de particulier et offrent l'état normal des roches du terrain carbonifère dans ce bassin.

Au pied du revers oriental de la côte du Pin, les assises houillères commencent à s'imprégner de matière feldspathique. Les éléments des grès se mélangent insensiblement à un ciment feldspathique souvent kaolineux, qui lui donnent une couleur blanchâtre ou grisâtre, ou bien à des grains feldspathiques d'un blanc de lait, d'un blanc mat, friables et kaolineux. Bientôt ce minéral devient dominant; les grès passent alors à des grès et schistes terreux et fortement feldspathisés. Ils sont blancs, tendres, kaolineux. Ils prennent quelquefois un grand développement, mais il arrive que le mélange des éléments n'ayant pas été fait régulièrement, certaines parties présentent des grès et des schistes charbonneux dans leur état normal.

Sur le revers méridional de la côte du Pin, on voit reposer sur les roches feldspathiques une assise de conglomérats et poudingues de roches diverses. Les blocs sont souvent très gros et composés presque uniquement de granite, de gneiss et de quartz. Le ciment qui les réunit n'est autre chose que les éléments des grès et des schistes précédents.

Les grès ordinairement se décomposent. Les cristaux de feldspath, quand il en existe, sont devenus terreux. Une plus grande concentration de l'élément feldspathique, et l'élimination des grains de quartz et des matières argileuses, donnent lieu à la roche pétrosiliceuse proprement dite. Son apparence est celle du feldspath grenu ou euritique, et quelquefois porphyrique, à cause de la présence dans certains endroits de très petits cristaux de feldspath au milieu de la pâte; mais on peut dire que c'est un fait exceptionnel.

La structure de la roche est rubannée, et on la voit en grand se présenter absolument comme une roche stratifiée, intercalée au milieu des précédentes. Elle est toujours coupée en tous sens par des veines siliceuses de quartz hyalin blanc transparent. Ce minéral remplit souvent les fentes de cassures pseudo-prismatiques de la roche.

La roche feldspathique est quelquefois composée d'une pâte grise au milieu de laquelle on voit des grains blancs ou grisâtres de même nature.

Au dessus de la roche pétrosiliceuse (hornstein fusible) vient une alternance de grès et de schistes feldspathiques. La transition ne se fait pas brusquement, comme au mur de cette formation.

Les grès sont composés de grains de quartz et de feldspath au milieu d'une pâte siliceuse. Le quartz est gris transparent, tandis que le feldspath est d'une nuance claire, blanc grisâtre. La roche est très résistante et a une texture très serrée.

Ces deux minéraux sont presque exclusifs. Cependant, on aperçoit quelquefois des paillettes de mica. Certaines assises sont formées uniquement de grains fins de quartz hyalin et de quartz blanc transparent au milieu d'un ciment complètement siliceux. Cette dernière roche peut être considérée comme un quartzite.

En approchant de la roche pétrosiliceuse, ces grès se chargent de plus en plus de matière feldspathique. Le quartz s'élimine peu à peu, et on n'a plus qu'une pâte grise contenant quelquefois des cristaux imparfaits de feldspath et des grains de quartz où sont mélangées de nombreuses lamelles de mica gris verdâtre. Cette roche est extrêmement dure et résistante. Ces grès passent aussi à des poudingues et à des brèches dont les noyaux sont plus ou moins volumineux et composés de roches gneissiques.

Au toit des assises précédentes, on trouve des grès et des schistes fortement silicifiés.

Les grès sont devenus fissiles, durs, sonores et résistants. Dans les cassures, on croirait voir leurs surfaces enduites d'un vernis au copal très brillant, et qui n'est autre chose qu'un enduit siliceux.

Les schistes sont remplis d'empreintes végétales et ont pris une couleur gris bleuâtre, satinée. Ils sont devenus quelquefois très durs par la silicification.

Ainsi les faits précédents éloignent complètement l'idée de l'intercalation d'une roche éruptive au milieu des assises houillères, car celles-ci n'ont éprouvé aucune dislocation, aucun dérangement dans leur succession. La roche feldspathique n'est donc pas postérieure au terrain encaissant, et ainsi il n'y a pas eu introduction, après la formation houillère de la Combelle, de la roche soi-disant trappéenne. On est en conséquence ramené à l'opinion de la contemporanéité.

Y a-t-il eu épanchement ou éruption d'une origine ignée, comme celle d'un porphyre, pendant la sédimentation des assises anthraxifères de la Combelle et de Charbonnier?

La nature purement feldspathique de cette roche exclut l'idée d'une roche réellement éruptive. Elle ressemble davantage à une roche, comme le pensent du reste MM. Gruner et Baudin, qui se serait épanchée sous l'eau pendant la formation houillère. L'eau jouerait alors un rôle dans sa constitution, et ce serait une roche hydratée ou hydropyrogène. Il a fallu que la chaleur, si toutefois elle en a possédé, ne fût pas très élevée, puisqu'il est impossible d'apercevoir aucune trace d'altération sur les roches voisines, ni aucun indice démontrant la plus légère action sur les grès et les schistes en contact.

En outre, il y a absence complète de tufs trappéens; il est impossible de regarder comme tels les grès et les schistes feldspathiques, car ils présentent tous les caractères des roches sédimentaires.

Toutes les roches de cette formation sont nettement stratifiées, et la présence de lentilles de schistes et de végétaux fossiles bien conservés, devient un argument bien prépondérant et même décisif pour lui faire attribuer une origine sédimentaire.

Dans toute cette contrée, on ne trouve aucune roche d'épanchement de cette nature. Il faut aller à une grande distance, dans le Forez et les montagnes des Margerides, pour trouver des filons de porphyre.

Assimilation de la roche feldspathique et pétrosiliceuse de la Combelle avec la pierre carrée de la Basse-Loire.

La nature de cette roche feldspathique, sa manière d'être, m'engagent à l'assimiler à la pierre carrée de la Basse-Loire et de la Mayenne. Elle présente avec elle non seulement beaucoup d'analogie, mais encore des caractères minéralogiques semblables, surtout avec la pierre carrée compacte, et dont la pâte est complètement feldspathique ou euritique.

Dans le dépôt anthraxifère de la Basse-Loire, la pierre carrée est une roche très commune et dont les assises sont nombreuses et répétées. Très souvent les bancs sont au voisinage du charbon, sans que celui-ci ait éprouvé la plus légère altération. Sa constitution et sa composition ne sont pas toujours identiques, et elle passe au grès et au poudingue tout comme celle de la Combelle. On y trouve également des troncs de végétaux fossiles, et avant leur découverte, faite par M. Rolland, directeur des mines de la Haye-Longue, on la considérait comme une roche éruptive. Ces rapprochements me paraissent de nature à faire regarder ces deux roches comme étant identiques et d'origine sédimentaire.

Dans la Mayenne, on trouve également de la pierre carrée. Non seulement cette roche feldspathique existe dans le terrain anthraxifère, mais encore dans les autres terrains du département, et elle y forme des bancs d'épaisseur considérable, et souvent elle alterne avec des grès, des poudingues, des conglomérats et des schistes.

L'étude attentive des formations pétrosiliceuses de la Mayenne démontre que ces roches ont une origine sédimentaire. Les géologues qui voudraient y voir des roches porphyriques ne pourraient parvenir à trouver dans cette contrée des points d'émission de cette nature de roches. Leurs alternances répétées avec d'autres roches sédimentaires démontrent leur véritable origine.

Il serait possible qu'une action hydro-thermale eût concouru à leur formation, mais ce ne serait qu'une action de même ordre que pour la formation du quartz, qu'on a supposé pendant longtemps être d'origine ignée. Le résultat de l'action hydro-thermale, au lieu d'être de la silice pure, serait la production de silicates divers, qui constituent la matière feldspathique. Cette origine pourrait être regardée comme certaine, puisque M. Gruner a trouvé du carbonate de fer dans la roche de la Combelle. Sa présence ne peut provenir que d'un dépôt thermo-minéral.

2° GROUPE SUPÉRIEUR.

Sur les grès siliceux qui recouvrent la formation pétrosiliceuse repose une épaisseur considérable de schistes, qui, au sud du puits d'Orléans, peut être estimée à 160 mètres et sur le revers de la côte du Pin à 280.

C'est à leur partie inférieure qu'on trouve une petite couche de $0^{m},50$ à 1 mètre, qui traverse le sud-ouest du village de Solignat et longe le flanc est de la côte du Pin. Mais ce n'est que dans ce dernier endroit qu'elle a donné lieu à quelques travaux. Voici ce que dit à ce sujet M. Baudin : « Complètement en dehors du groupe houiller de la Combelle et de Charbonnier, qui forment le groupe inférieur de l'étage anthraxifère, nous avons à enregistrer dans la concession de la Combelle quelques travaux sans consistance ouverts sur la seule couche reconnue dans le groupe supérieur de ce même étage inférieur. Cette couche, de faible puissance, variant de $0^m,50$ à 1 mètre, a été passagèrement exploitée sur le flanc ouest de la côte du Pin, en se rapprochant de la côte de Celle; on l'a trouvée vers 1840 à une grande distance de ce point, à la côte de la Chenu, où son pendage, conforme à l'allure générale du terrain, est inverse. Le charbon qu'a fourni cette reconnaissance a été trouvé notablement moins sec que celui de la Combelle, ce qui s'accorde avec les lois observées à cet égard dans le bassin. »

II

DEUXIÈME ÉTAGE

OU ÉTAGE D'ARMOIS, DU GROSMÉNIL, DE FONDARY, DE GRIGUES, DE LA TAUPE, DU PARC DE FRUGÈRES ET DE L'ACACIA.

Sur l'étage anthraxifère de Charbonnier et de la Combelle repose le deuxième étage du bassin de Brassac. Il commence par un développement de schistes très considérable au dessus de la couche du groupe supérieur de l'étage anthraxifère.

On divise cet étage en trois groupes :

1° Groupe inférieur ou groupe d'Armois;

2° Groupe moyen ou groupe du Grosménil, de Fondary, d'Arrest, de Grigues et de la Taupe;

3° Groupe supérieur ou groupe du parc de Frugères, de l'Acacia et du Bourguet.

Ces trois groupes contiennent un certain nombre de couches de houille, mais celles du groupe moyen sont de beaucoup les plus importantes.

Cet étage, qui commence au toit de la petite couche du groupe supérieur de l'étage anthraxifère, se termine au système de couches de la Pénide, qui forme le groupe inférieur du troisième étage.

Nous verrons dans le tableau suivant que les couches sont ainsi réparties :

Groupe supérieur	6 couches
Groupe moyen	4 —
Groupe inférieur	4 —

Voici maintenant la succession des assises du terrain houiller de cet étage en allant de haut en bas :

3° Groupe supérieur des couches de l'Acacia du parc de Frugères et du Bourguet.	Schistes et grès au mur des couches de la Pénide	50m,00
	6° Affleurement. — Épaisseur inconnue	»
	Grès et schistes	60 00
	5° Couche de l'Acacia et du château de Frugères	1 00
	Grès et schistes	60 00
	4° Affleurement charbonneux; épaisseur inconnue	»
	Schistes	70 00
	3° Couche de charbon	1 00
	Schistes	4 00
	2° Couche de charbon	3 00
	Grès et schistes	3 00
	1° Couche de charbon	2 00
	Total	254m,00
2° Groupe moyen du Grosménil, Fondary, Arrest, Grigues et de la Taupe.	Grès et schistes	60m,00
	4° Couche des lacs	4 00
	Grès et schistes	60 00
	3° Couche de charbon	12 00
	Grès et schistes	60 00
	2° Petite couche au toit de la grande	2 00
	Schiste	1 00
	1° Grande couche du Grosménil et de la Taupe	12 00
	Total	211m,00

1° Groupe d'Armois.	Schistes et grès.	46m,00
	4° Couche de charbon	1 00
	Schistes et grès.	30 00
	3° Couche de charbon	1 00
	Schistes et grès.	25 00
	2° Couche de charbon	1 00
	Schistes et grès.	120 00
	1° Couche de charbon	1 00
	Schistes reposant sur le système anthraxifère. .	700 00
	Total.	925m,00

En récapitulant les chiffres du tableau précédent, on trouve les résultats suivants :

DÉSIGNATION DES ÉTAGES.	NOMBRE de couches.	ÉPAISSEURS des couches.	ÉPAISSEURS des bancs.	ÉPAISSEUR totale.
Groupe supérieur.	6	7m,00	247m,00	254m,00
Groupe moyen.	4	30 00	181 00	211 00
Groupe inférieur.	4	4 00	921 00	925 00
Totaux.	14	41m,00	1349m,00	1390m,00

1° GROUPE INFÉRIEUR OU GROUPE D'ARMOIS.

Le groupe d'Armois, du nom de la concession où ces couches ont été exploitées, se compose, comme l'indique le tableau précédent, d'une succession de grès et de schistes au milieu desquels se trouvent six couches de charbon.

A la base, reposant sur le terrain anthraxifère, on remarque un développement considérable de schistes, dont l'épaisseur est de 500 à 700 mèt., à l'ouest du village de Solignat.

Le tracé des affleurements des couches qui viennent au dessus, affectent en plan la forme d'un V, dont le sommet serait au nord et la partie ouverte au sud. (Voir pl. IV.)

Dans la concession de la Combelle, les assises carbonifères ont une disposition en fer à cheval. En s'avançant vers le Sud, le sommet de la courbe se transforme de plus en plus, l'angle du sommet devient plus aigu, jusqu'à ce que les deux branches fassent entre elles un angle d'environ 40°. Deux pendages en sens inverse, l'un à l'Est pour la branche Ouest, l'autre à l'Ouest pour la branche Est, se produisent dans l'inclinaison; en sorte qu'il en résulte une allure en fond de bateau. La ligne principale d'ennoyage forme l'axe du bassin avec inclinaison au Sud.

Mais dans chacune des branches, à une certaine distance du sommet, il se produit des plis formant de nouvelles lignes d'ennoyage, qui en plan, et même en coupe verticale, prennent la forme d'un N ou d'un M. Toutes les couches se replient concentriquement les unes aux autres, et suivent les lignes ondulées des encaissements gneissiques.

Le système des couches d'Armois, donnant lieu à un faisceau de quatre couches, s'échappe à l'est vers Sainte-Florine, et disparaît sous les alluvions de l'Allier entre Brassac et Fondary; à l'Ouest il se dérobe à l'œil en se dirigeant sous les attérissements de l'Alagnon.

Les quatre couches sont au milieu d'alternances de schistes et de grès dont le tableau précédent indique les épaisseurs approximatives. La puissance de la partie du terrain où sont réparties les couches, est de 250 mèt. environ.

L'épaisseur de chacune des couches peut être estimée en moyenne à 0m,50 de charbon. Les quatre couches donneraient un total de 2 mètres, distribués dans une épaisseur de terrain houiller de 225 mètres, ce qui donnerait $\frac{1}{112}$ de charbon en la comparant à l'épaisseur totale, dans laquelle le développement des schistes de la base n'est pas compris.

La concession d'Armois occupe la région centrale du bassin et partie de sa lisière Est. Constitution géologique.

Elle porte à la fois sur le groupe inférieur de l'étage moyen et sur l'étage anthraxifère.

Le terrain houiller y est à nu sur 350 hectares environ. Les dépôts tertiaires et les alluvions de l'Allier, en recouvrement presque exclusif du terrain houiller, y peuvent figurer, les uns pour 39 hectares, les autres pour 14, et le gneiss englobé à l'est vers Brassac, pour 15 hectares.

Nature des roches du terrain houiller dans la concession d'Armois.

Les roches du terrain houiller de la concession d'Armois sont composées en grande partie de grès quartzeux dont les éléments sont plus ou moins arrondis ou à angles émoussés. Les noyaux de quartz acquièrent quelquefois une certaine grosseur. Le ciment est peu abondant et paraît argileux, et n'est que du feldspath décomposé et kaolineux. Ce grès quartzeux est la roche prédominante dans cette concession.

III

FILONS DE PORPHYRE NOIR.

Dans le groupe houiller d'Armois, on observe des filons ou dykes de porphyre qui coupent tout le système dans la direction Est-Ouest.

Ces filons sont au nombre de six et se trouvent dans le chemin qui mène, en suivant la ligne de partage des eaux de l'Alagnon et de l'Allier, du Grosménil à la Combelle, un peu avant sa rencontre avec le chemin de Charbonnier à Sainte-Florine. (Voir pl. VIII, fig. 53.) Ils sont à une petite distance les uns des autres, et leur direction coupe normalement les assises du terrain. Leur orientation est O. 10° N.-E. 10° S.

Ce sont de véritables filons porphyriques, coupant franchement les bancs de grès et de schistes de la formation houillère. On n'observe aucune intercalation du porphyre dans les strates du terrain, ni interstratification.

Cette roche porphyrique est donc postérieure aux assises houillères du groupe d'Armois. Les filons paraissent verticaux dans les parties où j'ai pu les observer. Cette circonstance pourrait faire induire que la roche porphyrique ne s'est introduite dans ce terrain que postérieurement à son relèvement et à son accidentation. Généralement, les fractures que les soulèvements font naître dans les terrains se rapprochent presque toujours de la verticale, à moins qu'un mouvement postérieur ne les ait fait dévier de leur position primitive. Il est donc probable que le porphyre s'est injecté à travers les assises de ce terrain après le relèvement et l'accidentation du terrain houiller.

Ces six filons, si rapprochés les uns des autres, doivent provenir d'un filon unique qui, près de la surface, a poussé des ramifications dans divers sens, comme l'indique la coupe 13 de la planche III. (Voir pl. IV et V.)

Le premier filon s'observe à gauche, à 150 ou 160 mètres au sud du chemin de Charbonnier à Sainte-Florine. Son épaisseur est de 2 à 2^{m},50, et on peut suivre sa trace sur près de 200 mètres de longueur. Il traverse des bancs de grès et de schistes, mais je n'ai aperçu aucune altération au contact de la roche éruptive. Le porphyre se décompose en boules et produit une roche verdâtre ou d'un vert sale, et se convertit même souvent en terre argileuse de même couleur. Mais sur la route même, et un peu avant le chemin, on trouve trois filons qui la traversent.

L'un d'eux se prolonge beaucoup à l'est, et on l'a retrouvé dans les fondations d'une maison de la partie nord du village de Sainte-Florine appelé *la Corne*. On en a encore retrouvé un autre dans une cave dans le même endroit.

Sur le chemin, la distance entre le deuxième et le troisième filon est de 10 mètres.

Le cinquième filon se trouve près d'un chemin qui est un peu plus au nord que celui de Sainte-Florine à Charbonnier, et qui lui est à peu près parallèle. On l'observe dans une vigne placée sur la droite de ce petit chemin. Dans les fossés faits pour la plantation de la vigne, j'ai pu le suivre sur une centaine de mètres de longueur.

Au dire des gens du pays, ces filons se prolongeraient à l'est et même au delà de Sainte-Florine, où l'on en a retrouvé deux. Mais du côté de Charbonnier et à l'est de Sainte-Florine, les recherches les plus minutieuses sont restées vaines.

En sortant au nord de Vezezoun par la route de Serlande et à une petite distance du village, on trouve un filon de baryte enclavé dans le gneiss. On avait commencé à exploiter cette gangue, dont le peu d'abondance a dû faire amener la cessation des travaux.

Dans la tranchée, j'ai trouvé une éponte d'une roche verdâtre qui m'a paru être un filon d'une roche porphyrique, semblable à celle des dykes d'Armois, mais en partie décomposée. Le gneiss est micaschisteux et a une orientation N. 20° E.-S. 20° O., tandis que le filon a une direction bien caractérisée E. 10° S.-O. 10° N.

Cette concordance dans la direction avec les filons d'Armois, la position de cette roche dans le prolongement de ces filons, porte à penser que ce pourrait être un dyke de même nature et de même âge.

Quelques filons quartzo-barytiques des environs de Jumeaux affectent des directions qui se rapprochent beaucoup de cette dernière.

Contact du porphyre et du terrain houiller.

Pour étudier les phénomènes de contact du porphyre et du terrain houiller, il faut chercher sur la gauche du chemin du Grosménil à la Combelle le prolongement ouest des filons. La déclivité plus ou moins grande du sol permet de suivre, tant bien que mal, l'un d'eux sur une longueur de plus de 100 mètres, trajet dans lequel il coupe l'affleurement d'une petite couche de houille du groupe d'Armois, et fait rencontre de minerais de fer.

« On n'observe point, dit M. Baudin, que son contact ait sensiblement modifié les grès; les schistes paraissent seulement lui devoir une solidité qui ne leur est point ordinaire. Mais, quant à la houille, elle a éprouvé l'altération, des plus remarquables, déjà observée au contact des dykes du Northumberland. Ce n'est plus de la houille, mais un véritable coke criblé d'une infinité de cavités et présentant jusqu'à un certain point l'éclat métalloïde. Ce coke offre, d'ailleurs, d'une manière très prononcée, la division prismatique si fréquente dans les roches ignées ou simplement calcinées. Les rognons de fer carbonaté n'ont point subi une moins notable altération, car ils sont passés, en tout ou en partie, à l'état de fer oxydé rouge.

Comme on le voit, l'influence du porphyre sur la roche encaissante dénote une action calorifique. Cette roche, lors de son éruption, possédait une certaine température, mais qui cependant n'avait rien d'exagéré et ne devait pas être très élevée. Assez souvent le porphyre n'a fait éprouver aucune modification aux roches encaissantes, d'autres fois il leur a donné une légère rubéfaction. Dans d'autres points, les schistes sont devenus plus blancs, fissiles, très fendillés, luisants et un peu satinés, et ils se lèvent par plaques minces. Ils sont devenus plus légers et leur densité semble avoir diminué.

Quant aux grès, ils ont pris une couleur plus claire, qui annonce que le carbone qu'ils contenaient a été éliminé par la chaleur. On les trouve fendillés et quelquefois tendres et se désagrégeant facilement. Ils deviennent peu tenaces et s'égrènent facilement sous le choc du marteau, car ils semblent avoir perdu une partie de leur cohésion. Malgré cela, tous ces effets calorifiques ne décèlent pas cependant une température très élevée, car on n'observe nulle part de traces de fusion des éléments des roches en contact.

Caractères du porphyre.

Ce porphyre a une couleur noirâtre ou vert foncé. Il renferme des parties lamelleuses plus claires, qui parfois sont blanches, jaunes verdâtres ou verdâtres, et qui paraissent être des cristaux de feldspath. Ce minéral est quelquefois assez tendre, mais alors il se trouve dans un état assez avancé de décomposition.

En outre, on remarque un grand nombre de cavités remplies par de la chaux carbonatée laminaire, circonstance qui lui est commune avec les roches analogues des environs de Figeac.

Ces noyaux calcaires deviennent quelquefois très abondants et atteignent la grosseur d'une noisette, d'une amande et même d'une grosse noix. On remarque encore dans de petites cassures de la roche des filets d'aragonite.

Ce porphyre se divise en boules avec une extrême facilité, et ce caractère est commun avec les roches de même nature que j'ai eu l'occasion d'étudier pendant mon séjour dans l'Aveyron, à Flagnac et à Planiolles, près de Figeac.

La pâte de la roche, cristalline à la loupe, semble être formée par un mélange intime de pyroxène et de feldspath, qui dans certaines parties se séparent plus ou moins complètement et s'isolent.

Le porphyre éprouve, de la part des agents atmosphériques, une décomposition très marquée. Le premier effet de l'altération paraît être une transformation en boules de grosseurs diverses. Ces boules se délitent facilement, et il se produit sur toute leur surface des esquilles ou pellicules minces, qui se détachent successivement. Celles-ci tombent en poussière et produisent ensuite une terre verdâtre ou jaunâtre qui ressemble de loin à certaines marnes. Cette circonstance permet de suivre les traces du filon par la couleur particulière de la terre meuble.

M. Dufrénoy compare la roche porphyrique d'Armois à celle de dykes du terrain houiller de l'Angleterre et principalement de Newcastle.

M. Gruner, dans le travail que j'ai eu déjà l'occasion de citer (Note sur une roche éruptive trappéenne de la période houillère, *Bulletin de la Société géologique de France*, 2e série, t. XXIII), assimile le porphyre d'Armois à d'autres roches du centre de la France. C'est une roche analogue à celle que MM. Puvis, Berthier et Dufrénoy ont appelée *roche noire* à Noyant et à Fins, et MM. Boulanger et Cordier, *dioritine* à Doyet et Commentry.

M. Gruner, dans le bassin d'Ahun, a observé une roche dont les caractères sont identiques à celles de Brassac. Sa couleur varie du gris bleuâtre foncé au vert brun noirâtre, et passe dans les parties altérées au vert olive et même au jaune ocreux. On y observe à la loupe de petits prismes qu'on a reconnu être du pyroxène.

Dans la roche de Doyet, les taches noires paraissent être plutôt du pyroxène que de l'amphibole.

Le mica qui abonde dans la roche des dykes des environs d'Aubusson, se trouve également dans la roche noire d'Armois. La décomposition de cette dernière met à nu ce dernier minéral, qui est quelquefois si abondant qu'on croirait que la roche est une minette.

M. Lavigne, dans le tome II du *Bulletin de l'industrie minérale*, signale des dykes de porphyre noir dans les concessions de Commentry, les Ferrières, Doyet, Bezenet et Murat. Des roches analogues ont été signalées dans les bassins houillers de la Vernade et d'Ahun, comme je l'ai déjà dit.

Dans quelques parties de la concession des Ferrières, les charbons ont subi peu ou point de détérioration au contact de la roche éruptive, mais dans d'autres endroits la houille a été singulièrement modifiée.

Le porphyre est composé de cristaux feldspathiques empâtés dans une roche d'amphibole, ce qui le fait ressembler à une diorite, et lui avait fait donner le nom de *dioritine*, par MM. Cordier et Boulanger, comme je l'ai déjà dit.

Elle traverse en filons le granite porphyroïde, le porphyre rouge et le terrain houiller, dont elle a carbonisé en partie les charbons les plus voisins, qui deviennent alors impropres à la fabrication du coke.

D'après M. Lavigne, ces dykes forment une ligne parallèle à la chaîne principale du mont Dore, du Puy-de-Dôme.

MM. Dufrénoy et Élie de Beaumont (*Description de la Carte géologique de France*, volume I) ont signalé du porphyre noir dans la mine de la Grange, près de Decazeville, dans l'Aveyron. Il offre la même disposition que la couche de houille. Il s'injecte à travers les strates du terrain. Il ne se montre pas au jour, et on l'a reconnu intérieurement sur une longueur horizontale de 150 mètres et une hauteur verticale de 60 mètres. Il se divise, à partir du bas, en plusieurs ramifications. La roche ne se continue pas d'une manière régulière et offre des solutions fréquentes de continuité. Elle semble poussée de bas en haut; tantôt elle a brisé les couches, tantôt elle est intercalée.

Au village de Fourneaux, à Ahun, le porphyre noir se montre en nappes ou filons-couches, d'après M. Gruner.

Le même géologue a signalé cette roche dans le dépôt houiller de Rive-de-Giers, au nord-est de Givors, et dans les grès anthraxifères des environs de Roanne, à Bully-la-Magdeleine et Combres. On la trouve encore dans la vallée de la Nahe, près de Saarbruck.

D'après les citations précédentes, il résulte que dans plusieurs bassins de France, d'Angleterre et de Prusse, le terrain houiller a été traversé postérieurement à sa formation par une roche éruptive, qui présente partout des caractères à peu près identiques, et qu'on a appelée *porphyre noir*. Sa composition la plus ordinaire serait une pâte composée de la réunion de cristaux de pyroxène, peut-être quelquefois d'amphibole, dans laquelle seraient répandus des cristaux de feldspath, que M. Gruner pense être du Labrador.

L'âge du porphyre d'Armois peut être fixé par la considération qu'il forme des dykes dans le terrain houiller. Il lui est donc postérieur, mais l'absence de terrains plus récents empêche de déterminer d'une manière plus précise son apparition.

La direction des dykes dans le bassin de Brassac est, comme je l'ai dit, E. 10° S.-O. 10° N., tandis que, dans le département de l'Allier, elle serait N. 20° E.-S. 20° O., qui est l'orientation du soulèvement du Rhin, qui a relevé le terrain houiller de Bort à Montet-aux-Moines.

Quelques géologues ont voulu identifier la roche feldspathique de la Combelle, qu'ils désignent sous le nom de *porphyre*, avec le porphyre d'Armois. La roche de ce premier endroit, qui est de la *pierre carrée*, est contemporaine de l'étage inférieur, et est d'une nature essentiellement feldspathique, tandis que le porphyre d'Armois est postérieur au terrain houiller; la composition minéralogique des deux roches est d'ailleurs différente. (Voir la note 2.)

IV

DEUXIÈME GROUPE

OU GROUPE MOYEN DU GROSMÉNIL, FONDARY, ARREST, GRIGUES ET LA TAUPE.

Le deuxième groupe du deuxième étage comprend les couches exploitées au Grosménil, Fondary, Arrest, Grigues et la Taupe. Il renferme quatre couches principales, sans compter plusieurs autres petites couches au toit de ces dernières, qui ont été rencontrées dans le tunnel du Grosménil à Fondary.

L'ensemble de ce système suit tous les plis et les replis du groupe d'Armois, comme l'indiquent les cartes des planches IV et VIII. La coupe verticale (pl. I, fig. 24) passant suivant l'axe du tunnel du Grosménil à Fondary, servira à expliquer les ennoyages des couches et les plis auxquels elles ont été soumises dans cette partie du bassin. Elle est empruntée à l'ouvrage de M. Burat (*Houillères en 1867*), qui dit la tenir de M. Lacretelle.

La ligne principale d'ennoyage de ce groupe suit l'axe du bassin, et les plis sont concentriques à ceux de l'étage anthraxifère de Charbonnier et la Combelle. Au Grosménil, les couches font une selle et forment une courbe parabolique ou d'un V dont l'ouverture est au nord-ouest. Cette courbe est parallèle au pli qui se produit au nord-est à Charbonnier, au retour des couches vers la Combelle.

1° CONCESSION DU GROSMÉNIL.

Constitution géologique.

La concession du Grosménil occupe toute la partie sud-ouest du bassin, et porte sur les deux étages inférieurs de la formation houillère.

La superficie peut se décomposer ainsi : 330 hectares environ de terrain houiller à nu; 640 hectares de dépôts tertiaires et de terrain quaternaire en recouvrement presque exclusif du terrain houiller dans les parties est et sud de la concession.

La première couche, appelée couche du Grosménil, est la couche principale et sur laquelle sont installés la plupart des travaux. Voici, d'après M. Fournet, quelle était la composition du gîte aux Poirières et à la Fosse. (Note de 1839.)

SUCCESSION ET ÉPAISSEUR DES COUCHES ET DES ROCHES AU GROSMÉNIL.

DÉSIGNATION DES COUCHES ET DES ROCHES.	MINE DES POIRIÈRES Profondeur, 150 mètres.		MINE DE LA FOSSE Profondeur, 150 mètres.	
	Épaisseur des bancs.	Épaisseur des couches.	Épaisseur des bancs.	Épaisseur des couches.
7° Couche dite de l'Argentière, à cause de son aspect. .	»	1m,62	»	1m,62
6° Bancs de grès et schistes.	2m,00	»	1m,00	»
5° Couche.	»	2 00	»	»
4° Banc de grès et de schistes.	2 00	»	»	»
3° Grande couche.	»	13 00	»	13 00
2° Bancs de schistes.	»	»	3 00	»
1° Gare du Mur.	»	»	»	1 94
Totaux.	4m,00	16m,62	4m,00	16m,56
Épaisseur totale.	20m,62		20m,56	

Grande couche.

Les puits de la Pompe et de la Fosse ont exploité le pendage sud-ouest de la grande couche, ainsi que les puits des Poirières et de Coincy placés au pli. L'autre branche, dont la direction est nord-sud, forme le pendage à l'est et a été exploitée par les puits de Champlève et du Président.

La planche VIII indique les plis et les contours de la couche et son allure dans les deux branches, ainsi que le tracé de son affleurement. Différentes coupes horizontales, à divers étages, montrent les variations d'épaisseur qu'elle subit.

Dans la partie des travaux de la Fosse à la Pompe ou puits Neuf, la couche se maintient à une épaisseur de 5 à 6 mètres, mais entre les deux puits elle se renfle jusqu'à 10 à 12 mètres. A l'est du dernier, vers le tournant des Poirières, à certains niveaux il se produit des serrées. Au puits des Poirières, à 100 mètres de profondeur, on rencontre un renflement considérable qui atteint jusqu'à 30 mètres de puissance.

Dans les travaux de Chamblève, la couche se maintient avec une épaisseur uniforme de 5 à 6 mètres, sauf quelques renflements vers le puits et entre ce dernier et les Poirières.

A l'extrémité de la branche de l'ouest, la couche fait un pli pour revenir vers le sud. Au delà du puits du Président, elle éprouve des serrées qui ont empêché de la poursuivre dans le nord.

Ainsi, les travaux d'exploitation ont été limités au sud par la serrée qui se produit dans le pli très aigu qui a lieu un peu au delà du puits de la Fosse et qu'on n'a jamais tenté de franchir, malgré l'intérêt qu'il y aurait à faire une pareille recherche. Il en a été de même au delà du puits du *Président* dans le nord. Le développement de la couche exploitée d'une limite à l'autre, peut être estimé à 1,500 mètres environ, mais avec des variations de puissance quelquefois assez grandes.

La grande couche est divisée généralement en deux par un mince lit de schiste, où l'on trouve quelquefois des rognons de fer carbonaté, dont l'épaisseur varie de quelques centimètres à $0^{m},30$.

Sa puissance moyenne peut être estimée à 10 ou 12 mètres, et comme les couches de l'étage anthraxifère de la Combelle et de Charbonnier, elle est sujette à des variations considérables.

Cette couche, comme on le voit, constitue un gîte riche et puissant, qui est sujet à peu d'accidents et dont le plus ordinaire est la production de serrées.

Au toit de cette grande couche se rencontre ordinairement une petite couche. Elle a été recoupée dans le puits des Poirières au niveau de 136 mètres. Elle possédait une puissance de 2 mètres et sa distance de la grande n'était que d'un mètre. On l'a retrouvée également au puits Neuf ou puits de la Pompe et on l'a exploitée pendant quelque temps comme donnant beaucoup de gros charbon. Mais à Chamblève, on a trouvé une petite couche d'une très faible épaisseur et une deuxième d'un mètre de puissance à 7 mètres du toit de la grande, à l'étage de 103 mètres. Cette couche n'est pour le Grosménil qu'une annexe de peu d'importance par rapport à la grande. Petite couche au toit de la grande.

Le plan horizontal de la planche VIII, figure 57, indique les variations de puissance, à différents niveaux, suivant la direction de la couche. Coupes diverses.

Les coupes suivantes, faites par des plans verticaux, montrent l'allure dans le sens de l'inclinaison. La coupe (fig. 58) passant par le puits de la Fosse montre une couche très régulière et bien réglée, dont l'inclinaison est de 52°. La puissance se maintient entre 8 et 10 mètres. On y voit une petite veinule à 5 ou 6 mètres du mur et deux autres au toit dont j'ai parlé.

La coupe (fig. 64) passe par le puits de la Pompe. La couche dont l'inclinaison est de 41° présente une grande puissance; les deux couches du toit se développent. La grande couche avec ses deux annexes arrive à une puissance de 16 à 18 mètres; elle forme ainsi trois couches séparées entre elles par des nerfs de 1 à 1^{m},50 d'épaisseur.

Au toit des couches précédentes et à une distance de 60 mètres, mesurée normalement à l'inclinaison, on trouve une couche qui doit appartenir au troisième groupe. Elle n'a été recoupée que par le puits de la Pompe, où elle présente un renflement assez puissant de 5 à 10 mètres, mais qui ne devait pas se poursuivre sur une grande longueur, car des travaux considérables l'ont explorée. Ce doit être aussi cette même couche qui a été trouvée par une galerie de recherches à travers bancs, poussée des travaux du Président dans la direction de l'Est.

Au niveau de 170 mètres, on trouve le fond de bateau. La couche se relève brusquement et présente un pendage opposé, c'est-à-dire à l'Est. La couche recoupée à 24 mètres de la surface par le puits de la Pompe, forme un pli concentrique au précédent, ayant la forme d'un V, comme l'indique la figure 65.

Coupe par le puits de la Forge.

La coupe passant par le puits de la Forge (fig. 59) présente des conditions d'allure semblables à celle du puits de la Fosse, et une inclinaison de 48°. En profondeur, la couche se renfle et atteint jusqu'à 20 mètres de puissance. Elle est également accompagnée de la petite veine du mur et des deux autres au toit, mais tellement réduites, qu'elles deviennent inexploitables.

Coupe par le puits des Poirières.

La coupe verticale par le puits des Poirières (fig. 60) montre la couche plongeant de 55° et avec des épaisseurs variant de 12 mètres à 20 mètres.

Coupe plus à l'est.

La coupe de la figure 61, passant un peu plus à l'Est que la précédente, montre les renflements et les rétrécissements successifs que la couche a pris dans les travaux des Poirières. Elle forme un amas irrégulier dont la plus grande puissance atteint 30 mètres. La couche du toit y prend plus d'importance et atteint une épaisseur de plus de 3 mètres. Les variations de puissance s'opèrent principalement par les inflexions du toit, tandis que le mur n'est que très légèrement ondulé et présente une inclinaison moyenne de 66° au Sud-est.

Coupe par le puits de Chamblève.

La coupe par le puits de Chamblève (fig. 63) indique une couche d'inclinaison variable dont la moyenne se rapproche de 70°, mais tend à se rapprocher davantage de la verticale en profondeur. Au dessous de 245 mètres de profondeur, la couche se renfle et prend une puissance de 25 mètres. Elle est toujours accompagnée, au toit et au mur, de veinules que j'ai déjà signalées, mais dans des conditions inexploitables.

La coupe faite suivant le puits du Président indique des conditions de régularité bien moins grandes et une allure ondulée par des changements assez brusques d'inclinaison, dont l'ensemble se rapproche beaucoup de la verticale. Jusqu'à 130 mètres environ de profondeur, la couche possède une puissance de 4 à 5 mètres; mais au dessous, il se produit une serrée qui ne commence à disparaître qu'à la profondeur de 200 mètres. Coupe par le puits du Président.

La couche du Grosménil se présente donc dans de magnifiques conditions d'épaisseur dans la branche Sud-est-Nord-ouest, exploitée par les puits de la Fosse et la Pompe. Cette épaisseur augmente encore dans le tournant de la couche aux Poirières. A partir de cet endroit, sa puissance décroît sensiblement en s'avançant dans la branche Sud-nord vers Chamblève, pour ensuite se retrécir beaucoup au delà du puits du Président.

A 180 mètres environ au toit de la grande couche du Grosménil se trouve la quatrième couche du groupe moyen. C'est celle qu'on appelle la couche des Lacs. Elle a été exploitée très anciennement par un grand nombre de petits puits; les travaux ne seraient descendus qu'à la profondeur de 108 mètres, et sa puissance atteindrait 4 mètres. Couche des Lacs.

Les planches IV et VIII montrent l'allure de cette couche qui, à l'Ouest, forme un pli concentrique à celui de la grande couche au delà du puits de la Fosse; mais au Sud, elle forme un contour près du chemin de Lempdes à Sainte-Florine, pour prendre alors un pendage à l'Est, qui est tout à fait inconnu.

M. Baudin, dans sa carte du bassin de Brassac, trace la partie exploitée de la couche des Lacs, comme appartenant à la branche ouest du système des couches du Grosménil. Le pli qui a été trouvé au Sud, avec retour vers le Nord, indique évidemment que c'est le pendage Sud-ouest qui a été exploité dans cette partie.

2° CONCESSION DE FONDARY.

La concession de Fondary est en son entier assise sur le deuxième étage de la formation houillère. Constitution géologique.

Le terrain houiller, très généralement à découvert, n'est masqué que sur l'étendue de 16 hectares environ par les dépôts tertiaires (côté de Chamas et limite Sud-ouest de la concession), et encore sur celle de 19 hectares, par les alluvions de l'Allier (partie est de la concession).

Si, à partir du Président, on suit la trace de la couche vers le nord, comme l'indiquent les cartes des planches IV et VIII, on peut voir qu'elle se prolonge bien au delà de Sainte-Florine, vers le nord-ouest, et qu'elle vient passer, par un pli brusque, à l'Ouest et très près du village.

Son affleurement prend la forme d'un V très aigu, très allongé, dont la pointe serait tournée vers le nord, et le pendage de chacun des côtés aurait lieu à l'intérieur, de manière à se rencontrer en profondeur et à y former l'ennoyage du centre du bassin.

Ce n'est qu'à Fondary, au sud-est de Sainte-Florine, qu'on trouve des travaux qui ont exploité quelques couches du groupe moyen. Depuis les travaux de Fondary jusqu'à ceux du Grosménil, tout est inconnu. Le groupe de couches d'Armois, et celui du Parc de Frugères, n'ont donné lieu à aucune recherche.

L'ensemble des travaux du puits des Vignes et du Pré montre deux couches dirigées du Nord-62°-ouest à Sud-62°-est. A l'Ouest, les couches vont rejoindre les travaux des Gours et de Baratte, dans la concession du Grosménil, tandis qu'à l'Est elles font un pli brusque qui les ramène sous les alluvions de l'Allier, pour se diriger ensuite vers Grigues et la Taupe.

Puits des Vignes.

Le gîte de Fondary consiste en une couche dont la puissance atteint quelquefois jusqu'à 8 mètres, mais qui n'excède pas, en moyenne, 4 mètres. Elle est généralement divisée en deux par un nerf d'une épaisseur variable, circonstance qui rappelle la couche du Grosménil. (Voir la coupe verticale, fig. 67, planche IX.) On a en outre rencontré, dans le puits des Vignes, une petite couche, de 1 mètre d'épaisseur au plus, à 6 mètres au mur de la grande (coupes verticales, fig. 69, 70).

Puits du Pré.

Au puits du Pré, le gîte exploité consiste en une couche de 2 à 3 mètres de puissance. Cette couche, si l'on rapporte son allure à celle de Fondary, ne peut que se placer au toit de cette dernière, et à la distance d'environ 90 mètres. Si on veut lui trouver un équivalent dans le gîte du Grosménil, ce ne pourrait être que la couche des Lacs, d'après M. Baudin ; mais il est plus probable qu'elle représente celle qui a été recoupée par le puits Neuf, et qui se trouve à 80 ou 89 mètres plus au toit que la grande, tandis que la couche des Lacs en est au moins à 180 mètres. Ainsi la couche du puits du Pré représente la couche A du haut du puits de la Pompe (fig. 64, pl. VIII).

Les coupes des figures 67 et 68 de la planche IX indiquent les allures des couches dans le sens du pendage. Au puits des Vignes, l'inclinaison moyenne est d'une soixantaine de degrés, tandis que celle de la couche du Pré se rapproche beaucoup de la verticale; mais elle diminue ensuite en profondeur, ainsi qu'en s'avançant vers la partie extrême des travaux, jusqu'à descendre à 50 ou 60°. Dans cette partie, elle est brusquement dévoyée par un pli qui la rejette d'une cinquantaine de mètres au nord-est.

Les couches du Grosménil ne sont pas toutes reconnues à Fondary. Une coupe faite par M. Lacretelle, et que M. Burat a insérée dans « les houillères en 1867 », éclaire beaucoup les rapports des couches dans les deux concessions. Cette coupe verticale passe par le tunnel de Fondary, partant du Grosménil, et aboutissant au chemin de fer. On a recoupé ainsi tout le système de couches du deuxième groupe, et cela a permis de faire mieux connaître sa composition et d'en faire une étude plus complète. Cette coupe est reproduite par la figure 24, planche II. On voit que, outre les deux petites couches que j'ai signalées au toit de la grande, il y a encore un faisceau d'une dizaine de petites couches de très faibles épaisseurs, et qui ne présentent aucune importance au point de vue de l'exploitation. Plus au toit, on remarque la couche des Lacs, et plus loin encore, plusieurs couches qui doivent représenter celles du Parc de Frugères.

D'après ce qui précède, on peut résumer de la manière suivante le gîte de Fondary :

DÉSIGNATION DES COUCHES ET DES ROCHES.	ÉPAISSEURS du charbon.	ÉPAISSEURS des roches.	ÉPAISSEURS totales.
4° Couche représentant celle du haut du puits de la Pompe.	2m,00	»	2m,00
Roche.	»	90 00	90 00
3° Couche; couche du toit.	0 80	»	0 80
Roche.	»	0 60	0 60
2° Couche; grande couche.	3 88	»	3 88
Roche.	»	6 00	6 00
1° Couche; couche du mur.	2 60	»	2 60
Totaux.	9m,28	96m,60	105m,88

3° CONCESSION DE GRIGUES ET DE LA TAUPE.

La concession de Grigues et de la Taupe, plus brièvement dite de la Taupe, est assise sur la lisière Est du bassin; elle porte essentiellement sur le deuxième étage de la formation, et accessoirement sur l'étage inférieur et même, pour une petite portion, sur le troisième étage.

Constitution géologique.

Le terrain houiller ne s'y montre à nu que sur une minime fraction de son étendue, 22 hectares environ. Le reste se partage entre le terrain de gneiss, qui, vers l'Est, peut occuper 297 hectares; le terrain tertiaire, qui vers le Sud, en occupe environ 140, et les alluvions de l'Allier, qui, au Nord-est, couvrent une superficie de 59 hectares. Mais les dépôts tant tertiaires qu'alluviaux, reposent pour la très grande partie, sur le terrain houiller.

Travaux actuels.

Les travaux exécutés jusqu'à présent dans la concession de la Taupe sont assis sur le groupe moyen du deuxième étage du bassin.

Quoique des recherches n'aient pas reconnu les couches entre Fondary et Arrest, on peut affirmer que celles de Grigues et de la Taupe ne sont que les mêmes couches exploitées dans la concession du Grosménil. Dans la concession de la Taupe, les circonstances de gisement et d'accidentation rappellent tout à fait celles des couches du Grosménil et en sont, pour ainsi dire, comme la reproduction symétrique dans la partie Est du bassin. Comme au Grosménil, en effet, les travaux de Grigues et de la

Taupe embrassent le même groupe, de part et d'autre, d'un contournement brusque qui aurait, en coupe horizontale, la forme d'un V ouvert au Nord. Le groupe plonge dans chaque branche à l'extérieur du V. Une des branches du V, celle de gauche, a une orientation Nord-nord-ouest et possède une inclinaison d'environ 75°, tandis que l'autre est dirigée Nord-nord-est avec un pendage de 45°.

Sur la première branche du V sont assises les exploitations d'Arrest et de Grigues, et sur la seconde, est celle de la Taupe. (Voir pl. IV, VIII et X.)

Dans les travaux de Grigues (voir fig. 77, pl. X), la couche possède une grande puissance. Elle a une direction moyenne, du côté du Nord-est du puits, Nord 30 à 35° Ouest, tandis que du côté opposé, elle est Nord 60° Ouest. Son épaisseur au Nord-est est de 9 mètres; mais elle va en se rétrécissant et arrive à n'avoir qu'un mètre à l'extrémité des travaux ; cependant, au Sud-est, elle atteint jusqu'à 20 mètres. Travaux de Grigues.

Dans la coupe fig. 78, passant par le puits de Grigues, la couche varie suivant son pendage, de 12 à 14 mètres. Près du mur, un nerf de schiste, d'une épaisseur de 3 à 4 mètres, la divise en deux parties et laisse au mur une couche de 2 à 3 mètres. La coupe 69, pl. IX montre qu'il en est aussi de même à Fondary, sauf les épaisseurs, qui sont un peu différentes. Au Grosménil, il existe également au mur une petite veine de charbon, mais qui présente bien moins d'importance que celle de Grigues.

A 70 mètres environ, à l'Ouest du puits de Grigues, et plus au toit que la couche précédente, on a trouvé plusieurs autres couches dont celle du mur paraît la plus importante. C'est la seule qui ait été poursuivie par les travaux d'Arrest. Elle portait le nom de couche de la Truelle ou de la Félicie. Sa puissance moyenne peut être estimée à 2m,50. Travaux d'Arrest.

Au toit, à la profondeur de 150 mètres, on a rencontré cinq ou six autres petites couches qui n'ont dû présenter que peu d'importance, puisqu'elles n'ont donné lieu à aucune exploitation.

D'après M. Fournet, en 1839, le gîte de Grigues se composait de la manière suivante :

	CHARBON.	ROCHES.	TOTAL.
2e Grande couche	9m,74	»	9m,74
Rocher	»	6m,00	6 00
1e Couche du mur	1 60	»	1 60
Totaux	11m,34	6m,00	17m,34

D'après le même géologue, la composition du gîte d'Arrest était la suivante :

L'inclinaison des couches est de 55°.

	ÉPAISSEURS du charbon.	ÉPAISSEURS des roches.	ÉPAISSEURS totales.
4e Couche de charbon	1m,00	»	1m,00
Roche	»	6m,00	6 00
3e Couche	2 00	»	2 00
Roche	»	10 00	10 00
2e Couche	0 80	»	0 80
Roche	»	15 00	15 00
1e Couche	1 30	»	1 30
Totaux	5m,10	31m,00	36m,10

La galerie à travers bancs du niveau de 100 mètres, qui, poussée à l'Est, a recoupé successivement les couches suivantes, dont l'inclinaison était presque verticale. (V. le tableau ci-contre.)

Galerie du Rouge.

Sur le bord du chemin qui conduit de Grigues à la Taupe, et à 145 mètres au Sud-est du bâtiment de Grigues, une galerie que l'on nomme dans le pays *galerie du Rouge*, avait été placée au niveau du chemin et commencée au jour. Elle avait pour but de reconnaître le terrain houiller de la colline qui s'étend d'Arrest à la Taupe. Commencée anciennement, elle fut reprise le 20 août 1838. Elle est placée, comme on peut le voir par le plan (fig. 71 de la pl. X), dans l'intérieur du crochet que forme le système de couches dans cet endroit. Poussée au Sud-ouest, elle a atteint un développement total de 140 mètres.

COUPE DU TRAVERS-BANC DE 100 MÈTRES A ARREST, ALLANT DU TOIT AU MUR.

DÉSIGNATION DES COUCHES.	ÉPAISSEURS des couches.	ÉPAISSEURS des roches.	ÉPAISSEURS totales.
8e Couche	$2^m,50$	»	$2^m,50$
Roche	»	6 60	6 60
7e Couche de charbon	0 65	»	0 65
Roche	»	1 20	1 20
6e Couche de charbon	1 30	»	1 30
Roche	»	3 00	3 00
5e Couche	2 60	»	2 60
Roche	»	2 20	2 20
4e Couche	1 60	»	1 60
Roche	»	5 20	5 20
3e Couche	2 60	»	2 60
Roche	»	2 60	2 60
2e Couche (le travers banc est arrêté au toit)	1 95	»	1 95
Roche	»	42 00	42 00
1e Couche de Grigues avec celle du mur	18 00	»	18 00
Totaux	$31^m,20$	$62,^m80$	$94^m,00$

Voici quelles sont les couches qui ont été traversées :

COUPE DES TERRAINS TRAVERSÉS A LA GALERIE DU ROUGE.

(La galerie va du mur au toit.)

INDICATION DES TERRAINS TRAVERSÉS.	DISTANCE à laquelle les couches ont été recoupées à partir de l'ouverture.	ÉPAISSEURS des couches	ÉPAISSEURS des roches.	ÉPAISSEURS totales.
Roche	»	»	29 00	$29^m,00$
5e Couche de charbon au mur	$20^m,00$	$1^m,30$	»	1 30
Roche	»	»	11 00	11 00
4e Couche } formant la même couche	40 00	0 33	»	0 33
Roche } formant la même couche	»	»	8 16	8 16
Couche } formant la même couche	48 16	0 97	»	0 97
Roche	»	»	25 00	25 00
3e Couche	73 16	1 62	»	1 62
Roche	»	»	36 00	36 00
2e Couche	$109^m,16$	1 62	»	1 62
Roche	»	»	9 00	9 00
1e Couche du toit	118 16	16 00	»	16 00
Totaux	»	$21^m,84$	$118^m,16$	$140^m,00$

D'après ce tableau et le plan, on voit que la première couche recoupée est celle qui se trouve ordinairement au mur de la grande couche. Celle-ci est divisée en deux parties par un nerf, celui qui habituellement se trouve au milieu de la couche. Les deux autres veines représentent celles qui existent au toit de la grande couche, et l'autre, probablement celle qu'on a trouvée au haut du puits Neuf, au Grosménil.

Travaux de la Taupe. Les couches de Grigues et d'Arrest, avant d'arriver à la Taupe, changent brusquement de direction et forment un crochet aigu, qui représente la pointe du V. La direction oscille entre Nord 35° et 60° Ouest, puis devient Nord 30° Est. A la limite des travaux d'exploitation, un deuxième crochet ramène les couches au Sud. Mais cet accident a encore été peu étudié, et se trouve par conséquent mal connu et mal défini.

A la mine de la Taupe, on connaît trois couches principales et quelques petites couches secondaires présentant peu d'importance.

D'après M. Fournet, à la profondeur de 100 mètres, le gîte avait la composition indiquée dans le tableau suivant :

L'inclinaison des couches était de 60°.

COMPOSITION DU GITE DE LA TAUPE A 100 MÈTRES DE PROFONDEUR

NATURE DU TERRAIN.	ÉPAISSEURS des couches.	ÉPAISSEURS des roches.	ÉPAISSEURS totales.
5° Couche de charbon	Variable.	»	»
Roche	»	16m,00	16m,00
4° Couche, dite quatrième veine	1m,00	»	1 00
Roche	»	16 00	16 00
3° Couche, dite troisième veine	1 60	»	1 60
Roche	»	6 00	6 00
2° Couche, dite la petite veine	7 60	»	7 60
Roche	»	12 00	12 00
1° Couche, dite la grande veine	16 24	»	16 24
Totaux	26m,44	50m,00	76m,44

La coupe 25 de la planche II, fournie par M. Lacretelle à M. Burat, qui l'a insérée dans les houillères de 1869, donne la composition du gîte de la

Taupe et indique les accidents des couches. On voit que plusieurs failles placées au mur disloquent complètement les couches placées à l'Ouest.

La coupe horizontale (fig. 71), les coupes horizontales des figures 74 et 75, et la coupe verticale figure 76 de la planche X font connaître l'allure des couches en direction et en profondeur à la mine de la Taupe. Leur puissance varie d'un point à l'autre, non seulement en direction, mais encore en profondeur. L'intervalle entre chaque couche se modifie également et se montre avec des épaisseurs diverses plus ou moins considérables.

De l'ensemble des travaux, il résulte que l'on a reconnu quatre couches.

La première, au mur, est celle que l'on appelle couche du Fond du Puits, parce que le fond du puits d'aérage l'a traversée et s'est arrêté sur son mur. Son inclinaison est de 60° et son épaisseur peut être estimée à 4 ou 5 mètres. Couches du Fond du Puits.

Le toit est composé d'une alternance de grès et de schistes d'une puissance variable de 10 à 20 mètres.

Au dessus vient la couche la Robert-Brown et Arthur Agassiz, qui présente à certains étages des renflements atteignant jusqu'à 32 mètres de puissance. (Voir les fig. 74-76, 79-89, 90, 97, 99-102 et 104-107). Ce sont diverses coupes verticales passant par les différentes lignes indiquées dans la figure 71. Couche de la Robert-Brown et Arthur Agassiz.

Dans la partie méridionale, depuis le puits de la Taupe jusqu'au crochet, la couche Robert-Brown et Arthur Agassiz portait le nom de Louise (voir les coupes horizontales) ; mais les travaux d'exploitation ont démontré que c'était bien la même couche.

A une distance variant de 18 à 56 mètres, occupée par des schistes et des grès, on trouve la grande couche, dont la puissance est loin d'être bien réglée, comme la précédente. Dans certaines parties du gîte, elle se présente avec 18 mètres, tandis que dans d'autres elle atteint tout au plus 1 mètre d'épaisseur. Au toit de la grande couche et à une distance de 2 à 5 mètres, on rencontre une petite couche dont l'épaisseur est toujours assez faible, et qui, dans la traversée du puits, était de $1^{m},30$. Grande couche.

A 60 mètres au sud du puits de la Taupe, la couche du fond du puits a une puissance de 6 mètres. La Louise, ou Robert-Brown et Arthur Agassiz, est à 65 mètres plus au toit et possède 6 à 7 mètres d'épaisseur. La grande couche est à une distance variable de 30 à 50 mètres de cette dernière. Cela tient à ce que la Louise devient plus verticale en profondeur, tandis que la grande couche continue son pendage, qui est de 50°.

Les travaux de la Taupe se trouvent placés à l'est de ceux d'Arrest et de Grigues.

Travaux de la Taupe.

Un puits d'extraction et d'épuisement, dit de la Taupe, et autrefois appelé puits de la *Boide*, est desservi par une machine à vapeur de 25 chevaux, placée en 1839. Ce puits fut ouvert en 1838 sur le prolongement Nord-nord-est et au toit des anciens travaux de la Taupe; il est aujourd'hui approfondi à 225 mètres. De 65 à 66m,50 en dessous du sol, le puits a traversé une première couche dite Gare de la grande Couche. Elle avait une épaisseur de 1m,30. De 75 à 103 mètres, on a atteint et traversé pendant 28 mètres la masse de charbon qu'on appelle la Grande-Couche. De 164 à 171, on a recoupé une couche de 7m,50, qui n'est autre chose que la Robert-Brown et Arthur Agassiz ou la Louise. De 200 à 204, le puits a traversé la quatrième couche, dite du Fond-du-Puits. Sa puissance est de 4m,50.

Couches traversées par le puits de la Taupe.

Couches traversées par le puits d'aérage.

Le puits d'aérage est placé à 27 mètres au Nord-nord-ouest du puits de la Taupe, et a atteint une profondeur de 165 mètres. On a trouvé les mêmes couches que dans le premier. A 34 mètres du jour, on a rencontré une couche de 1m,30 d'épaisseur, et à 6 mètres plus bas on a recoupé la grande couche sur 28 mètres de hauteur. Cette masse est séparée en plusieurs couches par des nerfs qui lui donnent l'apparence d'un groupe de couches différentes. Enfin, à 126 mètres, on est entré dans une couche d'un charbon d'excellente qualité, dans laquelle on est resté pendant 7m,50. C'est la couche du Fond-du-Puits.

On peut voir par la comparaison des couches traversées dans les deux puits, que ce sont bien les mêmes ; seulement, au puits de la Taupe, on les a naturellement rencontrées à une plus grande profondeur.

Plusieurs étages ont été ouverts pour l'exploitation de ces couches. Les plus récents sont ceux de 160, de 197 et 225 mètres.

La figure 74 donne une coupe horizontale des couches de la Louise et Robert-Brown et Arthur Agassiz et de la grande couche, à l'étage de 197. A quelques mètres du puits, la couche, qui s'était maintenue au Sud à une épaisseur de $0^m,50$ à 7 à 8 mètres, dans la partie appelée la Louise, subit, à 25 mètres de distance, un renflement assez brusque de 200 mètres de longueur, et dont la puissance, à son extrémité Nord-est, atteint 30 mètres. Cette couche a été exploitée sur un développement d'au moins 400 mètres. Au Nord, la couche se mélange de parties schisteuses à tel point, qu'elle devient inexploitable ; aussi ne l'a-t-on pas poursuivie plus loin. En ce point, la couche s'infléchit au sud-est pour y former un nouveau pli ; mais ce prolongement est tout à fait inconnu. La couche de la Robert-Brown et Arthur Agassiz est subdivisée en son milieu comme celle du Grosménil, par un nerf de schiste, et quelquefois par des bancs ou des rognons de fer carbonaté. Étage de 197^m.

A cet étage, la couche du Fond-du-Puits a été exploitée sur une longueur de 70 mètres.

Enfin, à une centaine de mètres au sud-est du puits, on a recoupé par une galerie à travers bancs la grande couche, à une soixantaine de mètres de la Louise. On l'a exploitée sur un développement de 180 mètres environ. Son épaisseur a varié de $0^m,50$ à 8 mètres. Au nord et au sud, elle se terminait par des serrées que l'on n'a pas franchies.

A l'étage de 225 mètres, les mêmes circonstances de gisement se sont reproduites, ainsi que l'indique la figure 75.

La couche du Fond-du-Puits, d'une épaisseur moyenne de 2 à 3 mètres, atteint cependant jusqu'à 14 mètres de puissance et présente un développement de 100 à 120 mètres. La Louise et Robert-Brown et Arthur Agassiz présente à son extrémité Nord un renflement de 32 mètres de puissance, qui va en diminuant à peu près insensiblement jusqu'à son extrémité méridionale, où se trouve le retour de la couche vers le Nord-est, mais avec Étage de 225^m.

quelques parties renflées à 7 à 8 mètres dans la Louise. Son développement est à peu près de 400 mètres d'une extrémité à l'autre.

La grande couche est dans les mêmes conditions qu'à l'étage supérieur, et sa puissance va jusqu'à 6 ou 7 mètres.

Coupes verticales.

Les huit coupes verticales (fig. 69 à 78) qui sont échelonnées du sud au nord permettent d'étudier complètement le gîte de la Taupe et de se rendre compte de son allure irrégulière. Elles indiquent une forme lenticulaire ou amygdaloïde. On voit que souvent l'amas charbonneux se renfle en profondeur et s'amincit en allant vers la surface, de manière à n'avoir pour affleurement qu'un très mince filet charbonneux, trace à peine visible dans le terrain.

Identité des couches de Grigues et de la Taupe.

Le plan d'ensemble (fig. 71) établit l'identité incontestable des couches de Grigues et de la Taupe, ainsi que de celles d'Arrest. La *galerie du Rouge,* voisine de la surface, donne la position certaine des affleurements des couches traversées. La couche du Fond-du-Puits ne doit pas avoir été rencontrée par cette galerie; elle est plus au mur, c'est-à-dire plus au Nord.

La première couche trouvée représente la gare du mur de la couche de Grigues et la couche suivante, avec un nerf au milieu, n'est autre chose que la Robert-Brown et Arthur Agassiz. La couche qui vient ensuite serait la gare du toit, que l'on observe également à la Taupe, mais qui souvent n'y existe qu'à l'état de trace charbonneuse. La dernière couche, recoupée au bout de la galerie, ne peut être autre chose que la grande couche. Je regarde l'avant-dernière comme une gare accompagnant celle-ci et en faisant partie intégrante.

Comparaison et identité des couches du Grosménil, de Fondary, d'Arrest, de Grigues et de la Taupe.

Si on étudie l'allure et les conditions de gisement des couches de chaque gîte du deuxième groupe du deuxième étage, on trouve des caractères communs dont les rapprochements et la comparaison engagent à les identifier.

Ce qui distingue le deuxième groupe tout d'abord, c'est l'existence d'une couche d'une grande puissance, divisée en deux parties par un nerf peu épais, placé ordinairement au milieu. C'est un caractère qui ne se dément jamais dans aucune des mines de ce groupe. Cette couche, soit en direction, soit en profondeur, a une allure en chapelet, ou plutôt en forme d'amas allongés présentant parfois d'énormes renflements. Sa puissance est très grande, surtout au Grosménil et à la Taupe.

Elle est accompagnée au mur, et à une petite distance, d'une petite couche qu'on appelle *gare* dans le pays. Au toit, on trouve souvent deux petites gares, qui varient d'épaisseur et qui se réduisent quelquefois à un filet charbonneux.

Au toit de ces dernières et après une alternance de grès et de schistes de 50 à 60 mètres, se trouve une autre couche très importante, mieux étudiée et plus connue à la Taupe qu'ailleurs. C'est celle qu'on a appelée la Grande-Couche dans cette dernière mine. Sa régularité est peut-être moins grande que la précédente. C'est cette couche qu'on a appelée la Truelle et la Félicie à Arrest, et qui a été exploitée à Fondary, dans le puits du Pré. C'est aussi la même qui a été recoupée près de la surface dans le puits de la Pompe, au Grosménil.

Le faisceau de petites veinules rencontrées dans le tunnel de Fondary, au toit de la couche du Grosménil, pourrait bien être la représentation de cette couche, dont le charbon serait très divisé et mélangé de nerfs.

Quant à la couche des Lacs, qui n'a été reconnue qu'au Grosménil, elle serait située environ à 200 mètres au toit de la grande couche de cette mine. Elle doit passer beaucoup plus au toit que la Robert-Brown et Arthur Agassiz à la Taupe (voir fig. 24, pl. II). On ne l'aurait donc pas rencontrée dans cette concession, et elle y serait encore ignorée. Les couches brisées à l'est du *Puits Fol* pourraient peut-être représenter le faisceau de veinules trouvées au toit de la grande couche dans le tunnel de Fondary.

Le tableau suivant indique l'épaisseur des couches et des terrains dans chacun des gîtes dont je viens de parler :

TABLEAU

INDIQUANT LES ÉPAISSEURS MOYENNES APPROXIMATIVES DES COUCHES ET DES TERRAINS

DANS LES CONCESSIONS

DU GROSMÉNIL, DE FONDARY, DE GRIGUES ET DE LA TAUPE.

INDICATION DES COUCHES ET DU TERRAIN.	CONCESSION DU GROSMÉNIL.								CONCESSION de FONDARY		CONCESSION DE LA TAUPE			
	LA FOSSE		LA POMPE		LES POIRIÈRES		CHAMBLÈVE		PUITS DE FONDARY et DU PRÉ		ARREST et GRIGUES		LA TAUPE	
	Couches	Roches	Couches	Roches	Couches	Roches	Couches	Roches	Couches	Roches	Couches	Roches	Couches	Roches
Couche des Lacs	»	»	4m,00	»	»	»	»	»	»	»	»	»	»	»
Grès et Schistes	»	»	»	120m,00	»	»	»	»	»	»	»	»	»	»
Couche du haut du Puits de la Pompe	»	»	8 00	»	»	»	»	»	3m,00	»	16m,00	»	1m,00 8 00	5m,00
Grès et Schistes	»	»	»	60 00	»	»	»	»	»	20m,00	»	9m,00	»	
2me Gare du toit	0m,50	»	2 00	»	»	»	»	»	»	»	1 62	»	»	
Schistes et grès	»	5m,00	»	1 50	»	»	»	3m,00	»	»	»	36 00	»	
1er Gare du Toit	1 62	»	4 00	»	3m,00	»	»	»	2 00	»	1 25	»	»	
Schistes et Grès	»	1 00	»	1 50	»	4m,00	»	4 00	»	0 80	»	25 00	»	45 00
Grande couche (couche de Fondary, de Grigues et Robert-Brown et Arthur Agassiz)	13 00	»	8 00	»	15 00	»	6m,00	»	4 00	»	10 00	«	12 00	
Schistes et Grès	»	3 00	»	»	»	5 00	»	5 00	»	0 00	»	6 00	»	7 00
Gare du mur (couche du Fond-du-Puits à la Taupe)	1 94	»	»	»	»	»	»	»	2 60	»	1 60	»	4 00	»
Totaux	17 06	9 00	26 00	183 00	18 00	9 00	6 00	12 00	11 60	96 80	31 17	76 00	25 00	57 00
Épaisseur totale du terrain	26m,06		209m,00		27m,00		18m,00		108m,40		107m,17		82m,00	

IV

GROUPE SUPÉRIEUR DU DEUXIÈME ÉTAGE

CONCESSION DE FRUGÈRES

Le groupe supérieur du deuxième étage comprend six couches ou affleurements, dont l'importance est bien inférieure à celle du groupe du Grosménil et de la Taupe.

On trouve leurs affleurements dans le parc du château de Frugères, où on les exploite depuis plus de vingt-huit ans. Leur direction dans cette partie est Nord-40°-Ouest, et leur pendage de 60° au Nord-est. La figure 56, planche VIII, indique l'allure de ces couches.

Au sud-est du château, différents puits ont été ouverts. Celui qui sert aujourd'hui à l'exploitation a recoupé trois couches.

DÉSIGNATION DES COUCHES ET DES ROCHES	ÉPAISSEURS des couches.	ÉPAISSEURS des roches.	ÉPAISSEURS totales.
3e Couche du toit	2m,00	»	2m,00
Schistes	»	3m,00	3 00
2e Couche	1 à 3 00	»	3 00
Schistes	»	4 00	4 00
1e Couche du mur	1 00	»	1 00
Totaux	6m,00	7m,00	13m,00

Les couches éprouvent des serrées qui réduisent quelquefois l'épaisseur à 0m,30 et 0m,50. Le charbon est d'une nature friable, qui ne permet pas de faire une grande quantité de gros.

On observe un petit affleurement plus au toit que les couches précédentes, mais il n'a donné lieu à aucuns travaux. Il en est de même d'un affleurement trouvé dans la cave du château, qui paraîtrait être le même que celui qu'on a trouvé dans le réservoir situé au fond de la prairie, à l'est du village de Frugères. C'est peut-être cette même couche qu'aurait recoupée le puits de l'Acacia, qui est entre Fondary et Mégecoste, ou sinon la petite couche qui se trouve au mur du groupe de couches de la Pénide.

Les couches du parc de Frugères et de l'Acacia sont inconnues à la Taupe, à Grignes et à Fondary.

V

TROISIÈME ÉTAGE

OU ÉTAGE DE MÉGECOSTE, BOUXHORS, LE FEU, LES BARTHES ET LES AIRS

Le troisième étage peut être divisé en deux groupes distincts :

1° Groupe de la Pénide et de l'Orme ;

2° Groupe de Mégecoste, de Bouxhors, du Feu, des Barthes et des Airs.

Ces deux groupes forment un faisceau de dix-sept couches plus ou moins épaisses, qui sont très serrées à la partie supérieure. Elles sont en effet contenues dans un espace de terrain qui a en moyenne 180 mètres d'épaisseur. Les deux groupes ont une épaisseur à peu près égale.

Le groupe inférieur, c'est-à-dire celui de la Pénide, contient six couches ou veinules.

Le groupe supérieur en possède onze, mais d'une bien plus grande importance; l'épaisseur du charbon y forme à peu près les deux septièmes du terrain, tandis que dans le premier, on ne peut l'estimer tout au plus qu'à un vingtième.

Cet étage est exploité par les mines de Mégecoste, de Bouxhors, du Feu, des Barthes et des Airs. L'ensemble des couches forme une courbe parabolique ouverte au sud, et dont le sommet au nord est occupé par la mine de Mégecoste. Les inclinaisons ont lieu à l'intérieur de la courbe, de manière à former un fond de bateau ayant en coupe verticale la forme d'un V. Voici quelle est la succession des terrains en allant du toit au mur :

TABLEAU INDIQUANT LA SUCCESSION DES COUCHES ET DES ROCHES DU TROISIÈME ÉTAGE (Type pris à Mégecoste)

	DÉSIGNATION DES COUCHES ET DES ROCHES	ÉPAISSEURS des couches.	ÉPAISSEURS des roches.	ÉPAISSEURS totales.
Groupe supérieur ou groupe de Mégecoste, de Bouxhors, du Feu, des Barthes et des Airs.	Schistes et Grès blancs	»	»	»
	Couche de fer carbonaté	»	1m,25	1m,25
	11° Couche de la couverte	2m,25	»	2 25
	Schistes	»	1 30	1 30
	10° Deuxième couverte	1 00	»	1 00
	Schistes	»	5 00	5 00
	9° Grande couche	2 00	»	2 00
	Schistes	»	1 00	1 00
	8° Couche	2 25	»	2 25
	Schistes	»	7 00	7 00
	7° Couche, mêlée de schistes	6 80	»	6 80
	Schistes	»	10 00	10 00
	6° Couche dite des Allemands, à Mégecoste	1 65	»	1 65
	Schistes	»	7 00	7 00
	5° Couche	1 35	»	1 35
	Schistes	»	3 00	3 00
	4° Couche	3 00	»	3 00
	Schistes	»	8 00	8 00
	3° Couche	1 00	»	1 00
	Schistes et Grès	»	7 00	7 00
	2° Couche	0 80	»	0 80
	Schistes et Grès	»	10 00	10 00
	1° Couche	1 35	»	1 35
	Totaux	23m,45	60m,55	84m,00
Groupe inférieur ou groupe de la Pénide	Schistes et Grès	»	34m,00	34m,00
	6° Petite veinule	»	»	»
	Grès	»	4 00	4 00
	5° Petite veinule	»	»	»
	Grès	»	26 00	26 00
	4° Première couche de la Pénide	»	»	»
	Grès	»	3 00	3 00
	3° Deuxième couche de la Pénide	1m,65	»	1 62
	Grès et Schistes	»	4 00	4 00
	2° Troisième couche de la Pénide	1 20	»	1 20
	Grès et Schistes	»	6 00	6 00
	1° Quatrième couche de la Pénide	1 13	»	1 13
	Totaux	4m,04	77m,00	81m,04

Sur la branche *est* de la courbe sont assises les mines de Bouxhors et du Feu ; sur l'autre on trouve les Barthes et les Airs (voir fig. 90, pl. XI). A partir du sommet du pli, la branche de l'Ouest a un développement de 1,000 mètres, et celle de l'Est est de 1,200 mètres, ce qui donne un parcours total de 2,200 mètres.

La ligne d'ennoyage des couches formant l'axe ou la naye du bassin plonge du Nord au Sud avec une inclinaison moyenne de 30°, comme l'indique la coupe fig. 94, pl. XI.

Dans le groupe inférieur, les couches sont placées au milieu d'alternances de grès et de schistes ; mais les premières roches dominent beaucoup. Il en est de même pour le groupe supérieur ; les grès encaissent les couches ; cependant, à partir de la sixième, les schistes deviennent prédominants, mais il faut aussi remarquer que les six couches sont serrées dans un petit espace d'une douzaine de mètres.

Au toit, il existe des grès blancs dont l'épaisseur est complètement inconnue. Il pourrait se faire que d'autres couches plus ou moins importantes vinssent succéder à ces roches ; c'est du moins ce que donnerait à penser l'existence d'affleurements schisteux noirs et charbonneux que l'on trouve sur la droite du ravin que suit le chemin de la mine de Bouxhors à celle du Feu.

L'inclinaison des couches varie suivant les mines. Voici sa valeur pour chacune d'elles :

	INCLINAISON
Les Airs	55°
Les Barthes	55°
Mégecoste	60°
Bouxhors	50°
Le Feu	70°

1° GROUPE INFÉRIEUR OU GROUPE DE LA PÉNIDE

Le groupe de la Pénide se compose de six couches ou veinules placées au mur du système de couches de Mégecoste. Les trois plus inférieures présentent seules quelque importance. Elles ne sont exploitées qu'à Mégecoste et elles ont été recoupées soit par des galeries à travers bancs, soit par les puits de la Pénide, placés près des affleurements, sur le plateau entre Mégecoste et le Grosménil.

Leur existence avait été constatée avant 1840 sur une longueur d'une centaine de mètres seulement. Ce groupe de couches enveloppe le système de couches de Mégecoste et des autres mines. Aussi son parcours est-il considérable. Le groupe de la Pénide est séparé de celui qui lui est supérieur par un intervalle occupé par des grès et des schistes d'une épaisseur d'une cinquantaine de mètres, tandis que son épaisseur totale atteint 81 mètres. Comme l'indique le tableau précédent, les couches exploitables ont 1^{m},13, 1^{m},29 et 1^{m},62 de puissance et sont séparées par des bancs de grès de 4 et 6 mètres.

Le groupe de la Pénide n'est connu que dans la concession de Mégecoste.

2° GROUPE SUPÉRIEUR OU GROUPE DE MÉGECOSTE, DE BOUXHORS, DU FEU, DES BARTHES ET DES AIRS

Le groupe supérieur se compose du faisceau de couches exploitées dans la concession de Mégecoste et dans celles des Barthes et du Feu, dans les mines du Feu, de Bouxhors, des Barthes et des Airs.

Constitution géologique de la concession de Mégecoste.

La concession de Mégecoste porte exclusivement sur le troisième étage de la formation houillère. Le terrain houiller s'y montre à nu sur environ 40 hectares et est masqué sur les 14 hectares restants, par les dépôts tertiaires et alluvions anciennes, qui forment au nord-ouest un plateau entre Mégecoste et le Grosménil.

Constitution géologique de la concession des Barthes et du Feu.

La concession des Barthes, des Airs et du Feu, plus brièvement dite des Barthes, porte sur le même étage. Le terrain houiller ne s'y montre guère à nu qu'aux abords de la Leuge, sa limite nord, et sur une étendue de 24 hectares seulement. Il est recouvert, dans tout le reste de la concession, par un épais dépôt tertiaire.

Les travaux de Mégecoste sont assis sur le groupe supérieur du troisième étage et sont placés sur un tournant des couches ayant forme d'un V, ou autrement d'un fer à cheval ouvert à l'aspect Sud-sud-est, et à l'intérieur duquel elles plongent de toutes parts, sous une inclinaison d'environ 50° pour la partie ouest et de 65° pour la partie est.

Les travaux de la concession des Barthes sont assis sur le même groupe que ceux de Mégecoste ; Bouxhors et le Feu sont sur le pendage Sud-ouest, et les Barthes et les Airs sur celui du Sud-est de la courbe en fer à cheval. Bouxhors et les Barthes sont rapprochés de la Leuge, où le terrain houiller est à nu. Le Feu en est distant de près de 800 mètres, et ce dernier terrain y est recouvert par 96 mètres de terrain tertiaire. Les Airs sont éloignés de 200 mètres de ce ruisseau, et on y trouve 45 mètres de dépôts argileux avant d'atteindre la formation houillère.

Le tableau suivant indique les épaisseurs des couches et des roches dans chaque mine et résume la composition du gîte dans chaque endroit.

Ce système de couches, pris dans son ensemble, présente donc une grande régularité, surtout en comparaison de celles des étages inférieurs. Les épaisseurs des roches et des couches varient cependant d'une mine à l'autre, mais leur allure n'est plus en chapelet ou en amas lenticulaire. Toutes les couches n'ont pas été reconnues dans chaque mine, et le plus souvent on s'est contenté d'exploiter seulement celles du toit.

La carte de la planche VIII indique le tracé des affleurements des couches du deuxième et du troisième étage et les positions respectives des diverses mines. La ligne d'ennoyage a une plongée au sud de 60°. Le développement des couches depuis le Feu, en passant par Bouxhors, Mégecoste, les Barthes, jusqu'aux Airs, est de 1,600 mètres. Dans ce parcours, de nombreux accidents dérangent les couches. Ils sont de deux sortes : les failles et les serrées. Les fig. 56, pl. VIII, et la fig. 91, pl. XI, indiquent les failles qui ont été rencontrées.

Failles. Au sud, une faille limite les travaux du Feu, et il est non seulement probable, mais certain, qu'on retrouvera les couches au delà de cet accident : il est évident qu'elles doivent se prolonger avec leur allure ordi-

TABLEAU INDIQUANT LES ÉPAISSEURS MOYENNES DES COUCHES ET DES ROCHES QUI LES SÉPARENT

DANS LES MINES DU GROUPE SUPÉRIEUR

DE MÉGECOSTE, DE BOUXHORS, DU FEU, DES BARTHES ET DES AIRS.

DÉSIGNATION DES COUCHES ET DES ROCHES	MINE DES AIRS.		MINE DES BARTHES.		MINE DE MÉGECOSTE.		MINE DE BOUXHORS		MINE DU FEU	
	Roches.	Couches.	Roches.	Couches.	Roches.	Couches.	Roches.	Couches.	Roches.	Couches.
11° Couche de charbon, gare de la converte . . .	»	»	»	»	»	2m,25	»	1m,30	»	1m,30
Roche	»	»	»	»	1m,30	»	2m,40	»	8m,00	»
10° Couche de charbon ou converte.	»	1m,62	»	1m,62	»	1 00	»	1 25	»	1 30
Roche	6m,00	»	6m,00	»	5 00	»	1 30	»	0 62	»
9° Grande couche	»	1 94	»	1 00	»	2 00	»	2 00	»	1 15
Roche	8 00	»	4 00	»	1 00	»	1 60	»	8 00	»
8° Couche de charbon, ou gare noire, charbon nerveux.	»	0 64	»	0 65	»	2 25		1 00	»	1 00
Roche	6 00	»	14 00	»	7 00	»	1 30	»	10 00	»
7° Couche.	»	1 13	»	2 59	»	6 80	»	0 80	»	2 25
Roche	»	»	4 00	»	10 00	»	2 00	»	6 00	»
6° Couche.	»	»	»	1 62	»	1 65	»	1 00	»	1 15
Roche	»	»	»	»	7 00	»	10 00	»	4 00	»
5° Couche.	»	»	»	»	»	1 35	»	1 20	»	1 30
Roche	»	»	»	»	3 00	»	15 00	»	2 00	»
4° Couche de la Sole.	»	»	»	»	»	3 00	»	1 50	»	2 00
Roche	»	»	»	»	8 00	»	18 00	»	8 00	»
3° Couche.	»	»	»	»	»	1 00	»	1 00	»	1 15
Roche	»	»	»	»	7 00	»	7 00	»	6 00	»
2° Couche.	»	»	»	»	»	0 80	»	1 00	»	1 15
Roche	»	»	»	»	10 00	»	24 00	»	7 00	»
1° Couche.	»	»	»	»	»	1 35	»	0 20	»	4 90
Totaux.	20m,00	3m,33	28m,00	7m,47	59m,30	23m,45	82m,60	12m,25	59m,62	18m,65
Épaisseur totale du terrain.	23m,33		35m,47		82m,75		94m,85		78m,27	

naire et dans les conditions de la partie explorée; elles rentrent alors dans la concession de la Taupe. Cette faille est perpendiculaire à la direction des couches et plonge du Nord au Sud avec une inclinaison de 45°.

La deuxième faille sépare les travaux du nouveau et de l'ancien Feu, et rejette les couches au toit d'environ 25 mètres. Sa direction est Est-10°-Nord.

La troisième faille sépare l'ancien Feu de la partie de Montlaye. Les couches reprennent dans cette portion du gîte la direction de celles du nouveau Feu.

La quatrième faille, ou faille de Montlaye, sépare la partie des travaux ainsi appelée d'avec ceux de Bouxhors. Son orientation est Nord-22°-Est.

La cinquième faille est celle de Bouxhors, qui, à la partie voisine de la surface, sépare les travaux de Mégecoste de ceux des Barthes, et en profondeur, ces derniers de ceux de Bouxhors. Sa direction est Nord-50°-Ouest.

Ces deux dernières failles, c'est-à-dire celles de Montlaye et de Bouxhors rejettent au mur tout le système de couches d'une trentaine de mètres pour la dernière, et de moitié de cette distance pour l'autre.

La sixième faille limite les travaux des Airs dans la partie sud; c'est la faille de Vergongheon, dont la nature et la direction sont encore peu connues. On peut encore en signaler une autre à la limite des concessions de Mégecoste et des Barthes. Sa direction serait approximativement Nord-Sud et suivrait la vallée de la Leuge. Dans les travaux, en suivant la première couche, on rencontra la quatrième, ce qui démontre un rejet d'une quinzaine de mètres. La faille paraît avoir une inclinaison à l'est.

Un autre accident, mais encore bien moins connu, peut-être la conséquence de la faille de Vergongheon aux Airs, affecte le terrain houiller entre les Barthes et le village de Frugères. La coupe verticale (fig. 25, pl. II) montre en effet une dépression considérable, dont on ne connaît pas l'amplitude, malgré différents travaux de recherches qui sont restés dans le terrain tertiaire et n'ont pas abouti à la formation houillère.

Mines de Mégecoste. M. Baudin dit, en parlant des anciens travaux de Mégecoste, qu'un travers-bancs poussé à 200 mètres à l'ouest du puits de la Machine a donné la coupe suivante à l'étage de 70 mètres :

Couche n° 1	2m,35
Couche n° 2	1 00
Couche n° 3	2 00
Couche n° 4	2 35
Couche n° 5, grande couche impure	6 80
Couche n° 6, couche dite des Allemands	1 65
Couche n° 7	1 36
Couche n° 8	3 00
Couche n° 9	1 00
Couche n° 10	0 80
Couche n° 11	1 35
Les onze couches forment une épaisseur totale de charbon de	23m,65

Pour Bouxhors, M. Baudin n'en mentionne que quatre. Mines de Bouxhors.

Couche n° 1	1m,00
Couche n° 2	2 65
Couche n° 3	1 00
Couche n° 4	1 00
Les quatre couches forment ensemble une épaisseur totale de	5m,65

A la mine du Feu, M. Baudin ne cite aussi que quatre couches exploitées, dont il cote les épaisseurs comme il suit : Mine du Feu.

N° 2 Couverte	1m,30
N° 4 Gare noire	0 70
N° 5 Grande couche	2 00
N° 8 Sole	1 50
Épaisseur totale du charbon des quatre couches	5m,50

Nouveaux travaux du Feu, de Bouxhors, des Barthes et des Airs.

Depuis 1842, de nombreux et nouveaux travaux ont été faits dans les mines du Feu, de Bouxhors, des Barthes et des Airs. Tous ces gîtes sont aujourd'hui réunis dans les mêmes mains et appartiennent, ainsi que les mines de la Combelle, à la même Compagnie. L'exploitation est par conséquent conduite avec plus d'ensemble et embrasse, en profondeur, tout le développement des couches, depuis le Feu jusqu'aux Airs. Toutes les différentes mines sont reliées entre elles, et il n'existe aucune solution de continuité, puisque les travaux sont en aval de ceux de Mégecoste.

Je dois à l'obligeance de M. Manigler, ancien directeur des mines de la compagnie de Brassac, des renseignements et des coupes horizontales et verticales qui font connaître d'une manière complète ce groupe houiller.

La coupe fig. 16, pl. III; les cartes fig. 21, pl. IV; fig. 25, pl. II; fig. 56, pl. VIII et la carte de la planche XI indiquent les relations et la position du troisième étage par rapport aux autres.

La fig. 94, pl. XI, est une coupe en long, verticale, passant par l'axe du pli, formant l'axe ou naye du bassin. Elle passe par le puits de la Machine à Mégecoste, et par le puits Neuf de Bouxhors.

La fig. 90 est un plan d'ensemble de tout le système. C'est une coupe horizontale prise au niveau de l'étage de 207 mètres du puits Neuf. Elle indique les accidents du terrain, les failles et l'allure des couches.

Les coupes verticales en travers (fig. 95, 96, pl. XI, et fig. 97, 98, 99 et 100, pl. XII) sont prises perpendiculairement à l'axe et indiquent les deux pendages des couches et leur raccordement en fond de bateau. La dernière passe par le puits de Morny, aux Airs, et celui du Feu. La coupe fig. 92 est une coupe verticale du gîte passant par la galerie des Allemands.

Le puits de Morny a été poussé à un peu plus de $243^{m},50$, et à ce niveau est établi le dernier étage. Il a rencontré une cassure du terrain, et les travaux ont constaté en outre la présence d'une faille, mais qui ne rejette pas les couches d'une manière bien sensible. On exploite seulement les quatre premières couches, mais celle du toit paraît s'atrophier beaucoup depuis la faille jusqu'à l'étage de $243^{m},50$, du moins en regard du puits. Au Feu, le dernier étage est à 245 mètres, et on y exploite seulement les quatre premières couches.

Couche du toit. La première couche au toit, ou du moins la première couche exploitée au toit, se compose de deux petites couches ou gares, pour se servir de l'expression des mineurs du pays. L'une est appelée gare du Toit, et l'autre gare du Mur. A elles deux, dans les parties où la couche a son épaisseur normale, elles représentent une épaisseur moyenne de $1^{m},70$ de charbon.

Le nerf ou intercalation rocheuse qui les sépare a une épaisseur moyenne de $0^m,35$, composée de grès noir et de schiste talqueux.

Au mur de la couche précédente, et à une distance qui varie de 2 à 7 mètres, suivant les lieux, se trouve une couche de charbon de $0^m,80$ de puissance moyenne, appelée deuxième couche. L'entre-deux de cette dernière et de la première est formé de bancs de grès noir alternant avec des lits de schistes formant le toit de la deuxième et le mur de la première. Le mur de la deuxième couche est formé de schistes durs, mais qui se délitent et deviennent tendres au contact de l'air, aussitôt après l'enlèvement du charbon. Deuxième couche.

En allant de la deuxième couche à la troisième, on traverse une série de bancs de grès dont la blancheur, la finesse du grain, la dureté et l'épaisseur vont en augmentant du toit au mur. Le toit de la troisième est composé de schiste charbonneux. La distance de la deuxième à la troisième varie de 8 à 15 mètres dans les parties régulières. Troisième couche.

La puissance ordinaire de la troisième couche est de $1^m,50$; elle atteint cependant jusqu'à $2^m,50$. Cette couche est assez pure au toit et au mur, est salie, aux deux tiers environ de son épaisseur à partir du toit, par un lit schisteux très irrégulier, de $0^m,20$ à $0^m,25$ d'épaisseur. Le mur est formé de schistes charbonneux, d'une épaisseur d'un mètre. Puis viennent des bancs de grès schisteux, d'une épaisseur de 3 à 4 mètres, au milieu duquel est intercalée une petite couche de $0^m,40$ d'épaisseur, désignée sous le nom de troisième *bis*. Celle-ci n'est exploitée qu'à de rares endroits, et jamais d'une manière suivie et complète.

Au-dessous des grès précédents viennent des schistes charbonneux qui forment le toit de la quatrième couche. L'intervalle de la troisième à la quatrième est de 6 mètres. Cette dernière possède une puissance moyenne de 1 ,50. Quatrième couche.

Au mur de celle-ci, on traverse des alternances de bancs de grès tendre séparés par des lits schisteux, et dont l'épaisseur de l'ensemble va de 4 à 7 mètres. Puis vient la cinquième couche, qui est formée de deux veines formant ensemble une épaisseur de $1^m,50$ de charbon. Elles Cinquième couche.

sont séparées par un nerf de $0^m,35$ à $0^m,40$ d'épaisseur, formé par un grès blanc décomposé.

Cette couche n'a été exploitée régulièrement à Bouxhors que dans la partie dite du Tournant, où déjà le charbon est de qualité inférieure. Partout ailleurs sa dureté et son impureté l'ont fait abandonner. Son mur est formé de schistes sur une épaisseur de $0^m,50$ et $0^m,60$, qui passent au grès noir schisteux. Au-dessous est un nouveau banc de schiste qui

Sixième couche. forme le toit de la sixième couche. La distance de celle-ci à la cinquième varie de 3 à 6 mètres, et sa puissance est de $0^m,75$ dans les parties régulières.

Ces six couches constituent actuellement l'exploitation de ce groupe houiller. Deux recherches faites à l'étage de 140 mètres, l'une dans la partie du Tournant, et l'autre dans la partie de Bouxhors, n'ont pas abouti, soit qu'elles n'aient pas été poussées assez loin pour traverser les couches exploitables du mur, soit qu'elles aient traversé les premières de ces couches à l'état de veines inexploitables.

A l'étage de 207^m, on a pratiqué, dans la septième couche, une partie de la galerie de roulage de la branche Est. Elle se trouve à 6 mètres environ au mur de la sixième, et à 10 mètres dans certains endroits. L'entre-deux des couches est formé de grès schisteux, au toit et au mur des deux couches, et au milieu, de bancs de grès dur.

Il est impossible de fixer d'une manière plus exacte la position relative de ces couches, qui varie d'un endroit à l'autre. Il en est de même pour les bancs de grès ou de schiste qui les séparent; ainsi, tous les bancs de grès qui, dans la région du Feu, se trouvent entre la troisième et la sixième ont disparu ou ont passé au schiste dans certains endroits de la partie neuve de Montlaye et dans toute la partie du Tournant.

Le tableau suivant résume l'épaisseur des couches et des roches qui les séparent. Le rapport de l'épaisseur du charbon à celle des roches est de 1 à 6,666, c'est-à-dire pas tout à fait $\frac{1}{7}$.

DÉSIGNATION DES COUCHES ET DES ROCHES	ÉPAISSEURS des roches.	ÉPAISSEURS des couches.	ÉPAISSEURS totales.
7° Couche du toit	»	1m,70	1m,70
Bancs de grès noir et de schistes	2 à 7m,00	»	7 00
6° Couche	»	0 85	0 85
Alternance de grès et de schistes	8 à 15 00	»	15 00
5° Couche	»	1m,50 à 2m,50	2 50
Schiste charbonneux et grès schisteux	6 00	»	6 00
4° Couche	»	1 50	1 50
Bancs de grès tendre	4 à 7 00	»	7 00
3° Couche	»	1 50	1 50
Grès noirs schisteux et schistes	3 à 6 00	»	6 00
2° Couche	»	0 75	0 75
Grès schisteux et grès dur	6 à 10 00	»	10 00
1° Couche	»	»	»
Totaux	51m,00	8m,80	59m,80

Voir la coupe théorique, planche V.

VI

RECHERCHES DE VERGONGHEON

Le terrain houiller, à partir de Bouxhors et de la Taupe, disparaît complètement sous le terrain tertiaire. A la mine du Feu, c'est-à-dire à 800 mètres de la première de ces mines, l'épaisseur de celui-ci est de 96m,50. La surface du terrain houiller plonge donc assez rapidement. (Voir fig. 13 et 17, pl. III.)

Une compagnie de recherches s'organisa, vers 1855, pour retrouver, en dehors de la concession des Barthes, la formation houillère. Un puits fut placé près de Vergongheon, et fut creusé à travers les argiles et les sables du terrain tertiaire. Il descendit jusqu'à la profondeur de 200 mètres, mais il fallut, dans cet endroit, renoncer au creusement. Chaque fois que l'on découvrait une couche sableuse et arénacée, recouverte par une argile imperméable, l'acide carbonique se dégageait avec une grande violence et un sifflement prononcé. A mesure que le puits s'approfondissait, le phénomène prenait plus d'intensité, et à 200 mètres, une véritable explosion eut lieu. Le gaz, comprimé avec force dans une couche arénacée comme dans un vase clos, s'échappa avec une telle violence, qu'on aurait cru que le bruit était produit par le sifflet d'une locomotive.

Les terrains de la partie inférieure du puits furent soulevés et chassés, comme un bouchon, à 22 mètres de hauteur, et le fond fut entièrement comblé. La profondeur du puits fut réduite de 200 mètres à 177m,60. On entreprit alors un sondage au fond du puits, qui fut poussé jusqu'à 320 mètres. A 285 mètres on entra dans le terrain houiller, et on en traversa 35 mètres, qui se composaient de la succession suivante de roches, en allant du toit au mur :

1° Grès schisteux passant au schiste dans la partie inférieure . .	10m,00
2° Grès schisteux et schistes avec empreintes	5 00
3° Grès fins, schistes et grès gris	5 00
4° Schistes très noirs avec fragments de charbon	10 00
5° Grès schisteux et schiste, fortement inclinés	5 00
Total.	35m,00

Le sondage ne fut pas poussé plus loin, mais il a prouvé d'une manière certaine l'existence et le prolongement du terrain houiller. Ainsi, sous Vergongheon, à 1,400 mètres plus au sud que les travaux des Airs et du Feu, le terrain houiller existe et se continue sous le terrain tertiaire.

Il est probable que les roches rencontrées font partie du troisième étage, car le puits était placé sur la direction de la branche ouest de celui-ci.

VII

QUATRIÈME ÉTAGE OU ÉTAGE DE BRIOUDE

Je comprends dans le quatrième étage, auquel je donne le nom d'étage de Brioude, les terrains houillers de Côte-Rouge, près Allevier, de Lamothe, sur les bords du ruisseau du Breuil, et de Lavaudieu.

1° TERRAIN HOUILLER DE CÔTE-ROUGE

Quand, de la Taupe, on remonte la rive droite de l'Allier, on trouve, dans la commune d'Azerat, entre le village de Lendes et celui d'Allevier, un développement assez considérable de poudingues, de grès gris et rouge et de schistes de même couleur. Sur une longueur de 1,300 mètres, ces terrains constituent la berge abrupte et élevée de la vallée de l'Allier.

Cet affleurement houiller est à une distance de 5,500 mètres au sud-est de la mine de la Taupe et du puits de recherches de Vergongheon. Il occupe une position intermédiaire entre la partie émergée du bassin de Brassac et l'affleurement houiller de Lamothe, qui se trouve encore à 4,800 mètres plus au sud-est. C'est à 500 mètres au nord d'Allevier qu'on commence à rencontrer les premières assises de ce terrain, que l'on peut suivre jusqu'à 450 mètres au sud de Lendes. Les limites sont indiquées sur la carte géologique (fig. 105, pl. XIII) ; cet affleurement houiller offre une superficie de 46 hectares 61 centiares.

Le terrain houiller est à nu sur tout l'escarpement de la côte, depuis son extrémité Sud jusqu'à sa limite opposée du côté de Lendes. Toute la partie Ouest disparaît sous les alluvions récentes de l'Allier, ce qui laisse supposer son prolongement au loin et sa continuation sous la plaine. Il constitue un coteau à pente raide formant le pied des collines qui encaissent la vallée.

Du côté d'Allevier, et dans le lit du ruisseau de Chadriat, à 200 mètres en aval du point où le chemin d'Allevier à Azerat coupe ce petit affluent, on peut observer le contact du gneiss et du terrain houiller. De ce dernier point, en descendant suivant la rive droite du ruisseau, on peut suivre cette limite vers le nord-ouest, sur une longueur de plus de 250 mètres, et en continuant à se diriger vers Lendes, on l'aperçoit encore dans un petit ravin. Cette limite a la forme d'une courbe régulière, que l'on peut assimiler à un arc de cercle dont le rayon serait d'environ 1,000 mètres, et dont le centre serait placé sur la rive gauche de l'Allier.

La plongée générale des bancs est à l'Ouest, avec une inclinaison assez régulière de 40°. Les assises sont imbriquées les unes sur les autres, concentriquement à la courbe de contact des deux terrains. (Voir fig. 19 et 105.) Du côté de Lendes, on observe une direction Nord-62°-Ouest, avec une inclinaison de 40° au Sud-ouest. A 100 mètres plus au Sud, on trouve Nord-60°-Ouest, dans le ruisseau de Chadriat nord-55°-ouest, un peu plus loin Nord-47°-Ouest, puis Nord-42°-Ouest, et ensuite Nord-37°-Ouest, et enfin, vers le moulin de Côte-Rouge, Nord-22°-Ouest.

Vers Allevier, à l'endroit où l'on observe le contact avec le gneiss, il existe des inclinaisons et des directions anomales. Les couches ne plongent plus du côté de l'Allier, mais inclinent au Nord. Les bancs du terrain se contournent et produisent une sinuosité qui indique un pli bien caractérisé. La fig. 107 de la planche XIV, ainsi que celle fig. 101, pl. XIII, montrent cet accident. On voit en effet un promontoire gneissique pénétrer assez avant dans le terrain houiller et troubler le régime ordinaire des directions générales dans cet endroit. Ce genre d'accident est très fréquent dans la formation houillère de Brassac, comme on peut le voir dans la carte (fig. 12, pl. III).

L'épaisseur de cette partie du terrain houiller émergé au dessus des alluvions de l'Allier peut être estimée très approximativement à 400 mètres perpendiculairement à l'inclinaison.

Le terrain houiller de Côte-Rouge repose en stratification discordante sur le gneiss. Les strates de ce dernier ont des directions fort irrégulières et subissent des inflexions très brusques. Mais entre Lende et Allevier, l'orientation générale des bancs est de O. 22° N.-E. 22° S., avec inclinaison au Nord-Est. Le gneiss porte d'ailleurs les traces de plissements et de froissements nombreux.

Le terrain houiller ne repose pas directement sur la roche azoïque. On trouve toujours interposée, entre ces deux terrains, une certaine épaisseur de gneiss talqueux, de talschistes ou stéaschistes et de schistes argilo-talqueux. En suivant la limite des deux terrains, on peut facilement constater que ces diverses roches servent partout de base au terrain houiller. (Fig. 102, 103, 104, pl. XIV.) Leur couleur est d'un rouge assez prononcé et celle du terrain carbonifère est ordinairement grise, tandis que le gneiss est grisâtre ; la séparation est très nette et très tranchée.

Une coupe prise dans la partie Sud de l'affleurement houiller, c'est-à-dire près du pli, indique la succession des roches de la base de la colline jusqu'au gneiss. La stratification est des plus nettes et très prononcée. L'inclinaison est à l'Est et d'un angle de 50°. La direction est dans cet endroit N. 22° E.-S. 22° O.

Il y a en ce point un renversement du terrain houiller qui plonge sous le gneiss. La figure 104 de la planche XXV donne les détails de cette coupe intéressante. La succession des roches a lieu dans l'ordre suivant :

Roches de la base du terrain houiller

5° Terrain houiller	
4° Schistes argilo-talqueux	3m, 50
3° Grès à éléments de gneiss.	1 00
2° Talschistes verdâtres ou rougeâtres.	10 00
1° Gneiss talqueux avec bancs subordonnés de talschistes	20 00
Gneiss ordinaire	
Épaisseur du terrain.	34m, 50

ROCHES DE LA BASE DU TERRAIN HOUILLER

Ces roches, qui forment la base du terrain houiller, jouent un grand rôle dans la constitution minéralogique de la contrée. Je vais donc en indiquer les caractères avec détail.

Gneiss.

Le gneiss des environs du terrain houiller de Côte-Rouge offre des caractères minéralogiques des plus variables. Les éléments sont exclusivement le quartz, le feldspath et le mica; mais ils ne sont pas répartis d'une manière uniforme. Il en résulte des gneiss tantôt quartzeux, tantôt micacés, tantôt feldspathiques; dans certains endroits, ils se laissent facilement décomposer par les agents atmosphériques. Le feldspath surtout, dans les bancs où ce minéral est prédominant, subit des effets prononcés d'altération et devient kaolineux. Le grain de la roche est tantôt fin, tantôt grossier, et la couleur varie suivant l'abondance de l'un des éléments. La structure est ondulée et rubanée. Le quartz est toujours gris et le mica noir; ce dernier disparaît quelquefois presque complètement, et la roche passe alors à une espèce de leptynite semblable à celui que l'on observe à Vezezou et Auzon, ainsi que sur toute la lisière orientale de la formation houillère. Il arrive aussi que l'abondance de cet élément cristallin produit des gneiss micaschisteux et même des micaschistes, si le feldspath disparaît aussi.

Les gneiss des environs d'Allevier contiennent fréquemment des pyrites cuivreuses; on a même tenté d'en exploiter dans le ruisseau du Cros.

1° Gneiss talqueux.

Ces roches sont composées de quartz rougeâtre et de talc, ou peut-être d'un mica particulier très abondant. Cette dernière substance est en lamelles vertes, souvent d'un vert foncé, mais le plus ordinairement vert clair.

Le feldspath est peu apparent, mais on peut encore cependant en constater la présence. Il est ordinairement décomposé, kaolineux, et sa couleur est blanchâtre, rougeâtre ou lie de vin.

Les talschistes qui succèdent aux roches précédentes sont composés presque exclusivement de quartz rougeâtre, légèrement hyalin, et de talc verdâtre ou vert noirâtre en lamelles assez grandes et nombreuses. Ils sont composés de lits minces de quartz et de talc. Il y a absence complète de feldspath ; la roche, très schisteuse et feuilletée, est rougeâtre, verdâtre ou jaunâtre, souvent bigarrée. Talschistes ou stéaschistes.

Les talschistes sont très friables et se divisent suivant des plans très irréguliers, qui résultent d'une stratification ondulée, coupée obliquement par des plans de joint nombreux. Les plissements qu'ont subis leurs strates sont la cause de cette facile division. Cependant on détermine avec peine une cassure dans la roche saine, et les fragments que l'on obtient sont ou parallélipipédiques ou de forme écailleuse. Ils se décomposent facilement par l'action des agents atmosphériques et tombent en une espèce d'arènes.

Le talc offre des reflets brillants et métalliques ; il est plus abondant que le quartz et il se présente quelquefois en lamelles blanches brillantes.

Au-dessus des stéaschistes vient un banc qui ne possède qu'un mètre d'épaisseur, dont les éléments sont gneissiques, où l'on trouve du quartz, du feldspath et du mica. 3° Grès à éléments de gneiss.

Sur la roche précédente repose un banc schisteux, presque uniquement composé de talc feuilleté. La couleur est ordinairement rouge, surtout à la surface ; mais à l'intérieur, où la rubéfaction n'a pas pénétré, les lamelles sont verdâtres. On aperçoit de rares petits grains de quartz. Cette roche est très schisteuse, se divise par plaques ondulées comme les micaschistes, et renferme souvent de petits grains de pyrite de cuivre. Si l'on soumet des lamelles de ce talc à la flamme du chalumeau, elles commencent par se décolorer et se fondent ensuite en un émail noir. 4° Schiste stéatiteux ou argilo-talqueux.

Ainsi la base du terrain houiller est composée, au contact du gneiss, de stéaschistes et de schistes argilo-talqueux, séparés par un grès à éléments gneissiques.

Toutes les roches précédentes sont souvent coupées par des filons de quartz d'une épaisseur de 0m,10 à 0m,15. J'en ai observé trois dont la direction est de O. 8° à 14° S.-E., 8° à 14° N.

Contact du gneiss et des roches de la base du terrain houiller dans le ruisseau de Chadriat.

Dans le ruisseau de Chadriat, on peut aussi observer le contact du terrain houiller et du gneiss. Une coupe prise en cet endroit, fig. 103, pl. XIV, indique la composition du terrain.

Au dessus du gneiss ordinaire vient un gneiss rougeâtre, et puis un autre banc de cette première roche. Sur cette dernière repose le stéaschiste rouge et verdâtre. Puis viennent les schistes rouges, au-dessus desquels on voit un énorme bloc de gneiss englobé dans un poudingue du terrain houiller.

Partout ailleurs, on trouve également les mêmes roches : gneiss talqueux et stéaschistes formant la base du terrain houiller. Ce dernier est lui-même formé d'alternances souvent répétées de poudingues, de grès et de schistes ; mais les grès dominent beaucoup.

Une coupe verticale, prise sur les bords de l'Allier, et perpendiculairement à cette rivière, à partir de l'endroit où commencent à se montrer les premières assises, du côté d'Allevier (voir fig. 104, pl. XIV), fait connaître la succession de ces roches d'une manière complète.

Schiste argilo-talqueux rougeâtre.

Sur les talschistes reposent des schistes argilo-talqueux, semblables à ceux décrits plus haut, mais d'une couleur rouge foncé au lieu d'être verdâtres. Ils sont composés de débris fins et roulés de talschistes et de gneiss talqueux. Ils sont terreux, surtout à la surface, et contiennent des fragments, quelquefois assez gros, de ces deux roches. On y voit aussi des noyaux de quartz à angles plus ou moins arrondis, mais parfois aussi émoussés. Cette roche contient en outre de nombreuses mouches de cuivre carbonaté vert, et des fragments de phillipsite. Ce banc, très terreux, n'a qu'un mètre d'épaisseur, et paraît résulter des détritus des roches précédentes, peut-être remaniés sur place.

Poudingues et brèches.

Banc de poudingues et brèche d'un mètre d'épaisseur et de couleur d'un gris verdâtre. Il est composé d'un grès friable contenant des blocs anguleux de gneiss, de quartz, de talschistes et de roche feldspathique. Tous les débris précédents sont agglomérés et cimentés par un grès sableux, fin, quartzeux, feldspathique, et surtout très talqueux. Les blocs de certaines roches sont souvent très volumineux, comme ceux des talschistes, par exemple, dont les angles sont très peu émoussés, ce qui prouve qu'ils ne sont pas d'une provenance bien éloignée. La stratification de cette roche n'est pas nette, et on ne voit aucun délit. On y remarque de très nombreuses mouches de cuivre carbonaté vert, comme dans les schistes argilo-talqueux précédents.

A la base il existe des poudingues rouges, dont les éléments sont les mêmes que dans les brèches précédentes. Ils passent à des grès bigarrés, qui deviennent rouges à la partie supérieure. On y trouve beaucoup de petits noyaux feldspathiques convertis souvent en kaolin. L'épaisseur de ce banc est de 2 mètres, et la stratification est peu nette et peu accusée. On peut aussi y constater la présence de mouches de cuivre carbonaté vert. Poudingues et Grès rouge.

Alternance de grès et de poudingues d'une épaisseur de 6 mètres. Grès et Poudingues.

A la base, poudingue rouge d'un mètre d'épaisseur, dont les éléments sont les mêmes que dans les roches précédentes. Il passe à un grès de couleur bigarrée, qui devient rouge à la partie supérieure.

Par places, il passe au poudingue, et celui-ci à son tour se transforme en un grès gris de 0^{m},40 d'épaisseur. Puis enfin, au-dessus, vient un grès rouge de 3 mètres de puissance. Les éléments de ces derniers contiennent beaucoup de petits noyaux feldspathiques en décomposition.

Grès fins argileux contenant une grande quantité de petits grains feldspathiques blancs kaolineux. Grès fin argileux.

Poudingues et grès avec blocs volumineux de roches gneissiques, de talschistes, de quartz, etc. Épaisseur, 2 mètres. Poudingues rouges.

Grès gris verdâtre, friable, composé de quartz, de mica et de feldspath. Ses éléments sont très fins et peu agglutinés; aussi ce grès tombe en arène sableuse. Dans certains endroits, il se laisse égréner dans les doigts. Le quartz est gris, en grains arrondis; le mica est noir et le feldspath blanc ou rose. On y trouve des fragments de talschistes. Épaisseur, 0^{m},60. Grès gris verdâtre.

Ces grès contiennent parfois une assez grande quantité de mouches de carbonate de cuivre; mais souvent elles sont si petites, qu'il faut s'aider de la loupe pour constater leur présence.

Schiste argileux d'une couleur grise quand il est sec, et noire quand il Schiste argileux noirâtre.

est humide. Épaisseur, $0^{m},20$ à $0^{m},30$. On y trouve une certaine quantité de cuivre sulfuré compact, vraisemblablement de la phillipsite, dont la couleur est noire, quand il est exposé à l'air, et gris bleuâtre dans les cassures fraîches.

Grès rouge argileux.

Grès rouge argileux, bigarré par place, de couleur verdâtre, contenant des blocs de stéaschistes, avec de petits noyaux de feldspath, de gneiss et de quartz. Il passe à la roche suivante.

Grès gris argileux verdâtre.

Grès gris argileux verdâtre, d'une épaisseur de $2^{m},40$, passant à la partie supérieure, à un grès argileux grisâtre ou noirâtre. Il y a des alternances de grès gris, de grès verdâtre et de grès noirâtre. A la base, grès verdâtre gris, de 2 mètres d'épaisseur; puis $0^{m},20$ de grès argileux noirâtre, et au-dessus $0^{m},20$ de grès verdâtre.

Grès rouge et vert.

Grès bigarré de rouge et de vert, d'une épaisseur de 3 mètres, traversé par des veinules de quartz, formant des géodes aplaties. Il commence, dans le bas, par de petits bancs de $0^{m},20$ d'épaisseur, de grès rougeâtre. Ces grès sont plus durs, mieux stratifiés et moins argileux que les précédents. Ils contiennent beaucoup de débris de talschistes et des noyaux et des grains de quartz. Ils alternent avec des schistes rouges, gris, verdâtres et noirâtres, à la partie supérieure.

Dans les plans de joint, on trouve du cuivre carbonaté vert, et dans l'intérieur de la roche elle-même, on aperçoit à la loupe de nombreuses mouches de cette même substance.

Schiste argileux noirâtre.

Les grès passent à des psammites grisâtres, imprégnés de cuivre carbonaté vert, qui a donné lieu à des recherches pour cuivre, et à des schistes qui contiennent des sulfures noirâtres de ce même métal.

Grès gris.

Banc argileux noirâtre, d'une épaisseur de $0^{m},30$, imprégné de cuivre carbonaté et de sulfure de cuivre.

Grès gris et rouge.

Grès gris d'un mètre d'épaisseur, dont les plans de joint sont imprégnés de carbonate cuivreux.

Alternance de grès gris, rougeâtre et de schistes argileux de mêmes couleurs. Épaisseur, 8 mètres.

Brèches.

Brèches composées des mêmes débris que les roches précédentes, mais anguleux, au milieu d'un grès gris, grossier et grisâtre. Épaisseur, 0m,50.

Schiste argileux rougeâtre, avec de petits bancs de couleur grise, où l'on a trouvé des noyaux de fer oxydé terreux. Épaisseur, 3m,30. Schiste argileux rougeâtre.

Poudingues grossiers contenant de gros fragments des roches citées dans les grès et schistes précédents. Ils sont argileux, kaolineux et se délitent facilement à l'air. Épaisseur, 0m,60. Poudingues grossiers.

Alternances, sur 9 mètres de hauteur, de bancs de grès gris et de schistes argileux rouges, dans lesquels on remarque quelques bancs de brèches. Grès gris et schiste argileux rouge.

Dans cette partie, les grès semblent devenir plus durs et résistent davantage à l'action destructive des agents atmosphériques.

Dans les cassures perpendiculaires à la stratification, il existe des veines de quartz de 1 à 2 centimètres d'épaisseur. L'épaisseur totale de la coupe précédente est de 41 mètres. Le terrain houiller disparaît ensuite sous les alluvions de l'Allier, qui voilent entièrement la suite de ce terrain.

Si l'on suit la rive droite de l'Allier, à partir du ravin près d'Allevier et qu'on remonte vers le nord, on peut observer la succession des assises dont les affleurements constituent le flanc de la colline.

Cette coupe des terrains, partant du gneiss, est plus complète que la précédente. (Voir fig. 108, pl. XIII.)

1° A la base, c'est-à-dire au contact du gneiss, schiste argilo-talqueux signalé précédemment. Schiste argilo-talqueux.

2° Grès argileux rouge, détritus de roches anciennes. Grès argileux rouge.

3° Grès gris de 2 mètres d'épaisseur. Grès gris.

4° Grès et poudingues d'une puissance de 5 mètres. Il y a, dans certaines parties, des blocs énormes de talschistes, de gneiss, de gneiss décomposé, de quartz blanc, quelquefois à gros fragments, etc. Ces roches sont ordinairement décomposées, le feldspath est devenu blanc kaolineux. Grès et poudingues.

5° Alternance de grès gris verdâtre, passant à la brèche et au poudingue. Épaisseur, 3m,50. Grès gris verdâtre.

6° Grès rougeâtre, avec blocs de gneiss, formant des bancs dont les éléments sont plus ou moins grossiers, quelquefois schisteux, avec interca- Grès rougeâtre.

lation de bancs gris et verdâtres. Les cassures perpendiculaires à la stratification sont remplies de quartz. Épaisseur, 3 mètres.

Grès gris argileux verdâtre.

7° Grès fin, gris, argileux, verdâtre, se délitant facilement et tombant en arènes sableuses, dans lesquelles il y a beaucoup de grains feldspathiques. Épaisseur, $0^m,50$.

Schiste argileux rougeâtre.

8° Schiste argileux rougeâtre, parfois bigarré. Épaisseur, 1 mètre.

Grès grisâtre.

9° Grès grisâtre, passant à un grès très argileux. Épaisseur, 1 mètre.

Grès rouge.

10° Grès rouge dur. Épaisseur, $0^m,30$.

Grès argileux grisâtre.

11° Grès argileux grisâtre, friable, se délitant facilement, et donnant beaucoup de grains feldspathiques. Épaisseur, $0^m,20$.

Grès rouge.

12° Alternances de grès rouge, par bancs de $0^m,30$ à $0^m,40$ d'épaisseur. Épaisseur totale, 3 mètres.

Schistes bigarrés.

13° Schistes bigarrés de blanc, de rouge, de vert, de gris, friables et très argileux. Épaisseur, $4^m,50$.

Grès gris rouge et verdâtre.

14° Grès gris rouge et verdâtre, avec intercalation de schiste argileux. Épaisseur, 1 mètre.

Grès rouge verdâtre.

15° Alternance de grès gris rouge verdâtre, bigarré. Épaisseur, 5 mètres.

Grès rouge.

16° Grès rouge très dur, formant des alternances de bancs réguliers de $0^m,20$ à $0^m,30$. Il est argileux, tendre par places, avec noyaux de gneiss et de talschistes à grains très fins. On trouve beaucoup de cassures perpendiculaires au plan de stratification. Épaisseur, $5^m,30$.

Grès et poudingues.

17° Grès grossiers, poudingues et brèches passant quelquefois à un grès rouge et fin à la partie supérieure, et se décomposant facilement. Épaisseur, 4 mètres.

Grès fin.

18° Grès à grains fins. Épaisseur, $0^m,50$.

Schiste rougeâtre.

19° Schiste rougeâtre argileux. Épaisseur, $0^m,10$.

Poudingues.

20° Poudingues avec fragments de roches anciennes, de couleur rougeâtre passant à des grès durs et au schiste argileux rouge. Épaisseur, $1^m,30$.

Argile schisteuse rouge.

21° Argile schisteuse, rouge brique foncé, à grains très fins se laissant déliter et délayer dans l'eau. Épaisseur, 1 mètre.

Poudingues rouges.

22° Poudingues grossiers rouges et gris, en petits bancs à la partie supérieure, avec intercalation de bancs d'argile schisteuse. Épaisseur, 2 mètres.

23° Alternance de grès gris, rouges, bigarrés, argileux, avec beaucoup de grains feldspathiques, à l'état de kaolin. Ils sont à grains fins; certains bancs sont durs et d'autres argileux, tendres et friables. Ils contiennent des noyaux de quartz rouge. En d'autres points, ils sont très durs et très résistants. Épaisseur, 5 mètres. Grès gris et rouge.

24° Alternance de grès rouge, avec bancs de schiste argileux rouge, feuilleté et sillonné de cassures remplies par une argile grise. Dans la partie supérieure, il y a des bancs de grès durs et rouges d'une épaisseur de 0^{m},20 à 0^{m},30. Épaisseur, 3^{m},20. Grès rouge et Schiste argileux.

25° Poudingues rouges avec galets arrondis, de roches diverses. Épaisseur, 0^{m},40. Poudingues rouges

26° Banc de grès rouge argileux. Épaisseur, 1 mètre. Grès rouge argileux.

27° Grès rouges et verdâtres friables, et poudingues bigarrés. Épaisseur, 1^{m},60. Grès rouge et verdâtre.

28° Schiste argileux rouge. Épaisseur, 0^{m},60. Schiste argileux rouge.

29° Grès gris. Épaisseur, 0^{m},20. Grès gris.

30° Grès argileux rouge. Épaisseur, 0^{m},80. Grès argileux rouge.

31° Grès gris. Épaisseur, 0^{m},20. Grès gris.

32° Grès gris et poudingues grisâtres et rougeâtres. Épaisseur, 1^{m},30. Grès et poudingues.

33° Grès rouge à grains fins, dur et argileux dans certains points, passant, à la partie supérieure, à un gros banc dur rouge, de 2 mètres de puissance. Épaisseur, 5 mètres. Grès rouge.

34° Grès rouge argileux bigarré, passant à une argile rouge schisteuse. Épaisseur, 1^{m},40. Grès rouge argileux.

35° Gros banc de grès et poudingues rouges avec quartz, contenant des noyaux des différentes roches anciennes que j'ai déjà citées plus haut. Épaisseur, 1^{m},30. Grès et poudingues rouges.

36° Banc de schiste argileux rougeâtre, friable, se délitant facilement. Épaisseur, 0^{m},80. Schiste argileux.

37° Grès rouge grossier passant au poudingue. Épaisseur, 0^{m},70. Grès rouge.

Grès rouges fins. 38° Alternance de bancs de grès rouge, fins et très durs. Épaisseur, 6 mètres.

Schistes rouges. 39° Schistes rouges avec intercalation de petits bancs de grès rouge et de schiste argileux. Épaisseur, 1 mètre.

Poudingues et grès rouges. 40° Poudingues et grès rouges. Épaisseur, 2m,30.

41° Schiste rouge très argileux. Épaisseur, 1 mètre.

Grès gris. 42° Banc de grès avec grains feldspathiques. Épaisseur, 0m,30.

Schiste rouge. 43° Schiste rouge de 0m,20 d'épaisseur.

Grès rouge et bigarré. 44° Banc de grès rouge et bigarré. Épaisseur, 0m,15.

Grès et schiste rouge. 45° Grès rouge et schiste rouge argileux. Épaisseur, 1m,50.

Grès rouge et poudingues. 46° Alternance de bancs de grès rouge et de poudingues, d'une épaisseur de 26 mètres.

On trouve au milieu une roche argileuse blanchâtre de 0m,15 d'épaisseur, qui est calcarifère. Dans les cassures du terrain houiller, on peut constater des filons calcaires.

Grès rouge. 47° Grès rouge avec veinules de chaux carbonatée dans les cassures.

Grès et schistes argileux. 48° Grès argileux et schiste argileux rouge, avec chaux carbonatée, dans les cassures, mais il n'y en a pas suivant la stratification. Ces remplissages postérieurs ont eu lieu après le relèvement du terrain houiller et proviennent d'infiltrations à l'époque tertiaire, car les terrains de cette époque ont recouvert autrefois le terrain houiller. Ces petits filons n'ont que 2 à 3 centimètres d'épaisseur.

Schistes et grès rouges. 49° Schiste et grès rouge, où l'on trouve près du moulin de Côte-Rouge des mouches de cuivre carbonaté vert et bleu. On a constaté près de ce lieu une petite veinule de charbon, de 4 à 5 centimètres d'épaisseur. L'inclinaison est au Sud-Ouest.

En continuant à s'avancer vers le nord, on recoupe tous les bancs en sens inverse de la série précédente.

Quand on suit un petit ravin situé à 600 mètres au Sud-Est de Lendes, on trouve le contact du gneiss et du terrain houiller ; en se dirigeant de ce point vers le moulin de Côte-Rouge, on observe la succession suivante, indiquée dans la figure 109 :

Le contact immédiat avec le terrain ancien ne peut pas s'observer bien nettement, car le sol est recouvert de terre végétale. Les premiers bancs visibles dans le ravin sont les premiers numéros de la coupe suivante :

1° Grès grisâtre avec brèches, dont les éléments sont toujours assez petits. Épaisseur, 10 mètres.

2° Grès gris avec bancs de grès verdâtres et rougeâtres. Épaisseur, 12 mètres.

3° Schistes gris noirâtres, de 0^{m},40 à 0^{m},50 d'épaisseur, correspondant probablement au n° 11 de la coupe de la fig. 108.

4° Grès gris à la surface et verdâtre à l'intérieur.

5° Schiste argileux rougeâtre, de 25 mètres d'épaisseur, à grains fins et friables.

6° Poudingues à gros fragments, grisâtres, blanchâtres, rosâtres. On y trouve des noyaux de quartz hyalin rougeâtre, et noirâtre, comme la lydienne. Les éléments sont souvent anguleux ou légèrement émoussés.

7° Grès et poudingues de 3 mètres de puissance.

8° Alternance de schiste argileux rouge, avec de petits bancs de grès variant de 0^{m},60 à 1^{m},30. Parfois ces roches passent à un poudingue à fragments assez gros.

Le reste de la série des bancs, jusqu'au ruisseau de Chadriat, est semblable aux roches de la coupe détaillée dans la figure 108.

Si de l'Allier on remonte vers Chadriat, en suivant le ruisseau de la Bastide, on observe une succession identique de bancs déjà cités. On peut facilement étudier toutes les assises de ce terrain par une coupe perpendiculaire à leur direction, car le ruisseau s'est creusé un lit à bords escarpés dans le terrain houiller lui-même. Le contact de ce terrain avec le gneiss se montre à l'est du point où le chemin coupe le ruisseau. La figure 103 indique le contact des deux terrains. Au milieu des poudingues et des talschistes, on trouve d'énormes blocs de gneiss. Un peu plus au nord, on observe aussi ce contact, qui est indiqué dans la coupe 102. On y remarque un pli du terrain houiller placé près de la limite.

La figure 106 représente une vue de la berge de l'Allier, et la coupe donnée par la figure 105 fait voir une faille dans ce terrain, qui rejette en profondeur les bancs de 0^{m},70. Cet accident y est assez rare; mais il y existe beaucoup de cassures.

Dans le lit du ruisseau de la Bastide, à une distance de 150 à 200 mètres de l'Allier, on trouve au milieu du terrain houiller un petit lit de calcaire de quelques centimètres seulement. Sa couleur est bariolée de blanc, de gris et de rouge.

Présence du cuivre dans le terrain houiller de Côte-Rouge.

Dans la description des assises houillères de Côte-Rouge, j'ai eu souvent l'occasion d'indiquer la présence de sulfure et de carbonate de cuivre.

Depuis longtemps, des recherches nombreuses, mais peu importantes, ont eu lieu sur divers endroits de ce terrain houiller. Elles ont indiqué des minerais très riches, mais qui ne possédaient pas le degré de continuité désirable. Ces minerais, en effet, ne paraissent pas former des filons, mais sont plutôt répandus çà et là dans les bancs de grès et de schistes. Ils ne forment pas même des filons-couches. Ils doivent avoir été amenés avec les détritus des roches anciennes et ont été déposés à l'époque de la formation houillère. Les gneiss et les roches environnantes contiennent beaucoup de pyrites de cuivre. Est-ce à la décomposition de ces sulfures ou à la présence d'eaux minérales contenant des sels de cuivre en dissolution qu'est due la formation de ces minerais? Ces deux causes ont pu, peut-être, concourir à leur introduction dans le terrain.

Dans tous les cas, on a constaté, dans la formation houillère, la présence de *cuivre carbonaté vert et bleu*, de *pyrite de cuivre*, et surtout de *cuivre panaché*.

Analyses chimiques.

Plusieurs analyses de ces minerais ont été faites par différents chimistes, sur la demande des personnes qui faisaient exécuter ces recherches.

M. Lan annonçait, le 2 août 1854, avoir trouvé une teneur en cuivre de 30 pour cent.

M. Drian, de Lyon, que l'on avait appelé pour étudier ces gîtes, fit connaître le résultat de ses analyses le 23 août 1855. Les minerais provenaient de la partie inférieure de ce terrain houiller, qui est formé de grès quartzeux et d'argiles schisteuses plus ou moins noires.

Un des bancs de cette dernière roche, possédant une inclinaison de 35° et une épaisseur d'environ $0^m,30$, contient une assez grande quantité de ces nodules cuivreux, plus ou moins gros.

Leur analyse a donné les résultats suivants :

	QUANTITÉS	RAPPORT
Cuivre	58	4
Fer	15	1
Soufre	27	3
Total	100	

La composition de ce minéral se rapproche beaucoup de celle de la phillipsite et peut être considérée, à cause des rapports atomiques, comme se rapportant à la formule de cette espèce minérale : $FS + 2Cu^2S$.

La phillipsite est-elle distribuée d'une manière assez régulière dans ce terrain, et avec assez de continuité et d'épaisseur, pour être exploitable? C'est ce que les travaux n'ont pu encore démontrer d'une manière assez concluante. Mais il faut ajouter que ces derniers n'ont jamais été bien sérieux ni bien poursuivis. Tout ce que l'on peut dire, c'est qu'on a trouvé de ces minerais à diverses hauteurs dans les assises de ce terrain, et qu'on y a, en outre, constaté la présence de carbonates bleus et verts.

M. Desbief, qui est aussi venu visiter ce gisement, a eu l'occasion d'analyser des échantillons de phillipsite enduits de carbonate de cuivre. Il a trouvé :

Cuivre	50 00
Fer	8 00
Soufre	37 50
Gangue quartzeuse	4 50
Total	100 00

L'essai par voie sèche a confirmé ce résultat.

M. Tournaire, ingénieur en chef des mines, a aussi fait deux analyses et deux essais par voie sèche dans le laboratoire de Clermont-Ferrand, dont voici les résultats, consignés dans un rapport à ce sujet.

La plupart des échantillons étaient de petits fragments cylindriques allongés, et quelques-uns avaient la forme de petites plaques courbes plus épaisses. A la surface, ils étaient recouverts d'une croûte noire, qui était une mince enveloppe charbonneuse, dans laquelle on reconnaissait fort bien la structure d'une ancienne écorce.

A part ces parties charbonneuses, ces minerais sont principalement formés de cuivre sulfuré, et quelques-uns, qui offrent des colorations verdâtres, renferment aussi du cuivre carbonaté. Un fragment cylindrique de cuivre sulfuré, analysé par voie humide, a donné les résultats suivants, rapportés à 100 parties :

Cuivre	66 80
Fer	2 00
Matières siliceuses et argileuses	6 20

En admettant que le cuivre soit à l'état de sulfure, ces nombres conduiraient à la composition suivante :

Sulfure de cuivre	83 80
Sulfure de fer	4 60
Silice et argile	6 20
Charbon	5 40
Total	100 00

Un essai par la voie sèche a été fait sur le même fragment, en grillant le minerai, puis le fondant avec un flux réductif. Il a donné 58 pour cent de cuivre rouge bien malléable.

Un fragment de plaque renfermant un mélange de cuivre sulfuré et de cuivre carbonaté vert a été trouvé, par l'analyse de la voie humide, contenir :

Cuivre	44 50
Fer	7 60
Matières siliceuses et argile	8 00

L'essai par voie sèche a donné 40,60 pour cent de cuivre rouge malléable.

Ces résultats indiquent une forte teneur en cuivre et du minerai de très bonne qualité. C'est la quantité et la continuité du gîte qui doivent préoccuper ceux qui voudraient entreprendre l'exploitation de ces minerais.

2° AFFLEUREMENT HOUILLER DE LAMOTHE.

A 5 kilomètres de Côte-Rouge, on trouve l'affleurement houiller de Lamothe. Il est placé au sud et à une distance de 1,200 mètres de ce dernier village, sur les bords du ruisseau du Breuil.

Comme près d'Allevier, il émerge à la surface dans le chemin des Charbonniers, au pied des montagnes qui forment le versant oriental de la vallée de l'Allier. (Voir la carte géologique, pl. XV.)

Le groupe de collines qui existent en cet endroit court suivant une ligne Nord quelques degrés Est à Sud, quelques degrés Ouest, ou plus exactement N. 18° E.-S., 18° O., direction qui se poursuit assez loin vers le Nord.

Les roches qui les composent sont formées d'un gneiss leptynitique d'une cristallisation assez confuse, comme tout le long de la lisière orientale du terrain houiller de Brassac. Elles présentent surtout beaucoup de ressemblance avec celles d'Auzon, de Vezezou et de Jumeaux.

Le mica est très peu abondant et parfois semble faire défaut. Le quartz et le feldspath qui composent la roche sont à l'état grenu.

Le terrain houiller affleure sur les deux rives du ruisseau du Breuil, où on ne l'aperçoit qu'en lisière étroite au contact du gneiss. La direction générale est N. 30° O.-S. 30° E., qui, lorsqu'on la prolonge dans les deux sens, va passer par les limites orientales du terrain houiller de Côte-Rouge, au Nord-Ouest, et de Lavaudieu au Sud-Est.

Par l'inspection des cartes géologiques, planches I et XV, on peut voir que les terrains quaternaires et tertiaires, ainsi que les alluvions de l'Allier, recouvrent complètement le terrain houiller. Sans l'affleurement du ruisseau du Breuil, qui n'a tout au plus que quelques mètres de largeur, sa présence serait restée entièrement ignorée. L'affleurement d'une petite couche de houille, dans le chemin des Charbonniers, à 200 mètres avant d'arriver sur la rive droite du ruisseau, a déterminé à faire des travaux. Sur la rive gauche, un affleurement trouvé dans un champ, où la charrue ramenait à la surface un terrain noirâtre, engagea à ouvrir des puits de recherches.

La figure 112 de la planche XV est un plan horizontal d'ensemble, indiquant les travaux exécutés sur les deux rives du ruisseau du Breuil.

1° Travaux de la rive gauche.

Deux puits furent foncés, mais l'un d'eux, appelé puits Blanc, placé à une cinquantaine de mètres du ruisseau, fut abandonné à la profondeur de 33 mètres, sans avoir donné aucun résultat. Il était resté dans des grès gris, rougeâtres ou verdâtres. Cependant, avant la suspension de ce travail, une petite galerie fut poussée à l'ouest.

L'autre, appelé le puits de Pressac, a atteint la profondeur de 55^m,40 jusqu'au marchepied de la galerie. (Voir fig. 112, pl. XV, et la pl. XVI.) La couche a été recoupée à une profondeur de 35 mètres, à partir de la surface. L'épaisseur n'était que de 0^m,25. Le point de rencontre était précisément le sommet d'un pli dont la figure 113 indique la nature. Un travers-bancs, poussé au fond du puits de Pressac, fut dirigé au Sud-Est pour aller rejoindre le pendage Ouest de la couche. Les figures 115 et 118 donnent le plan des travaux. On a fait des galeries de niveau et des remontages dans les deux pendages du pli. Une descenderie fut poussée dans la couche jusqu'à la profondeur de 112 mètres de la surface.

Les coupes verticales en travers des figures 114 et 117 indiquent le pli de la couche, qui a été complètement exploitée dans cette partie. L'épaisseur n'était jamais bien grande, et la moyenne n'atteignait tout au plus que 0^m,80 ; cependant, dans le pli, elle allait à 2^m,60 ; mais ce renflement ne se prolongeait pas. En outre, très souvent la couche était nerveuse et schisteuse. La figure 113 indique l'allure complète de la couche et démontre combien elle a été tourmentée et repliée ; il n'est pas étonnant dès lors de la trouver souvent dans des conditions inexploitables.

Le puits de Pressac avait été foncé, vers 1840, par la compagnie qui obtint la concession de Lamothe. Les travaux furent repris en 1855. C'est alors qu'on dépila tous les petits massifs de charbon qui existaient, et qu'on exécuta la descenderie pour l'étude de la couche.

2° Travaux de la rive droite.

Dans le chemin de Lamothe à Pressac, avant d'arriver au ruisseau du Breuil, en venant de ce premier village, on trouve à gauche, dans le talus du chemin, qui est très encaissé, un affleurement de houille. La couche plonge sous le gneiss, que l'on voit à l'est et à quelques mètres au-dessus.

Cet affleurement se composait, disait-on, de trois petites couches, dont les épaisseurs allaient de $0^{m},30$ à $0^{m},50$, et que les mineurs prétendaient être réunies en profondeur.

Le puits le plus au Nord fut commencé dans le gneiss et en traversa 10 mètres. Ce dernier était tendre et friable; et puis on trouva un schiste argileux tendre, de couleur blanchâtre. Quand on entra dans le terrain houiller, on rencontra un schiste argileux gris très tendre. Le puits atteignit une profondeur de 68 mètres.

A un mètre au-dessus du fond du puits, une galerie fut poussée à l'Ouest. Ce travers-bancs atteignit une longueur de 25 mètres, mais la couche fut rencontrée à une distance de 8 mètres du puits. Elle avait, disait-on, une puissance de $2^{m},60$. Les roches traversées étaient du grès et du schiste au contact du charbon. Ce dernier était tendre et ne donnait que du menu. Il fut essayé dans un petit four bâti sur place et donna du coke. Cette houille brûlait très bien, mais ne durait pas au feu.

La couche fut poursuivie vers le Sud, seulement sur une longueur de trois mètres. Il est étonnant qu'on n'ait pas donné plus de développements à ces travaux, si les résultats étaient tels qu'on l'a indiqué.

Le puits Berthier, placé un peu plus au Sud que le précédent, se trouve presque vis-à-vis le petit chemin qui, à l'Ouest, va au puits de Lamothe. D'après les renseignements donnés par les ouvriers qui l'ont foncé, il aurait atteint la profondeur de $66^{m},66$. On ouvrit une galerie à travers bancs, à deux mètres au-dessus du fond. Elle se dirigeait à l'Ouest et à une distance de deux mètres seulement, on aurait recoupé la couche. Celle-ci avait, dit-on, de 0^m,50 à 0^m,60 d'épaisseur. A partir du jour on fit une descenderie qui, à quatre mètres de profondeur, entra dans la couche, que l'on suivit, et à quatorze mètres de profondeur, on perça dans le puits.

Au dire des mineurs, la couche, dans cette partie, était subdivisée en plusieurs petites couches. Voici leur ordre de superposition en allant du toit au mur. (Voir fig. 120.)

DÉSIGNATION DES COUCHES ET DES ROCHES	ÉPAISSEURS des roches.	ÉPAISSEURS des couches.	ÉPAISSEURS totales.
1° Couche de houille	»	0^m,50	0^m,50
2° Grès	0^m,50	»	0 50
3° Couche de houille	»	0 36	0 36
4° Grès	0 50	»	0 50
5° Couche de houille	»	0 25	0 25
Totaux	1^m,00	1^m,11	2^m,11

La figure 119 est une coupe verticale passant par le puits Berthier. On voit que la couche est complètement verticale, et, près de la surface, elle plonge même sous le gneiss.

Ces travaux furent abandonnés, probablement à cause des résultats peu satisfaisants qu'ils donnèrent. Dans tous les cas, comme recherches, ils étaient assez incomplets, et leur étendue si restreinte n'a pu indiquer d'une manière certaine la valeur des couches.

3° Travaux du Puits de Lamothe.

A une distance de 250 mètres, à l'Ouest des puits précédents, une compagnie lyonnaise entreprit, au mois de février de l'année 1855, le foncement du puits de Lamothe.

C'était un puits rond, d'un diamètre de 2^m,80 dans œuvre, maçonné en briques sur la plus grande partie, avec une épaisseur de 0^m,30 à 0^m,36. Près de la surface, le puits a traversé 14 mètres de terrain quaternaire et 13 mètres d'argile rouge tertiaire, soit en tout 27 mètres avant d'atteindre le terrain houiller. La bouche du puits est située en contre-bas de celle du puits Berthier.

Le puits de Lamothe a été approfondi jusqu'à 421 mètres; mais au niveau de 192^m,60, une galerie à travers bancs fut poussée vers l'Est pour aller recouper les couches dont les affleurements avaient été reconnus dans le chemin des Charbonniers.

Cette galerie a atteint un développement de 279 mètres.

La figure 112 de la planche XV donne la coupe verticale passant par la galerie et le puits de Lamothe. Cette coupe a été construite d'après de minutieux relevés faits à mesure de son approfondissement, exécuté sous ma direction.

Jusqu'à la profondeur de 134 mètres, le terrain traversé était composé de grès dur en bancs quelquefois assez épais, mais ordinairement possédant 0^m,30 à 0^m,80. Leur couleur est grise, rougeâtre ou verdâtre. On trouve dans les assises précédentes quelques bancs de poudingues contenant des blocs de roches anciennes, comme du quartz, du gneiss, du granite, de la pegmatite, avec tourmaline et larges feuilles de mica blanc.

L'inclinaison des roches était très variable, mais le pendage a été constamment à l'Ouest.

Quand on a pénétré dans le terrain houiller, en dessous de l'argile rouge, les bancs avaient une inclinaison assez forte et qui se rapprochait de la verticale. A quelques mètres en dessous, elle était de 70 à 75°, et à 80 mètres de profondeur, elle n'était plus que de 60°.

A 134 mètres, on a rencontré une petite couche de charbon d'une épaisseur de 0^m,40, avec une inclinaison de 20°.

A huit mètres plus bas, on en traversa une deuxième possédant la même inclinaison et une épaisseur de 0^m,60. Les deux couches étaient séparées par des bancs de grès gris.

A la profondeur de 151^m,80, on traversa une couche de 1 mètre d'épaisseur, avec une inclinaison de 41°. A une dizaine de mètres plus bas, celle-ci n'était plus que de 31°.

A 157 mètres, on trouva deux petites veinules de charbon, de 5 centimètres chacune, et à 11^m,80 plus bas, une troisième de 0^m,15, avec une inclinaison de 30°. Au-dessous de cette dernière, et à une petite distance, il y avait un petit banc de fer carbonaté, de 0^m,12 d'épaisseur.

A 174^m,80, on rencontra une petite veine de charbon, de 0^m,20, avec inclinaison variable de 40° à l'Ouest et de 25 à l'Est.

A 178 mètres, on recoupa une deuxième petite couche de fer carbonaté, de 0^m,12, et puis immédiatement après une petite veinule de charbon de 0^m,10.

A deux mètres plus bas, on constata une nouvelle petite couche de ce même minerai de fer, de 0^m,10.

A 188^m,80, autre petite veinule de houille de 0^m,15, avec inclinaison de 60°.

Jusqu'à 192^m,60, niveau du marchepied de la galerie à travers bancs, l'inclinaison, qui était d'abord de 40°, ensuite de 44°, n'était plus que 24° à l'entrée de cette galerie.

Celle-ci rencontra immédiatement des schistes et en traversa une longueur de 134 mètres. A la distance de 90 mètres, il y avait une petite veinule de houille. Après les schistes, on recoupa deux petites veinules de houille à très petite distance l'une de l'autre, puis des alternances de grès et de poudingues. A 189 mètres du puits, on entra dans une succession de grès et de schistes, sur une longueur de 68 mètres. A 257 mètres, on rencontra trois petites couches de charbon et deux petites veinules. La première avait une épaisseur de 0^m,30, la deuxième 0^m,25, et la troisième, même épaisseur que celle-ci. Toutes trois étaient contenues dans une épaisseur de 2 mètres et étaient séparées par des bancs de grès. Le terrain était tendre, ébouleux, très bouleversé et même disloqué. La galerie à travers bancs fut continuée jusqu'à 22 mètres plus en avant et pénétra dans le poudingue de la base reposant sur le gneiss.

Cette galerie à travers bancs ayant donné des résultats peu satisfaisants, on reprit le foncement du puits. On entra dans les schistes déjà traversés par cette dernière, et l'on y resta jusqu'à la profondeur de 340 mètres. L'inclinaison, d'abord de 38°, passa bientôt à 60°, puis à 70°. Elle était loin d'être régulière, et des plis quelquefois brusques se produisaient. Ainsi, à 269 mètres, le terrain était horizontal et reprenait bientôt plus bas une position assez inclinée.

A 300 mètres, on rencontra une petite veinule de houille de 0^m15, et, à 335 mètres, une deuxième divisée en deux parties, avec une épaisseur variable de $0^m,20$ à $1^m,50$. Au-dessous, on recoupa des schistes, des grès, et puis le poudingue de l'extrémité de la galerie à travers bancs.

Voici quelle était la succession de ces petites couches, en allant de haut en bas :

DÉSIGNATION DES COUCHES ET DES ROCHES.	ÉPAISSEURS des couches	ÉPAISSEURS des roches.	ÉPAISSEURS totales.
5° Couche de charbon	$0^m,20$	»	$0^m,20$
Grès	»	$0^m,20$	0 20
4° Couche de charbon	$0^m,20$ à $0^m,40$	»	0 40
Blocs de grès mêlés avec du schiste	»	1 00	1 00
3° Veinule de charbon	0 20	»	0 20
Schiste	»	0 20	0 20
2° Veinule, très brouillée	0 20	»	0 20
Schistes et grès	»	4 00	4 00
1° Petite veinule	0 20	»	0 20
Totaux	$1^m,20$	$5^m,40$	$6^m,60$

Le puits fut encore foncé de quelques mètres dans le poudingue et fut arrêté à la profondeur de 421 mètres. Dans ces travaux, les grès et les schistes contenaient de très beaux et de nombreux débris de plantes fossiles.

La petite couche que l'on traversa à $151^m,80$ a donné lieu à quelques travaux de reconnaissance. Des galeries furent poussées au nord et au sud. La figure 116 donne le plan des travaux exécutés.

Le peu d'épaisseur de la couche, les variations qu'elle subissait et la médiocre qualité du charbon forcèrent de les abandonner. Cependant il fut extrait une certaine quantité de charbon. La couche fut poursuivie sur au moins 80 mètres en direction ; on poussa des remontages en amont, et des descenderies dans l'aval-pendage, pour explorer et étudier la couche. Elle avait une épaisseur plus grande que dans la traversée du puits. Elle atteignait $1^m,20$ en y comprenant un petit nerf qui la divisait en deux parties. Quelquefois ce dernier disparaissait ; alors on avait une couche de $0^m,70$ à $0^m,80$. De fréquentes serrées lui ôtaient toute sa régularité et la rendaient inexploitable.

Les autres couches inférieures furent aussi explorées, et quelques travaux y furent faits ; mais les résultats ne furent pas satisfaisants.

Travaux.

Les petites couches de l'extrémité de la galerie à travers bancs furent suivies sur quelques mètres de longueur. Mais le charbon était brisé, disloqué et mêlé avec des blocs du toit et du mur, qui provenaient du brisement des roches qui les forment.

On fit également quelques travaux dans les petites veinules traversées dans le fond du puits. A une dizaine de mètres de ce dernier, les quatre petites couches se sont réunies en deux. Elles étaient séparées par des blocs de grès et de schiste, et l'épaisseur du charbon était loin d'être régulière. Les couches furent poursuivies jusqu'à une trentaine de mètres de distance. Elles étaient toujours dans le même état de bouleversement, par conséquent peu exploitables.

Concordance des couches des puits de Lamothe et de Pressac.

Les couches trouvées dans le puits Berthier, celles de l'extrémité de la galerie à travers bancs et au fond du puits de Lamothe sont bien les mêmes. Elles se présentent avec des épaisseurs à peu près identiques. Elles ont subi les mêmes accidents et ont une position voisine du gneiss.

Quant à la couche du puits de Pressac, je l'assimile à la couche qui a été rencontrée dans la galerie à travers bancs, à la distance de 140 mètres. Mais dans ce dernier endroit, elle avait très peu d'épaisseur et était inexploitable, et elle ne s'y est pas montrée meilleure dans le fond du puits.

Au moyen des travaux du puits de Lamothe, il est possible de se rendre compte de la composition du terrain houiller dans cet endroit.

1° Au haut du puits, c'est-à-dire au toit, on constate une alternance de grès et de poudingues stériles dont on peut estimer l'épaisseur à cent mètres. Le schiste est presque complètement absent dans les roches précédentes.

2° A la base de celles-ci, sur 40 mètres de puissance, on remarque une dizaine de petites veinules de houille, alternant avec des grès et quelques rares bancs très minces de schiste.

3° Une alternance de bancs de schistes, de 70 mètres d'épaisseur, contenant, à la partie inférieure, trois petites couches de houille.

4° Un banc de poudingue de 3 à 4 mètres de puissance.

5° Alternance de grès et de schiste d'une épaisseur de 35 mètres, renfermant à la base, c'est-à-dire au mur, cinq petites veinules de houille.

6° Enfin, les grès et les poudingues de la base du terrain houiller, dont l'épaisseur est d'environ une trentaine de mètres.

Ainsi, par le puits de Lamothe, le terrain aurait été reconnu et étudié sur une épaisseur de 280 mètres. La partie supérieure serait complètement stérile et dépourvue de couches de houille. Ce serait dans une zone, à la base du terrain houiller, possédant une puissance de 165 mètres, que sont concentrés les dépôts charbonneux. Les couches de houille formeraient dans cette zone trois niveaux différents ou trois groupes. Ce sont les seules couches encore connues du quatrième étage de la formation houillère de Brassac.

Il résulte du tableau que je donne plus bas, que dans une épaisseur de 165 mètres de terrain houiller du puits de Lamothe, il existe dix-huit couches possédant une épaisseur totale de $5^{m},57$ de charbon, réparties et disséminées d'une manière irrégulière.

Le rapport de l'épaisseur du terrain à celle du charbon donne $\frac{1}{30}$.

Mais les mauvaises conditions des couches, leur trop grande distance les unes des autres, et en outre leur trop grande irrégularité ont déterminé l'abandon de ces recherches.

Sur la rive gauche du ruisseau du Breuil, entre Lamothe et Fontannes, et à 837 mètres au sud du puits de Pressac, en même temps qu'on exécutait les travaux dont je viens de parler, on commença un deuxième puits, qu'on appela puits de Fontannes. Il fut placé sur l'axe du bassin pour pouvoir reconnaître d'une manière complète la richesse du terrain houiller. (Fig. 113.) 4° Travaux du puits de Fontannes.

On ne présumait pas alors que les couches avaient un pendage si incliné, comme le mirent en évidence les travaux du puits de Lamothe.

Le puits de Fontannes fut foncé jusqu'à la profondeur de 178 mètres,

TABLEAU DES COUCHES RENCONTRÉES DANS LE PUITS DE LAMOTHE

DÉSIGNATION DES GROUPES.	PROFONDEUR où les couches ont été rencontrées.	NUMÉROS des couches.	ÉPAISSEUR des couches.	ÉPAISSEUR TOTALE des couches de chaque groupe.
1er Groupe ou groupe supérieur.	135m,00	1	0m,10	2m,72
	140 00	2	0 60	
	150 00	3	1 00	
	160 00	4	0 05	
	161 00	5	0 05	
	170 00	6	0 15	
	175 00	7	0 12	
	180 00	8	0 10	
	181 00	9	0 10	
	192 00	10	0 15	
2e Groupe.	300 00	11	0 15	1m,85
	325 00	12	0 20	
	330 00	13	1 50	
3e Groupe ou inférieur.	385 00	14	0 20	1m,00
	385 40	15	0 20	
	385 80	16	0 20	
	386 60	17	0 20	
	390 60	18	0 20	
Total.	. . . .	. . . .	. . . .	5m,57

et après avoir traversé 38 mètres de terrains quaternaire et tertiaire, on entra dans le terrain houiller. Le terrain houiller traversé était exclusivement composé de grès gris, verdâtres et rougeâtres, par bancs de 0m,25 à 0m,70 d'épaisseur. Cependant à 110 mètres, on trouve un banc de poudingue grossier de quatre mètres de puissance et au-dessous une couche de schiste d'un mètre d'épaisseur.

On n'est donc pas sorti des grès supérieurs, dont on a traversé seulement la partie inférieure au puits de Lamothe. Il est donc impossible de pouvoir déterminer leur véritable épaisseur. L'inclinaison des bancs était peu variable et presque toujours faible. Les résultats de ce travail furent complètement négatifs et il est probable qu'il aurait fallu aller à une bien plus grande profondeur qu'au puits de Lamothe, pour atteindre les faisceaux des petites couches qui y ont été constatées.

Tout ce que je viens de dire au sujet des travaux des environs de Lamothe indique une grande pauvreté en charbon dans la partie connue de ce terrain houiller. Les recherches ont été complètement infructueuses, soit à cause de l'exiguïté des couches, soit à cause de l'irrégularité de celles dont les épaisseurs étaient assez fortes pour être exploitées.

Le terrain houiller des environs de Lamothe est pauvre en couches de houille.

L'absence complète d'eau, surtout avec de si grandes profondeurs, aurait été un avantage réel. L'exploitation des couches n'en aurait pas fourni, car toute la surface du terrain houiller est recouverte d'une épaisse couche d'argile rouge, très compacte et impénétrable à l'eau, qui a 13 mètres au puits de Lamothe et qui atteint 49 mètres au puits de Fontannes. Les insuccès éprouvés peuvent être dus à la pauvreté réelle du gîte ou aux dislocations qu'il a éprouvées. Le terrain houiller a été redressé violemment sur la lisière orientale et les couches, présentant des plans ou surfaces de moindre résistance, ont dû être plus tourmentées que les autres parties du terrain.

En se basant sur les reconnaissances exécutées, on peut tirer quelques inductions sur la direction à suivre dans l'étude de cette région. La limite orientale du terrain houiller (carte théorique, planche III) peut être considérée comme très approchée. On devrait concentrer les recherches dans une zone de 150 mètres au plus à l'Ouest de cette ligne, car à 200 mètres, on retrouverait probablement les grès supérieurs, qui sont stériles d'après les travaux exécutés, et qui occupent toute la partie centrale du bassin de Lamothe à Lavaudieu.

Près de Lamothe ou entre ce village et Allevier, on pourrait résoudre, avec une somme qui ne serait pas très considérable, la question de la richesse en combustible de ce terrain houiller. Un puits d'une soixantaine de mètres et deux galeries à travers bancs, l'une à l'Est, l'autre à l'Ouest, permettraient d'étudier la zone carbonifère dans toute son épaisseur. On éviterait ainsi la traversée des grès stériles du toit, qui sont deux fois plus épais que la zone de terrain qui contient les couches de charbon. Si le terrain était plus régulier, moins bouleversé et le charbon d'une meilleure qualité, certaines de ces couches pourraient donner lieu à une exploitation avantageuse.

3° TERRAIN HOUILLER DE LAVAUDIEU

L'affleurement de Lamothe disparaît de toutes parts, excepté cependant à l'Est, où il est borné par le gneiss, sous les terrains quaternaire et tertiaire; mais au Sud-Est et à une distance de deux kilomètres le terrain houiller reparaît au jour.

Il émerge, suivant une ligne ondulée, de Granat à Buze et se prolonge jusqu'à la rivière de la Senouïre. La longueur dans ce sens est de 2,000 mètres et sa largeur moyenne de 1,300 mètres environ et la surface à découvert de 278 hectares 24 ares.

L'orientation générale est Sud-Est, mais la largeur va en se rétrécissant vers le Sud et sur le bord de la Senouïre elle n'est que de 800 mètres, tandis que, entre Grenat et Buze, elle est presque le double.

Au delà de la rivière, c'est-à-dire sur sa rive gauche, sauf un petit lambeau de poudingues, on ne trouve plus de terrain houiller. Le gneiss l'entoure complètement de toutes parts, et il faut aller à 16 kilomètres, dans la direction du Sud, pour retrouver, sur les bords de l'Allier, le dépôt houiller de Langeac.

Le terrain houiller de Lavaudieu, que je désigne du nom de la commune où il est situé, constitue l'extrémité méridionale de la formation houillère, dont le bassin de Brassac forme le relèvement septentrional.

L'étude de ce lambeau démontre que des accidents nombreux et énergiques ont bouleversé la contrée. Les assises sont soumises à des relèvements et à des plissements, quelquefois très brusques; les directions elles-mêmes sont très troublées et très instables.

Mais quand on examine attentivement l'orientation des limites orientales et occidentales, on voit que les directions principales sont (voir cartes géologiques, planches I et XIII), celle de la limite Est N. 12° O, et celle de l'Ouest N. 50° O. La première se rattache aux nombreuses directions Nord-Sud, qui accidentent si fortement la contrée. Cette direction correspond au soulèvement du Nord de l'Angleterre, qui a mis fin à la formation houillère. Cet accident a exhaussé le sol de manière à le faire surgir au-dessus du niveau des mers de cette époque.

La direction N.-50° O est postérieure à la première et a dû modifier encore l'allure générale du dépôt houiller. On la trouve nettement accusée par la limite du terrain houiller et par la direction des collines, qui s'alignent dans ce sens de Lavaudieu vers Brioude.

Le relèvement N. 50° O, dont l'inclinaison générale est au Nord-Est, a été moins énergique que celui de direction N. 12° O. Ce dernier a formé une butte allongée d'une élévation de 75 mètres au-dessus de la vallée et qui présente des particularités que je décrirai avec détail.

Tout le long de la limite *Est*, l'inclinaison est au Sud-Ouest, en sorte que les deux pendages forment dans l'ensemble un fond de bateau. Mais sur le flanc oriental de la butte de Lugeac, le relèvement Nord a eu une si grande intensité qu'il a non seulement soulevé le terrain de manière à le rendre vertical comme au puits de Lamothe, mais encore il l'a renversé sur lui-même.

Les figures 135, 136, 137 et 138, planche XIV, indiquent les mouvements subis par le terrain houiller aux environs de Lavaudieu. Un relèvement ramène au jour les assises les plus basses et donne lieu à deux espèces de bassins. On peut observer cet accident près du village de Billange et le long du revers Ouest de la butte de Lugeac. La naye ou fond de bateau est indiquée par une ligne ponctuée, dans la carte géologique, planche XIII. Il en résulte dans cette partie une allure plissée, qui démontre qu'il y a eu une compression énergique des assises du terrain. Les couches de houille, qui y existent, se ressentent beaucoup de ces mouvements du sol, qui les ont presque toujours brisées et disloquées d'une manière complète.

Caractère du Gneiss aux environs de Lavaudieu.

Les collines de Lavaudieu à Buze sont composées d'un gneiss micaschisteux de couleurs très variées, rougeâtres, rosâtres, blanchâtres et quelquefois chargé d'oxyde de fer. La direction et l'inclinaison sont parfois les mêmes que celles du terrain houiller.

Ces roches sont tantôt quartzeuses, tantôt très feldspathiques. Dans ce dernier cas, elles subissent facilement la décomposition par les agents atmosphériques et tombent en arènes.

Le mica est quelquefois très rare et alors la roche passe à un gneiss leptynitique. Mais, quand on se rapproche du terrain houiller, le mica devient plus abondant et la couleur de la roche est alors grisâtre, bleuâtre et même lie de vin.

Près de la limite Est, on trouve une roche semblable à celle que l'on observe près de l'affleurement houiller de Lamothe. Le gneiss s'y présente avec les mêmes caractères. Souvent il devient très feldspathique, très kaolineux, peu micacé et quelquefois le mica prend une couleur blanche.

Sur le revers oriental de la butte de Lugeac, on trouve cette même roche, mais avec des éléments feldspathiques très décomposés, et c'est dans cette partie que le terrain houiller plonge sous le gneiss, comme l'indique la figure 126 de la planche XVI. Les bancs de cette dernière roche sont en stratification concordante avec les assises de la formation carbonifère. Parfois le gneiss devient rubanné, très micaschisteux et à très petits bancs.

Base du terrain houiller.

La base du terrain houiller de Lavaudieu est formée d'une assise de stéaschistes reposant immédiatement sur le gneiss. Cependant, il arrive parfois que ces deux terrains sont séparés par une espèce de conglomérat ou de poudingue composé de micaschistes et de gneiss, rouges et ferrugineux, comme ceux qui existent à la base du terrain houiller de Côte-Rouge.

Stéaschiste.

Le stéaschiste doit être une roche remaniée, car il est très tendre, très friable surtout à la surface et se laisse facilement décomposer, lorsqu'il subit l'action des agents atmosphériques. La couleur est rougeâtre ou verdâtre. Dans le ravin, qui est au sud-est de Lugeac, on le voit plonger à l'est sous le gneiss avec une inclinaison de 50° à 60° (fig. 125 et 133, planche XVI). La même roche peut être observée de Lavaudieu à Buze et on la voit reposer immédiatement sur le gneiss. Son pendage est très faible et au nord-est. Elle s'appuie sur un gneiss micaschisteux, rougeâtre, rosâtre, lie de vin, blanchâtre et on y voit alterner des bancs tantôt plus quartzeux, tantôt plus feldspathiques.

Le stéaschiste est quelquefois très décomposé et les éléments très oxydés; aussi ils tombent en une espèce d'arène, dans laquelle on trouve des grains blancs de feldspath kaolineux.

Sur les stéachistes reposent des grès fins, qui passent à des poudingues rougeâtres et même à des conglomérats. Ces derniers sont quelquefois à l'état de brèches, car leurs éléments ne paraissent pas avoir été roulés. Grès et poudingues.

Ces roches sont composées de débris roulés ou anguleux de granit à grain fin rose ou gris, de quartz, de gneiss quartzeux peu micacé, de micaschiste et de stéaschiste verdâtre. La couleur est presque toujours rougeâtre et parfois verdâtre. La grosseur des éléments varie depuis des grains très ténus jusqu'à des blocs de $0^m,50$ à $0^m,60$. Ceux qui ont la dimension la plus forte sont formés de gneiss ou de granit, dont les éléments sont désagrégés et le feldspath décomposé et kaolinisé. Les roches contiennent de la pyrite de cuivre, mais le plus souvent du cuivre carbonaté; les grès en sont également imprégnés parfois très abondamment.

Au-dessus des roches précédentes repose une assise de schiste rouge, qui passe quelquefois à des psammites très fins de même couleur. Sous Lugeac, ces schistes ont une couleur verdâtre et le plus souvent ils sont complètement rubéfiés. Les plans de joint sont satinés et lustrés. Schistes rouges.

Les schistes rouges passent à des grès rouges, à éléments très fins, dont les caractères participent des assises sous-jacentes et qui deviennent souvent argileux. Grès rouge.

Les grès rouges, dont je viens de parler, sont recouverts par des alternances de grès et de schistes, dont la couleur est grisâtre. Ces grès ont pour élément essentiel le quartz en grains plus ou moins fins, souvent à angles vifs ou légèrement émoussés. On y trouve des noyaux de ce même minéral de la grosseur d'une noisette et même d'une noix. Schiste et grès.

On peut aussi constater la présence de fragments de feldspath plus ou moins décomposés, de lamelles de mica noir ou brun et quelquefois de mouches de cuivre carbonaté. Ces grès prennent parfois une teinte un peu verdâtre.

Du schiste noir charbonneux occupe la partie supérieure de l'assise précédente et sert de mur à une petite couche de houille, de très faible Couche de charbon.

épaisseur, car elle n'a que $0^{m},12$ à $0^{m},15$, et encore le charbon est-il mélangé de matières argileuses.

Grès gris.

Sur cette petite veinule repose une assise de grès gris verdâtre, passant quelquefois au poudingue et semblables à ceux décrits ci-dessus.

Couche de charbon.

Sur ceux-ci repose une petite couche de houille qui parfois atteint à $0^{m},50$ ou $0^{m},60$.

Grès blanc.

Son toit est formé d'un banc de grès blanc très quartzeux qui a une épaisseur de deux mètres.

Grès rouge argileux.

Au-dessus de ce dernier, on trouve une série de grès rouges un peu argileux, dont l'épaisseur est de plus de vingt mètres. La couleur, quelquefois rouge lie de vin, est produite par des oxydes de fer et de manganèse, qui y existent en assez grande quantité.

Poudingues et grès blancs.

Schiste et grès.

Ces grès passent au schiste et ceux-ci supportent des grès blancs et des poudingues, dont la couleur forme un contraste bien marqué avec les roches précédentes; on trouve ensuite des alternances de grès et de schiste de couleur grise et noire, qui renferme de petites veinules de houille, de quatre ou cinq centimètres, et qui n'acquièrent jamais plus d'importance.

Poudingues et grès silicifiés de la rive gauche de la Senouire.

Sur la rive gauche de la Senouïre, vis-à-vis la baraque, et sur le prolongement de la butte de Lugeac, on peut observer des poudingues de la base du terrain houiller. Ils paraissent dans le lit de la rivière, dont la berge est formée d'un rocher escarpé de 25 à 30 mètres de hauteur. Ces poudingues sont composés de gros blocs arrondis et roulés de gneiss, de granit ordinaire, de granit graphique, de granit gris blanc et de quartz, agglutinés par une pâte abondante de quartz blanc ou gris un peu transparent.

Cette roche est très massive, sans délit et d'une dureté extrême. Elle forme un mamelon à bords escarpés de tous côtés. (Voir fig. 8, planche II, et carte géologique, planche XIII.)

Au Sud, ces poudingues s'appuient sur le gneiss, et on peut apercevoir leur contact dans le lit même de la rivière. A l'Est et à l'Ouest, la butte se prolonge, et l'arête centrale est placée sur le prolongement de la butte de

Lugeac. A l'Est, au haut de la prairie, on trouve une masse quartzeuse d'une dizaine de mètres de longueur sur cinq de large. Elle est entièrement formée par un quartz à gros bancs, épais et massif, avec les caractères habituels de ceux des filons de cette contrée, et de même nature que celui qui cimente les blocs du poudingue. La direction est N. 20° O., avec inclinaison de 85° à l'Est. Le quartz est blanc à éclat gras et légèrement translucide. Le poudingue lui-même est traversé par des filons de quartz, et dans les environs, on en trouve aussi un assez grand nombre. Un autre filon, qui traverse le poudingue, a une direction O. 10° N., et une épaisseur de douze centimètres. Il est vertical et composé d'un quartz saccharoïde blanc. Les roches qui composent le poudingue ont parfois été décomposées complètement par l'action des agents atmosphériques ; alors le vide du bloc est resté dans la roche.

Filons de quartz.

Dans la partie supérieure, les éléments diminuent beaucoup de grosseur, et le poudingue passe à un grès fin et ensuite à du schiste ; mais toutes ces roches sont fortement silicifiées.

Dans la partie Ouest du massif, on voit du quartz grenu saccharoïde blanc, veiné de parties ocreuses, avec de nombreuses cellules vides, qui représente le quartz carié des filons. En ce point, dans la pâte siliceuse, j'ai trouvé une impression de plante bien caractérisée.

Le terrain gneissique sur lequel repose ce poudingue, qui appartient à la base du terrain houiller, est une roche très feldspathique blanche. Le mica y est rare ; le quartz et le feldspath sont les seuls éléments qui la composent ; dans les arènes auxquelles elle donne naissance, on trouve une grande quantité de pyrites de fer et même de cuivre.

Monticule entre la baraque et Lugeac.

La baraque de Lugeac est située sur la rive droite de la Senouïre et sur la route qui va de Fontannes à Frugières-le-Pin. Le sol des environs est composé de poudingues à très gros blocs de roches gneissiques, agglomérées par un ciment siliceux. Ce gneiss est la roche leptynitique des environs. On aperçoit aussi du micaschiste et des stéaschistes en blocs énormes, formant un conglomérat.

Sous le village de Lugeac, au pied de l'escarpement du sud, on remarque un petit monticule de peu d'élévation, isolé de toutes parts, et dont la forme est à peu près conique. Il est placé près de la limite Est (voir la carte géologique, planche XIII), et est entièrement formé par le terrain houiller, dont la partie supérieure est complètement silicifiée.

Terrain houiller silicifié.

Le haut de cette petite butte est formé d'une roche d'apparence gneissique et semblable à celle qui supporte les poudingues de la rive gauche de la Senouïre. Le mica y est très rare, et souvent même il n'y existe pas. Le feldspath et le quartz paraissent agglomérés, plutôt comme dans les arkoses que comme dans les roches gneissiques. Effectivement, souvent on prendrait cette roche pour un conglomérat composé de gros blocs de gneiss reliés par une pâte grise ressemblant à un grès ou à du schiste. Je crois cependant qu'on peut considérer cette roche comme du gneiss modifié et décomposé.

Au-dessous de la roche dont je viens de parler on voit un poudingue dont les parties sont quelquefois réunies par un ciment feldspathique ou kaolineux, mais le plus ordinairement par une pâte siliceuse. Il contient de gros blocs de gneiss et de schiste noir ou grisâtre.

La coupe de la figure 129, planche XVI, indique la structure de ce monticule; il est composé d'une succession de poudingues, de grès, et de schistes. S'il a résisté à l'action des érosions, c'est parce que les roches ont été fortement endurcies par la silicification; dans certaines parties, le quartz est très abondant et s'est intimement mêlé à tous leurs éléments, à l'état de silice gélatineuse, à l'époque de la sédimentation. Les conglomérats et les poudingues ressemblent en tous points à ceux de la rive gauche de la Senouïre.

Grès silicifiés.

Les grès ordinairement gris sont composés d'une pâte siliceuse au milieu de laquelle on voit des grains de quartz et de feldspath souvent décomposé; ils sont alors solides et très résistants et on y aperçoit quelquefois des particules charbonneuses. On trouve aussi des grès gris, terreux, qui contiennent du quartz fibreux. On y aperçoit aussi de petits fragments de charbon. Ceux-ci se laissent facilement couper au couteau, et en les raclant, on obtient une poussière brune. Quand on en soumet un fragment à la flamme d'un chalumeau, on brûle complètement la matière charbonneuse, et il ne reste plus qu'une carcasse de quartz fibreux. En outre il reste ordinairement un résidu blanc ou jaunâtre et un peu d'oxyde de fer.

Dans certains endroits, les grès se chargent d'une plus grande quantité de parties feldspathiques; ils deviennent alors grisâtres ou blancs. Les schistes subissent les mêmes modifications que les grès.

On trouve à la base du monticule des assises grisâtres, jaunâtres ou noirâtres, qui sont ordinairement quartzeuses ou feldspathiques. Les parties grisâtres sont formées par du quartz contenant de nombreuses petites cavités qu'on ne peut discerner qu'à la loupe. Dans certains endroits, le quartz est léger, sonore comme le quartz nectique ou le quartz carié des filons.

BUTTE DE LUGEAC.

Près de la limite orientale du terrain houiller, et presque parallèlement à sa direction, surgit brusquement une haute colline allongée, dont le sommet domine la vallée de la Senouïre, d'au moins 115 mètres; c'est ce qu'on appelle la butte de Lugeac.

La cime est formée par un plateau qui, du village de Lugeac, se relève sensiblement vers le Nord. Sa longueur est d'environ 600 mètres, sur une largeur moyenne de près de 200.

Sa direction est Nord 12° Ouest, comme celle de la limite du terrain houiller. Au Nord, à l'Ouest et au Sud, la colline est complètement dégagée et isolée, et n'est abordable que par des déclivités très abruptes.

Le flanc Est, au contraire, a une pente bien moins rapide, qui relie son sommet aux collines de gneiss qui courent de Frugières-le-Pin au Charriol. A partir du village de Lugeac, la butte se termine très brusquement vers le Sud et forme un escarpement très élevé au bas duquel se dresse le petit monticule dont j'ai parlé, et qui, primitivement, devait être relié avec elle et ne former qu'un seul et même tout.

Cette colline présente des particularités géologiques assez remarquables et mérite une description détaillée.

Ravin au sud-est de Lugeac.

Dans un ravin au Sud-est de Lugeac, on voit clairement le terrain houiller plonger à l'Est sous le gneiss et renversé sur lui-même. (Voir fig. 129 et 133.) A la partie supérieure, le gneiss est en grains fins, peu ou pas micacé, et n'est autre chose que la roche leptynitique déjà signalée. Au contact vient un stéaschiste rougeâtre et parfois verdâtre, qui passe à un grès très fin. Au-dessous, on voit une assise de poudingues et conglomérats dont les blocs sont liés par un ciment argilo-feldspathique.

A ces dernières roches succède une nouvelle assise qui, par sa couleur et sa nature, se détache à première vue des terrains précédents. Ce sont des schistes rouges à grains fins, qui sont formés par des débris de schistes micacés. En masse, cette roche paraît schisteuse, surtout à la surface, mais elle est terreuse et sans délits prononcés, car les éléments qui la composent sont très friables et paraissent se décomposer facilement à l'air. Ces éléments schisteux doivent provenir de la formation talqueuse qui couronne certaines cimes des montagnes de cette contrée. La couleur est verdâtre ou brunâtre et elle passe au rouge par l'oxydation du fer. Les débris des roches qui composent ces schistes sont ou roulés ou anguleux. Au-dessous viennent des assises de grès et de schiste.

Revers oriental.

A partir du village de Lugeac, le revers oriental de la butte se laisse observer difficilement, parce qu'il est presque entièrement recouvert de terre végétale. Mais les fragments de roches que la charrue arrache au sous-sol laissent à penser que le terrain est de la même nature que celui qui occupe le sommet de la butte, et appartient également à des terrains silicifiés. Cependant, sur le chemin de Granat à Lugeac, au bas et au Nord-est de la butte, on trouve des gneiss décomposés. Ces roches sont friables, brisées et fendillées. Le feldspath est l'élément le plus abondant, d'une couleur blanc de lait, très tendre et toujours en décomposition et kaolinisé. Ce gneiss tombe en arènes et se transforme en une roche tendre, de couleurs bigarrées, violacées, et qui devient complètement sableuse. On y trouve tous ses éléments isolés : le quartz, le feldspath et un peu de mica.

Au Nord et au Nord-est, le haut de la colline est recouvert par des terrains modifiés par la silice. Versant nord et nord-est.

En dessous, on remarque la succession suivante, sur une hauteur de 20 mètres en allant de haut en bas, comme l'indiquent les coupes figures 130 et 133 de la planche XVI :

1° Poudingue blanc à gros blocs et à gros fragments de roches gneissiques ;

2° Grès fin grisâtre, rougeâtre, contenant de petits noyaux de roches gneissiques ;

3° Schiste argileux noirâtre et rougeâtre, avec quelques petits cailloux roulés de roches feldspathiques, gneissiques et des noyaux de fer carbonaté ;

4° Schiste argileux, rougeâtre, verdâtre, jaunâtre, grisâtre, ayant quelquefois l'apparence d'un micaschiste, mais bigarré de couleurs diverses ;

5° Grès friable argileux, jaunâtre, formé de débris de terrain schisteux ;

6° Alternance de grès rouge et blanchâtre.

L'inclinaison des roches précédentes est, à peu de chose près, au Sud.

En dessous, on trouve des poudingues avec de gros blocs de gneiss ; des assises de grès viennent ensuite et reposent sur des schistes contenant un petit affleurement de charbon sur lequel on avait commencé une galerie. En dessous, on remarque une alternance de bancs de schistes noirs et de grès qui renferment, à la partie inférieure, l'affleurement d'une petite veinule de charbon.

Des grès et des schistes succèdent aux roches précédentes avec un certain développement, et enfin on arrive au grès rouge supérieur, dont il sera parlé plus tard.

Quand on descend du sommet, on voit le terrain houiller précédent recouvert par une assise de roches siliceuses.

La coupe, figure 128, indique l'allure du terrain sur le flanc occidental de la butte. Au haut, on remarque le terrain silicifié, et à partir du chemin qui est placé à peu près au tiers de la hauteur, et qui va à Lugeac Flanc occidental.

en longeant la colline, on voit apparaître les grès et poudingues gris et blancs, puis le grès rouge à éléments très fins, et en dessous les poudingues rouges.

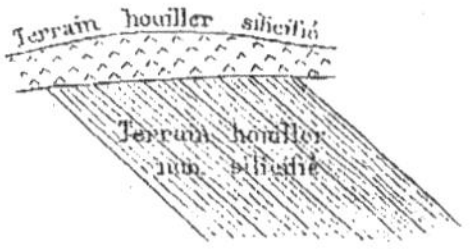

En descendant dans la direction de Lavaudieu, on remarque la succession des mêmes bancs, que l'on peut étudier dans certaines échancrures creusées par les érosions. On voit les poudingues passer à des conglomérats où l'on remarque d'énormes blocs de gneiss, de granite, de leptynite, de micaschiste, de schistes, imprégnés de mouches de cuivre carbonaté vert et quelquefois bleu, et contenant en outre de petits cristaux de pyrite cuivreuse.

Village de Lugeac. Sous le village de Lugeac et vers les dernières maisons au Sud, on peut, dans un escarpement, observer facilement la succession des assises du terrain.

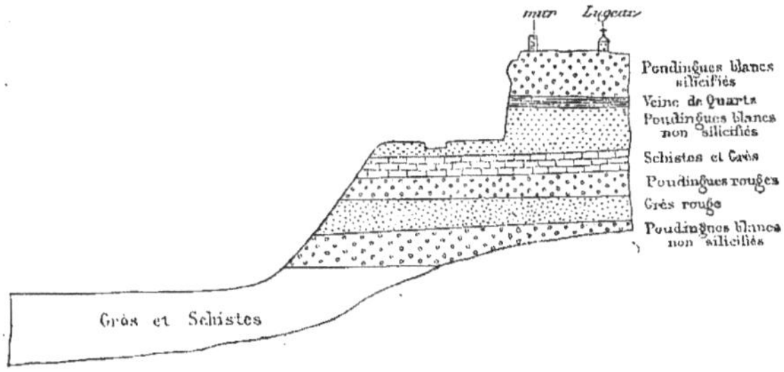

A la partie supérieure, on remarque des poudingues blancs fortement silicifiés, traversés par des veines de quartz et même reposant sur un banc entièrement quartzeux. Au-dessous des roches précédentes, on voit se succéder alternativement des poudingues, mais non silicifiés, et ensuite des schistes, des grès, des poudingues, des grès rouges et des poudingues de même couleur, et enfin des alternances de grès et de schistes.

Terrain silicifié du haut de la butte de Lugeac.

Nous venons d'étudier les assises du terrain houiller, tout autour de la butte de Lugeac. Nous avons vu qu'à peu près jusqu'aux deux tiers de la hauteur, toutes les roches étaient dans leur état normal et n'avaient éprouvé aucun effet de silicification.

Il n'en est pas de même pour la partie supérieure, qui forme le plateau. Les roches présentent une nature et des caractères bien différents. Elles sont toutes fortement silicifiées, et tous leurs éléments sont agglutinés et cimentés par une abondante pâte siliceuse.

Ce qui frappe tout d'abord l'observateur, c'est que le terrain qui forme le plateau de la butte n'est pas en stratification concordante avec les assises sous-jacentes, comme le démontrent les coupes 128, 130 et 133.

Arkose.

La cime de la colline contient des roches bien diverses. Une partie, surtout celle du Nord, est composée de gneiss leptynitique, semblable en tous points à celui qui entoure le terrain houiller et qui en forme la base. Ailleurs, on trouve un grès très dur, ayant tous les caractères de l'arkose, et qui est complètement dépourvu de mica. Le quartz et le feldspath sont les deux éléments exclusifs. Ce dernier est tantôt cristallin, tantôt opaque et blanc, et présente les caractères de l'orthose. Mais il arrive quelquefois qu'il y a absence de ce minéral, et alors au milieu de grains de quartz, on remarque des vides, de formes diverses, remplis par un corps terreux ocreux et de couleur de rouille.

Dans certains endroits, la roche devient plus quartzeuse et elle contient de petites mouches de galène. Dans d'autres parties, toujours vers le Nord, on peut voir une roche schisteuse très micacée, qui rappelle les schistes argilo-quartzeux de la base. Le mica y est très abondant; il possède une couleur bronzée ou dorée.

En s'avançant plus au Sud, on trouve des poudingues blancs silicifiés. Sur le revers oriental de la colline, ces roches sont traversées par des filons d'argile blanche, très tendre, de 7 à 8 centimètres d'épaisseur, et qui paraît être une halloysite plus ou moins pure. D'autres fentes sont remplies de grès ferrugineux silicaté, ou par du quartz pur, contenant du sulfate de baryte ou des cristaux de feldspath que les coupes hexagonales ou pentagonales feraient rapporter à l'orthose. Ces cristaux sont décomposés et d'un blanc laiteux et tendres.

On trouve encore des grès quartzeux et silicifiés, passant au poudingue et au conglomérat. Les blocs sont de la même provenance que les roches de même nature que j'ai signalées à la base du terrain houiller.

Ces grès contiennent de nombreux débris de végétaux silicifiés. Sur le revers occidental de la butte, il en existe une très grande quantité, de très grosses dimensions.

Ils renferment aussi de nombreuses empreintes végétales ainsi que des troncs d'arbres silicifiés. Le centre est formé par du grès très fin non sili-

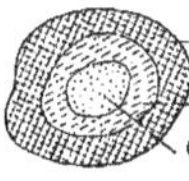

cifié tandis que l'enveloppe est formée de schiste silicifié et la troisième enveloppe par du quartz pur. On trouve également dans ces grès de petits noyaux ou fragments charbonneux semblables à du charbon de bois. Enfin les schistes sont également pénétrés de silice.

Sous Lugeac et du côté de la Senouïre, on aperçoit nettement, dans un escarpement à pic, la succession des assises du terrain houiller. Le poudingue blanc, fortement silicifié, occupe le haut de la butte. On y trouve de gros blocs de roches de gneiss, de granite, de leptynite gneissique, de micaschiste et même des fragments de grès et de schiste, des fragments de plantes et de houille, débris des roches préexistantes.

Au-dessous du poudingue précédent est un banc de quartz pur, qui repose sur un poudingue blanc non silicifié. Puis viennent des grès, des schistes, des poudingues rouges et un poudingue blanc, etc. Toutes ces dernières roches sont à l'état normal et n'ont pas été imprégnées de silice.

Aux environs de Lugeac, où la silicification a atteint le plus d'intensité, on trouve beaucoup de roches quartzeuses et même d'énormes blocs de quartz, empâtant des fragments de roches diverses.

En résumé, le plateau de la butte de Lugeac est composé d'une épaisseur de roches diverses fortement silicifiées, qui reposent sur le terrain houiller à l'état normal et n'ayant éprouvé aucun effet de silicification.

On y trouve des gneiss leptynitiques, des stéaschistes, des conglomérats et poudingues, formant une assise irrégulière reposant en stratification discordante sur le terrain houiller lui-même. La présence de toutes ces roches peut paraître extraordinaire au premier abord. Elles sont, en effet, en tout semblables à celles de la rive gauche de la Senouïre et ont été silicifiées comme elles.

Le fait que les roches de la base du terrain houiller recouvrent le sommet indique qu'un exhaussement violent a renversé les assises inférieures sur le terrain houiller lui-même.

La coupe des fig. 135, 136, 137 et 138, pl. XIV, prise dans des travaux situés près de Billanges et au Nord de la butte de Lugeac, indique un redressement énergique, qui a donné une position presque verticale aux assises du terrain houiller. Ces coupes rappellent la disposition du terrain du puits de Lamothe, où les couches sont relevées verticalement sur plus de 200 mètres de hauteur. En supposant, dans ce dernier lieu, un mouvement plus prononcé, le terrain houiller aurait pu se replier sur lui-même; c'est ce qui est arrivé à la butte de Lugeac.

Époque de la silicification.

On peut encore conclure de l'examen des lieux que ce renversement a eu lieu, lorsque les roches de la base étaient complètement silicifiées; car si la silicification avait été produite après le renversement, celles de la partie inférieure de la butte auraient été également pénétrées de silice, tandis qu'il n'en est pas ainsi. C'est donc lorsque les premières assises du terrain houiller de Lavaudieu commençaient à se déposer et concurremment à la sédimentation, que des sources siliceuses versaient leurs produits dans les eaux, où s'effectuaient les dépôts des éléments des roches carbonifères, et les masses quartzeuses du voisinage pourraient représenter les points d'émergence des eaux minérales.

Comparaison avec la butte de Saint-Priest.

La butte de Lugeac n'est pas un fait isolé; celle de Saint-Priest, près de Saint-Étienne, présente avec elle une ressemblance frappante. Ce sont les mêmes effets de silicification, les mêmes caractères et la même nature de roches. En se reportant à la description qu'en donne M. Gruner (*Essai d'une classification des principaux filons du plateau central, p. 24*), on peut constater cette identité.

Le sommet seul de celle de Saint-Priest est complètement silicifié et se compose de masses de quartz calcédonieux blanc. Dans les grès siliceux, on trouve des fragments de schistes et de grès préexistants, comme à Lugeac, avec des débris de plantes et de houille, ainsi que des noyaux anguleux de calcédoine. Certaines parties de ces roches ressemblent à des arkoses, à ciment siliceux, et contiennent un peu de sulfate de baryte. On remarque également des amas siliceux, c'est-à-dire de la calcédoine diversement colorée, fissurée en tous sens et parfois celluleuse.

M. Grüner cite encore le mont Reynaud, les amas de Chana près de Sorbiers, ceux de Trèves et du mont près Saint-Genest-Lerpt, qui ressemblent en tous points à ceux de Saint-Priest.

Les assises silicifiées correspondent au système proprement dit des couches de Rive-de-Gier. C'est à l'influence du porphyre quartzifère que M. Grüner attribue l'apparition des sources quartzifères, qui ont silicifié les assises de l'étage le plus inférieur du dépôt houiller de la Loire, c'est-à-dire celui de Rive-de-Gier. Cette roche d'éruption s'est épanchée à la fin du dépôt des grès à anthracites du Roannais et au commencement de celui du dépôt houiller.

Ces terrains sont absolument identiques avec ceux de Lugeac, mais sont d'un âge antérieur.

Travaux de recherches.

Un assez grand nombre de travaux de recherches ont été entrepris dans le terrain houiller de Lavaudieu.

Sur le versant Nord de la côte de Lugeac, on ouvrit, il y a une trentaine d'années, sur un affleurement houiller, deux galeries au jour, qui ne durent donner aucun résultat puisqu'elles furent abandonnées. Plus tard on entreprit deux autres galeries un peu plus au Nord sur un autre affleurement et ensuite on fonça deux puits, qui étaient placés à une certaine distance au toit pour aller recouper les couches à une certaine profondeur. Ces travaux furent aussi abandonnés.

Le plan horizontal, figure 134, planche XVI, indique les divers puits qui ont été creusés et les fouilles qui ont été faites.

1° — Le puits A avait une profondeur de 40 mètres. A 32 mètres, on traversa la couche ou plutôt un schiste charbonneux d'un mètre d'épaisseur environ. L'affleurement était à la distance de 30 mètres du puits.

2° — Le puits B fut foncé jusqu'à 42 mètres et la couche fut recoupée à 32 mètres de profondeur. On fit une galerie dans le mur. La couche rencontrée avait 1 mètre d'épaisseur, mais contenait au milieu un banc de schiste de 0^m,20 à 0^m,30 de puissance.

3° Le puits C avait 13 mètres de profondeur, lorsqu'on recoupa la couche, dont l'affleurement était à l'Est. Elle avait, disait-on, 1^m,20, et c'était la meilleure qualité que l'on eût rencontrée dans les travaux jusqu'alors.

4° Dans les descenderies E et F, la couche était presque verticale. A l'affleurement elle avait 1 mètre, mais elle s'amincissait en profondeur.

En 1855, à l'est de Billanges, et à une distance de 350 mètres, on fonça un puits pour aller recouper un affleurement qui était à une vingtaine de mètres. Puits de Billanges.

On traversa une petite veine de houille, très mince, à 26 mètres de profondeur. Le puits fut ensuite approfondi jusqu'à 62 mètres, et une galerie à travers bancs fut dirigée à l'Est; elle atteignit un développement de 97 mètres. (Voir planche XVI, figure 122.)

Plusieurs couches de schiste charbonneux furent rencontrées, et la galerie atteignit le poudingue de la base du terrain houiller. Voici la succession des roches traversées en allant du haut au bas :

	ÉPAISSEUR
1° Schiste charbonneux	0^m,20
2° Grès	2 80
3° Schiste charbonneux	0 20
4° Grès	1 20
5° Schiste charbonneux	0 20
6° Grès	0 20
7° Schiste charbonneux	0 10
8° Grès	0 70
9° Schiste charbonneux, inclinaison à l'Ouest	0 10
10° Grès gris	7 00
11° Schiste charbonneux, inclinaison à l'Est	0 15
12° Grès	4 20
13° Poudingues de la base	»

La coupe indique l'allure du terrain. On voit que les assises sont plissées et que les dernières ont été recoupées deux fois dans la galerie à travers bancs.

Puits de recherches. En 1857, on ouvrit un nouveau puits D de recherches au voisinage des puits B et C. Il était sur la selle d'un pli de la couche, comme l'indique le plan de ces travaux (figure 134, planche XVI). Les figures 124 et 121 donnent la coupe des terrains traversés.

La coupe de la figure 121 est prise suivant une ligne Nord-Sud, et celle de la figure 124, perpendiculairement à l'axe de la selle.

Voici quelle a été la succession des assises du terrain houiller, en commençant par le haut :

	ÉPAISSEUR
1° Grès blancs et poudingues blancs	6^m,00
2° Grès rouge argileux	23 00
3° Grès blanc	2 00
4° Couche de charbon	0 50 à 0 60
5° Grès gris	10 00
6° Schiste et charbon, inclinaison 15°	3 50
7° Grès rouge inférieur	

Il y a une faille à 4 mètres du puits, qui relève la couche de plus d'un mètre.

Le puits avait 45^m,10 de profondeur. A 40^m,50, on trouva la deuxième couche au milieu de schistes charbonneux, avec quelques petits bancs de grès au toit. Le charbon n'avait que $0^m,12$ à $0^m,15$ d'épaisseur. Après le foncement du puits, on prit une galerie à travers bancs dans le mur, et on recoupa la couche à une distance de 8 mètres. Il y avait beaucoup moins de schiste et beaucoup plus de charbon.

Toutes les recherches dont je viens de parler, et qui sont assez nombreuses, n'ont donné aucun résultat satisfaisant et ont dû être abandonnées. Ces travaux ont cependant permis d'étudier le terrain houiller de Lavaudieu. On peut remarquer qu'il présente une grande analogie avec ceux de Lamothe et de Côte-Rouge.

Sur le gneiss reposent, en allant de haut en bas, les assises suivantes :

1° Alternance de grès gris et de schistes contenant des veinules de houille ;

2° Poudingues et grès blancs;

3° Grès rouge supérieur;

4° Grès blancs;

5° Schiste et grès gris contenant trois veinules de houille;

6° Grès et schistes rouges ;

7° Poudingues;

8° Stéaschistes, schistes et grès.

L'épaisseur du terrain houiller peut être estimée à peu près à 500 mètres, au centre de la dépression, qui forme l'axe du bassin et qui est à une distance de 700 mètres à l'Ouest du puits de Billanges. Les couches sont redressées comme au puits de Lamothe. Non loin du poudingue de la base, il existe trois veinules charbonneuses. A une certaine distance on en trouve un autre groupe, et enfin encore plus au toit on rencontre encore d'autres petites veinules.

Ainsi, comme à Lamothe, on voit à Lavaudieu trois faisceaux de couches placés d'une manière semblable dans le terrain houiller; mais ce dernier est moins épais. Toutes ces petites couches de charbon se trouvent dans les schistes et grès compris entre le grès rouge inférieur et le grès rouge supérieur.

Comme l'indique la coupe de la figure 138, planche XIV, qui passe par le puits de Billanges, on voit la succession des assises dont je viens de parler, et dans cet endroit le terrain houiller commence à acquérir une certaine puissance.

Mais à mesure qu'on s'avance vers l'extrémité méridionale, plusieurs groupes d'assises manquent complètement. Ainsi la coupe 135, qui passe par le village de Lugeac, montre que le terrain houiller se réduit à quelques assises de la partie inférieure. On ne trouve que les stéaschistes, les poudingues, les grès rouges et un petit développement de schiste et de grès contenant quelques petits affleurements charbonneux. Du reste, par l'inspection de la carte géologique, planche XIII, on voit, dans plusieurs endroits de la vallée, les poudingues de la base, qui sont complètement à jour.

La figure 136 est une coupe passant presque au Nord de la butte de Lugeac. Les schistes et les grès ont plus de développement que dans la précédente.

La troisième (fig. 37), passant par le nouveau puits de Billanges, montre que les assises du terrain, surtout les grès et les schistes supérieurs, prennent beaucoup plus de puissance.

Enfin la quatrième (fig. 148) passe par l'ancien puits de Billanges.

En s'avançant vers le Nord, la puissance du terrain houiller doit encore augmenter, car d'autres assises nouvelles doivent venir se superposer, et on sait qu'à Lamothe elle est de 600 à 700 mètres.

Près de Lavaudieu, comme on a pu le remarquer, le terrain houiller a été très tourmenté, très bouleversé et violemment relevé comme à Lamothe. On ne peut donc guère s'attendre à trouver des couches bien réglées. Toutes les recherches n'ont donné aucun résultat satisfaisant, et il pourrait se faire que de nouvelles ne fussent pas plus heureuses. Les épaisseurs des couches seraient, en général, encore moins fortes qu'à Lamothe. Celles des puits de Pressac et de Lamothe sont relativement dans des conditions bien meilleures, quoique laissant elles-mêmes beaucoup à désirer.

LE TERRAIN DE CÔTE-ROUGE APPARTIENT A LA FORMATION HOUILLÈRE.

M. Tournaire, ingénieur en chef des mines, chargé de la carte géologique de la Haute-Loire, a inséré en 1869, dans le XXVIe volume de la 2e série du Bulletin de la Société géologique de France, un travail sur ce département, qui est intitulé : « Note sur la constitution géologique du département de la Haute-Loire et sur les révolutions dont ce pays a été le théâtre. »

Dans le chapitre qui concerne le terrain de Côte-Rouge, ce géologue estime qu'il diffère d'une façon assez tranchée du terrain houiller, et il lui semble hors de doute qu'il appartient à une époque bien moins ancienne.

Ce géologue ajoute qu'à la base de cette formation, sur les bords du petit ruisseau qui la traverse, on voit interstratifiées quelques couches d'argile rouge, et que, parmi les premières assises que l'on rencontre lorsqu'on arrive en descendant l'Allier, on trouve aussi quelques minces bancs de calcaire bariolé de gris, de blanc et de rouge. Le contact du terrain rouge serait, de ce côté, marqué par un lit d'argile noirâtre, qui renferme de petits nodules de cuivre carbonaté vert bleu.

J'ai renvoyé à dessein l'examen de l'âge du terrain de Côte-Rouge après la description de ceux de Lamothe et de Lavaudieu.

Sur la petite carte géologique jointe à son travail, M. Tournaire marque ces derniers comme terrain houiller. Il ne fait d'exception que pour le terrain de Côte-Rouge, qu'il classe comme grès bigarré.

Nous pensons, au contraire, que le lambeau de Côte-Rouge fait partie du quatrième étage, ou étage supérieur du dépôt houiller de Brassac et de Brioude.

En effet, il existe les mêmes différences entre le terrain houiller de Lamothe et de Lavaudieu et celui de Brassac, qu'entre celui de Côte-

Rouge et ce dernier. On devrait donc identifier les terrains de Côte-Rouge, de Lamothe et de Lavaudieu, et en faire du grès bigarré.

De la comparaison des terrains de ces trois bassins, il résulte qu'ils sont en tout semblables et même identiques dans leur composition; ce sont les mêmes variétés de roches, la même manière d'être et la même succession.

Seulement le terrain houiller acquiert plus de développement à Côte-Rouge qu'à Lamothe et à Lavaudieu. On a vu en effet (coupe 13, planche III) que le terrain houiller, à partir de la Senouïre, s'épaissit à mesure qu'on s'avance vers le Nord. Cela résulte de l'affaissement qui s'est opéré pendant la formation houillère, mouvement qui se produisait du Nord au Sud.

A Côte-Rouge, à Lamothe et à Lavaudieu, le terrain houiller a sa base formée par des stéaschistes ou des schistes argilo-talqueux reposant sur un gneiss leptynitique. Ces roches présentent partout des caractères identiques. Au-dessus viennent des poudingues et conglomérats composés de gros blocs de gneiss et qui, à la partie supérieure, passent à des grès rouges. Toutes ces roches, à Lavaudieu comme à Côte-Rouge, sont imprégnées de nombreuses mouches de cuivre carbonaté, et contiennent des nodules de cuivre sulfuré. A Lamothe, ces roches n'arrivent pas au jour à cause du renversement du terrain houiller sur lui-même, et ne peuvent pas, par conséquent, être observées.

A Côte-Rouge, sur les assises précédentes, vient un développement assez considérable de grès, de poudingues et de schistes rouges; à Lavaudieu, ces assises seraient moins nombreuses et plus minces.

A Côte-Rouge et à Lavaudieu, les grès deviennent parfois très argileux. Au-dessous de Granat (fig. 127, pl. XVI), dans le petit ruisseau, près de la route de Fontannes à Javaugues, on voit des schistes tout aussi argileux que ceux que cite M. Tournaire, et il en est de même pour toute cette partie. La présence de schistes argileux n'est donc pas un caractère spécial au terrain de Côte-Rouge.

Au-dessus viennent des assises de schiste et des grès gris contenant des couches de houille. Mais à Lamothe, l'épaisseur de ces roches est bien plus considérable qu'à Lavaudieu. A Côte-Rouge, on commence à apercevoir des grès et des schistes gris sur la rive droite de l'Allier ; mais les assises placées plus au toit sont entièrement cachées par les allvions de la rivière.

A Lamothe et à Lavaudieu, ces roches sont recouvertes par des assises de grès rouges, verdâtres, bleuâtres ou grises. Les éléments sont entièrement identiques dans tous les lieux dont je parle, et ont la même origine.

Quant au mince lit de calcaire qu'on peut citer dans le ruisseau de Chadriat, on ne le retrouve pas ailleurs, et à Lavaudieu, la partie correspondante du dépôt est cachée par le terrain tertiaire.

Cette roche calcarifère, anomale dans ce terrain, peut n'être qu'accidentelle ou en lentille aplatie et de peu d'étendue, et n'est pas assez caractéristique pour faire induire que ce terrain n'est pas du terrain houiller. Elle a d'ailleurs peu d'importance et ne présente pas un caractère suffisant pour faire classer ces roches dans le grès bigarré. Les schistes charbonneux avec empreintes, et les veinules de houille trouvées à Côte-Rouge doivent être des preuves assez déterminantes pour faire ranger ces roches dans la formation houillère. Du reste, par l'inspection des diverses cartes géologiques, on voit que le terrain de Côte-Rouge est placé à 5,600 mètres au Sud-Est de la Taupe et à 4,800 mètres du puits de Lamothe, c'est-à-dire entre deux terrains que M. Tournaire lui-même range dans le terrain houiller.

La couleur des roches ne peut pas non plus fournir des caractères suffisants pour faire ranger le terrain de Côte-Rouge dans le grès bigarré. Si on étudie d'autres bassins houillers, on y trouvera des roches rouges, et vertes.

Dans le bassin de la Loire, le système des couches de Rive-de-Gier est séparé du système des couches supérieures de Saint-Étienne par une épaisseur d'environ 300 mètres de dépôts stériles, composés de *grès verdâtres* et de *grès rouges*.

Dans le bassin de la Sarre (Explication de la carte géologique de France, p. 70), le terrain houiller est formé d'*argile grise*, accompagnée d'*argiles rougeâtres* et *bleuâtres* renfermant des lits de fer carbonaté et des veines de grès à grains fins bleuâtres et rougeâtres *qui annoncent les parties supérieures* du terrain houiller. On voit un grès alternant avec des *argiles schisteuses* et avec de petites couches de *calcaire magnésifère*.

A Salde, près de Brives, le terrain houiller est composé de poudingues à la base ; au-dessus, de *grès schisteux rougeâtre*, de grès siliceux solide, blanc grisâtre, puis, près de la surface, de *schistes rouges et verts* très épais.

D'après M. Dufrénoy (Explication de la carte géologique de France), voici quelle est la composition du terrain houiller de Littry :

1° Galets quartzeux rouges;

2° Glaise rougeâtre;

3° Grès rougeâtre, analogue par ses caractères au grès rouge des Allemands ;

4° Argile rouge et galets;

5° Grès rouge;

6° Calcaire gris foncé ;

7° Grès rougeâtre avec veinules de houille.

Ce terrain houiller a une composition analogue à celle du terrain de Côte-Rouge. On y trouve en effet du schiste argileux, des couches d'argile, des poudingues, *des grès et des schistes rouges* et du *calcaire gris*.

D'après M. Burat (*la Houille*, p. 77), les dépôts stériles ou à peu près, comme certains terrains houillers de l'Amérique du Nord, et notamment ceux du Canada et du Michigan, ont les couleurs jaunes ocreuses, rouges ou verdâtres, qui sont les couleurs normales des roches du terrain houiller.

Ailleurs (p. 67), le même auteur dit : « Aux États-Unis, la composition du terrain houiller s'individualise uniquement par l'intervention de quelques bancs calcaires et par la prédominance de couleurs des dépôts arénacés et schisteux : le verdâtre, le jaunâtre et le rouge, couleurs normales, lorsque les dépôts arénacés ne sont pas comme ceux des terrains carbonifères colorés en gris ou même en noir par une grande quantité de carbone.

M. Burat donne encore la coupe suivante du terrain houiller du Canada :

« On divise ce terrain en huit étages :

« Les trois étages supérieurs sont composés de schistes et de grès. Les schistes ont une couleur rouge foncée ou chocolat. Les grès sont gris, verdâtres, blanchâtres, rougeâtres.

« Les cinq étages inférieurs sont formés de roches de même nature et de même couleur avec intercalations de cinq bancs calcaires. »

On voit donc qu'en admettant que l'affleurement de Côte-Rouge appartienne au terrain houiller, on ne fait aucune supposition particulière au bassin de Brassac.

Il existe encore un autre argument qui doit faire rapporter les terrains de Lavaudieu et Côte-Rouge à la formation houillère. Le système N. 5° O., qui est celui du Nord de l'Angleterre, a exhaussé et relevé d'une manière énergique le terrain houiller de Brassac. Le quatrième étage lui-même a participé au mouvement général de la contrée, mais a encore été atteint d'une manière particulière dans plusieurs de ses parties, et principalement dans les environs de Lavaudieu. La butte de Lugeac est en effet le résultat de ce soulèvement, qui a dû mettre fin à la période houillère dans cette contrée.

Il est évident que si le terrain de Côte-Rouge n'appartenait pas à la formation houillère et était du grès bigarré, il n'aurait pu être atteint par ce soulèvement, qui lui est antérieur, et qui s'est exercé sur toute la formation houillère. Il devrait donc exister entre le terrain houiller et le terrain de Côte-Rouge une discordance de stratification, si ce dernier était du grès bigarré ; ce qu'aucun fait ne vient démontrer.

4° LAMBEAU HOUILLER DE FRESSANGE.

En dehors du dépôt houiller de Brassac et de Brioude, on trouve dans les montagnes à l'Est de Jumeaux le petit lambeau houiller de Fressange (voir la carte géologique et la coupe, planche I, la coupe fig. 15, pl. III, et la carte géologique spéciale, fig. 143, pl. XIII du lambeau houiller de Fressange).

Il est situé dans la commune de Champagnat-le-Jeune, canton de Jumeaux, arrondissement d'Issoire. Sa distance à l'Allier est de 5 kilomètres. Son altitude atteint 662 mètres au-dessus du niveau de la mer, ce qui fait 264 mètres au-dessus de la plaine de Brassaget; dans le bassin de Brassac, les cotes les plus élevées se trouvent à la côte du Pin, près de la Combelle, où le sommet atteint 560 mètres, et à la butte de Lugeac, près de Lavaudieu, qui est à 575.

Les collines qui séparent ce terrain houiller de la vallée de l'Allier forment une petite chaîne d'une élévation plus considérable. Près de Marnac, le sommet de la colline est à 639 mètres; à la Chaux, 701 mètres, et enfin au pic d'Esteil, la cote est de 821 mètres au-dessus du niveau de la mer.

La carte géologique (planche XIII) indique que le lambeau de Fressange est complètement isolé au milieu des roches anciennes. Sa superficie est de 65 hectares 43 ares. Sa forme est grossièrement ellipsoïdale, et sa surface très irrégulière est composée de dépressions et de collines dans la partie Sud.

Au Nord, le terrain houiller s'appuie sur le granite, qui forme, près de ses limites, des collines élevées atteignant de 400 à 500 mètres à Voirat, et 662 mètres à Champagnaguet. Au Sud, il est relevé contre des collines de gneiss qui sont à la même altitude, en sorte que le terrain houiller est enfoui dans une petite vallée dont le fond est en contre-bas d'une soixantaine de mètres.

La plus grande longueur de ce lambeau est de 1,300 mètres, et est orientée suivant une ligne N. 50° O., c'est-à-dire depuis le Nord du hameau de la Brugères jusqu'auprès du ruisseau d'Estoulate, qui passe à Vals-sous-Châteauneuf. A ce dernier endroit, le terrain a sa cote la plus basse, qui est 550 mètres approximativement. La plus grande largeur ne dépasse pas 700 mètres et la moyenne peut être estimée à 500 mètres.

Le terrain houiller, sur toute la lisière Nord, s'appuie contre le granite; au Sud il repose sur un gneiss leptynitique contenant peu de mica. C'est la même roche qui existe dans les montagnes de l'Est du bassin de Brassac depuis Auzat-sur-Allier jusqu'à Frugières-le-Pin.

La base du terrain houiller de Fressange est formée de stéaschistes rougeâtres, comme ceux de Côte-Rouge et de Lavaudieu. Entre le village de la Chaux et le pic d'Esteil, j'ai trouvé des roches pareilles, associées avec un gneiss talqueux de même couleur. Les stéaschistes ne s'aperçoivent, comme l'indique du reste la Carte géologique (fig. 108), que le long des limites Sud. Au Nord, on n'en voit pas à la surface. Il y a lieu de croire que les roches de la base n'arrivent pas jusqu'au jour, et qu'elles sont enfouies à une certaine profondeur.

On aperçoit les stéaschistes sur les bords du ruisseau d'Estoulate et près de Fressange, à la fontaine du village, en sortant par la route de Cissac. Cette dernière, quoique placée à une grande élévation, fournit des eaux abondantes et fraîches en été.

La direction des assises est très variable, mais cependant leur ensemble oscille autour de l'orientation N. 50° O. Dans toute l'étendue de ce terrain, on remarque qu'il y a deux pendages principaux : l'un au Sud-Est et l'autre au Sud-Ouest. Il en résulte que le sens général de l'inclinaison est tourné vers le bassin de Brassac et s'enfonce sous le gneiss dans la partie méridionale. Cette manière d'être est la même que dans le terrain de Lavaudieu sous Lugeac. La roche ancienne surplomberait le terrain houiller.

La formation de Fressange se compose de grès et de schistes semblables à ceux du quatrième étage. Les assises de ce terrain renferment quelques rares empreintes végétales; on y rencontre également quelques petites couches de houille qui affleurent en quelques points de la surface et qui n'offrent qu'une épaisseur de $0^m,10$ à $0^m,20$.

Je dois à l'obligeance de M. Jusserand l'analyse de ces houilles, ainsi que les détails qui suivent sur les travaux qui ont été exécutés près de Fressange.

La houille de ces couches brûle sans beaucoup de flamme et crépite au feu. Voici l'analyse de ces charbons :

	1re opération	2e opération
Coke	56,30	60,00
Produits volatils	36 90	32 00
Cendres grises, blanches	6 60	8 00
Totaux	100,00	100,00

Ces houilles, comme celles de Lamothe, sont riches en produits volatils, plus que toutes les autres houilles du bassin de Brassac.

Le coke obtenu est sans consistance et d'une couleur noire.

Les fragments de charbon qu'a vus M. Jusserand étaient en partie dénaturés par une longue exposition à l'air. Ils présentaient un aspect terne et avaient une cassure conchoïdale et rappelant un peu l'aspect du lignite.

Quelques fouilles ont été faites sur les affleurements, vers 1836. Elles n'ont été poussées qu'à une faible profondeur et n'ont montré aucune amélioration dans l'épaisseur des couches. A 300 mètres environ du hameau de Fressange, près du chemin qui conduit à Vals, une galerie fut ouverte dans un affleurement qui paraissait présenter quelque importance. Plus à l'Est, et à 200 mètres du ruisseau de Vals, on a creusé deux puits dont la profondeur n'a pas excédé 12 à 15 mètres, qui n'ont donné aucun résultat. En un autre endroit, un puits fut foncé à 30 mètres environ. Enfin, dans une prairie, à 300 mètres au Nord-Ouest de Fressange, les mêmes couches ont été exploitées à une petite profondeur par une fendue de 2 ou 3 mètres. Dans cette recherche, les apparences étaient meilleures.

CHAPITRE V

OSCILLATIONS DU SOL DU PLATEAU CENTRAL ENTRE LES PÉRIODES HOUILLÈRE ET TERTIAIRE.

Comme il a été dit antérieurement, le soulèvement Nord-Sud qui correspond à celui du Nord de l'Angleterre doit avoir clos la période houillère dans le bassin de Brassac. Tout le sol de cette contrée fut émergé à cette époque, et il ne reçut aucun des sédiments postérieurs. Pendant qu'au loin se déposaient le permien et le trias, le sol du plateau central presque tout entier était au-dessus des mers; les mers triasiques l'envahissaient sur ses bords seulement, notamment dans l'Aveyron, près de Saint-Affrique et de Lodève, ainsi qu'au Nord-Est, en Saône-et-Loire.

Le dépôt des marnes irisées prit fin à la suite d'un nouveau soulèvement qui, d'après M. Élie de Beaumont, dut être brusque et de peu de durée; cet accident a atteint profondément le plateau central dans plusieurs parties. Dans mon Étude sur les filons barytiques et plombifères des environs de Brioude, j'ai indiqué les principales lignes de ce soulèvement, et je renverrai à ce travail pour les détails.

Ce soulèvement a pour direction N. 50° O.-S. 50° E. et est nettement accusé; il a amené de nombreuses dislocations et des fractures du sol, qui ont fait naître des sources siliceuses et surtout barytiques. Une des lignes les plus remarquables est celle qui part de Lavaudieu, relève le terrain houiller, traverse le plateau central de part en part, en passant par Pont-Gibaud, Ahun, jusqu'à Saint-Benoît du Sault. Le trajet de cette ligne, d'une longueur de 200 kilomètres, est jalonné par des accidents de cette direction et de nombreux filons barytiques et plombifères.

Le terrain houiller a été relevé près de Lavaudieu, suivant une ligne N. 50° O., et encore d'une manière plus énergique, entre Jumeaux et Auzat-sur-Allier, où il a été exhaussé à une hauteur de plus de 100 mètres au-dessus du niveau de l'Allier. Cependant ce soulèvement n'a pas dû changer d'une manière bien sensible le niveau du sol du plateau central. On n'y trouve en effet aucun dépôt jurassique, si ce n'est quelques lambeaux épars dans le Nord-Ouest des environs de Limoges.

M. Gruner, dans sa Description géologique de la Loire (page 609), dit que la lisière Nord du plateau central a dû s'affaisser lentement depuis l'origine de la période jurassique jusqu'à la fin du dépôt des argiles à jaspes. « A partir de ce moment, un mouvement inverse se manifeste. Le sous-sol ancien se relève graduellement pendant tout le reste de la période secondaire. »

La formation crétacée est partout absente sur la grande protubérance primitive. Un mouvement d'exhaussement graduel a dû se continuer pendant toute la période crétacée. Les dépôts se font concentriquement autour du plateau central, mais ne l'envahissent pas, et forment des courbes d'un plus grand rayon et qui s'éloignent de plus en plus des contours primitifs.

Ce n'est qu'à l'ouverture de la période tertiaire qu'un mouvement d'abaissement se fait de nouveau sentir dans certaines parties du sol du plateau central.

Les vallées de l'Allier et de la Loire sont des dépressions considérables, pénétrant très avant dans le massif montagneux et le traversant presque tout entier.

La vallée, de Brioude à Moulins, a une direction Nord-Sud, et c'est dans les larges et profonds sillons qui séparent les chaînes qui ont cette même orientation que se sont déposés les terrains tertiaires.

Cette direction Nord-Sud des montagnes qui bordent les vallées de la

Loire et de l'Allier doit être attribuée au système du Nord de l'Angleterre, qui a mis fin à la période houillère, à moins que celui de Corse et de Sardaigne, qui a, à peu de chose près, la même direction, ne se soit fait sentir dans cette région. Il y aurait alors, dans ce cas, récurrence de soulèvement ; mais je ne connais aucun fait à l'appui de cette hypothèse.

Quoi qu'il en soit, le mouvement d'abaissement de certaines parties du plateau central eut pour effet de former des lacs ou des vallées, d'abord de peu d'étendue et isolées, où se déposent des arkoses, puis des argiles bigarrées.

Le mouvement continuant, les eaux ont pu couvrir insensiblement de plus grands espaces, où se sont déposées des argiles, des marnes, des calcaires lacustres, qui appartiennent à la période miocène.

Mais ensuite un nouveau relèvement, que M. Gruner croit correspondre à l'apparition des trachytes, se fait de nouveau sentir. Le sol se découvre de nouveau, et, d'après le savant géologue que je viens de citer, dans la Haute-Loire comme en Auvergne, la période tertiaire supérieure n'est plus indiquée que par des lacs d'une faible étendue, où se produisent des atterrissements ponceux, au milieu desquels on rencontre des débris de la faune de Périers.

CHAPITRE VI

TERRAIN TERTIAIRE.

Le terrain tertiaire occupe toute la vallée de l'Allier, comme celle de la Loire. De Decize à Varennes, au sud de Moulins, il forme une plaine basse, présentant à peine quelques vallons. Mais à partir de ce point jusqu'aux environs de Saint-Amand-Tallende, entre Clermont et Issoire, le terrain tertiaire s'élève graduellement au-dessus du niveau de l'Allier et forme des plateaux entrecoupés de nombreuses et profondes vallées. Aux environs de Clermont, on recontre au-dessus de la plaine des collines isolées, dont les cimes élevées indiquent l'ancien niveau des couches tertiaires avant les dénudations du sol et le creusement des grandes vallées.

Mais quand on se dirige d'Issoire à Brioude, l'aspect du terrain change; les collines deviennent moins élevées, le sol est moins découpé et les vallées bien moins profondes. Ainsi, à Brioude, les coteaux tertiaires ne sont pas plus élevés au-dessus de l'Allier que ceux de Moulins au-dessus de cette rivière.

D'après les observations de plusieurs géologues, et notamment de M. Raulin, les assises tertiaires des bassins de l'Allier et de la Loire, de Decize à Brioude d'une part, et de Decize à Saint-Rambert de l'autre, ont été déposées sous une même nappe d'eau. Après leur dépôt, le terrain a éprouvé un relèvement général du Nord au Sud qui, suivant ce géologue, s'est combiné avec une gibbosité conique, allongée, ayant le puy de Barneyre pour sommet. Le grand axe de cette gibbosité a une direction à peu près parallèle à celle de la chaîne principale des Alpes, c'est-à-dire E. 16° N.-O. 16° S., et se trouve placé à peu près aussi dans le prolongement de cette dernière. Enfin, le sommet du puy de Barneyre coïnciderait avec le centre de position des cônes basaltiques de la Limagne et des montagnes environnantes. M. Pissis admettrait plutôt une grande élévation du terrain tertiaire sur toute sa lisière occidentale, un abaissement régulier du Sud au Nord et de l'Est à l'Ouest; mais, suivant ce géologue, rien n'annoncerait une double pente du Nord au Sud.

En se bornant à la partie de la vallée de l'Allier occupée par le bassin de Brassac et de Brioude, on observe un relèvement général de l'Est à l'Ouest, comme le montrent diverses hauteurs prises sur la carte de l'État-major.

Voici les altitudes de quelques points voisins de l'Allier et sur les anciennes berges de cette rivière :

Rive droite.

Fontannes	430	mètres
Lamothe	427	—

Rive gauche.

Brioude	447	—
A la Croix des frères, près Brioude	465	—
A Saint-Féréol, près Brioude	428	—
Au Pouget	449	—
Laroche	458	—
Bournoncle la Roche	474	—
Arvant	428	—
Lempdes	447	—
Frugères	462	—
Moriat	484	—
Saint-Germain Lembron	427	—

Mais si l'on s'éloigne davantage à l'Ouest, on trouve des hauteurs beaucoup plus considérables.

Grenier-Mougon, vallée de l'Alagnon	613	mètres
Au Montcelet	670	—
A la Croix-du-Cornet près Antrac	1034	—

On voit par ces derniers chiffres que le terrain tertiaire atteint une grande hauteur, à une petite distance de la vallée de l'Allier. Entre Brioude et la Croix-du-Cornet, dont la distance est de 21 kilomètres, la différence de niveau est de 587 mètres, ce qui donne une pente de 28 millimètres par mètre, ou de 1°36′. Avec le Pouget, la différence serait de 585 mètres, et en prenant le Montcelet, on aurait 364 mètres.

La carte géologique, planche I, indique le tracé des contours du terrain tertiaire dans la vallée de l'Allier et de l'Alagnon. Les planches III et XIV donnent des coupes en long et en travers du bassin tertiaire de la vallée de l'Allier, et font connaître les relations du terrain tertiaire et des terrains sous-jacents.

Le terrain tertiaire se divise, dans la région, en deux étages :

1° Étage inférieur.

2° Étage moyen.

1° ÉTAGE INFÉRIEUR.

L'étage tertiaire inférieur remplit la profonde dépression qui existe entre Brioude et la mine de Bouxhors, et les coupes longitudinales, fig. 24 et 25, dirigées suivant l'axe du bassin, indiquent la forme de ce petit bassin ; sa plus grande profondeur est à 2 kilomètres environ au sud de Vergongheon.

On connaît ce terrain par le sondage de Lempdes, qui l'a traversé en grande partie, et par le puits de Vergongheon, qui a pénétré jusqu'au terrain houiller. Ce puits de recherches n'est peut-être pas placé dans la partie la plus déprimée, qui peut avoir 30 ou 40 mètres de plus de profondeur. Comme les sédiments se sont déposés horizontalement, le sondage placé au bas du puits de Vergongheon n'a pas traversé les couches les plus inférieures. On ne sait donc pas si cette partie inconnue est occupée par des arkoses, qui forment ordinairement la base et la limite inférieure du terrain formation tertiaire, comme dans la vallée du puy; les sondages n'en ont point rencontré.

Une argile rouge bien caractéristique, qui renferme des bancs de grès gris, pourrait être choisie comme limite entre les deux étages inférieur et moyen. Cette couche repose tantôt sur le terrain houiller, tantôt sur le gneiss. Elle est donc transgressive par rapport à l'étage inférieur, et semble avoir des liaisons plus marquées avec l'étage moyen, et devoir en faire partie.

L'étage inférieur n'a jamais été rencontré aux environs de Brioude, et dans le puits de Fontannes, qui est placé sur l'axe du bassin, l'argile rouge repose immédiatement et directement sur les roches houillères. Cet étage ne doit donc pas s'avancer au sud aussi loin que Brioude. Le puits de Vergongheon et le sondage de Lempdes ont été commencés au niveau de l'argile rouge; les terrains qui y ont été rencontrés représentent donc l'étage inférieur.

Le puits de Vergongheon a été arrêté à la profondeur de 177m,60; un sondage placé au fond du puits pénétra ensuite jusqu'à 320 mètres, dans lesquels sont compris la traversée de 35 mètres de terrain houiller. Voici la succession des couches tertiaires traversées par le sondage seulement (voir la coupe fig. 163) :

1° Sables blancs lavés	7m	40
2° Grès arénacés blancs, quelquefois veinés de rouge avec une grande quantité d'acide carbonique	16	00
3° Grès fin argileux (fin du niveau gazeux)	4	00
4° Succession d'argiles grasses, micacées; couleurs variables. Ce terrain est formé de vrais noyaux blancs, jaunes, rouges et quelquefois bleus, parfois on y trouve des fragments de quartz	30	00
5° Petits bancs de quartz, cimenté par l'argile précédente, avec argile sableuse	10	00
Argile grasse, blanche jaunâtre	35	78
Banc de quartz opaque avec rognons de minerais de fer et argile rouge	4	22
Total	107m	40

Au-dessous vient le terrain houiller, composé d'une série de grès et de schistes contenant parfois des empreintes houillères.

La succession des couches de la partie supérieure nous est connue par le sondage de Lempdes. La coupe de ces terrains est empruntée à un mémoire de M. Baudin, intitulé : « Notice sur le sondage de Lempdes (Haute-Loire)». (*Annales des Mines*, 4ᵉ série, tome XIV, page 233.) (Voir la coupe de la fig. 187.)

Il est assez difficile de raccorder d'une manière précise les terrains du sondage de Lempdes avec ceux du puits de Vergongheon. La différence de niveau des orifices est de cinq à six mètres. Les sables sont argileux, micacés, jaunâtres, rouges, gris jaune, et ont une épaisseur de 40 mètres. Les argiles sont jaunes, rouges, bigarrées, grises, verdâtres, et ont une épaisseur totale de 183 mètres. La profondeur totale du sondage étant de $223^m,60$, l'épaisseur des argiles est quatre fois et demie plus grande que celle des sables. La coupe de la figure 187 indique, du reste, l'épaisseur et la nature des couches, et en y examinant la composition du terrain, on peut voir que les sables entrent pour $\frac{1}{6}$ et les argiles pour $\frac{5}{6}$.

Cependant ces dernières sont quelquefois sableuses, bigarrées de diverses couleurs, de même que les sables eux-mêmes sont argileux.

« Les assises rencontrées dans le sondage n'ont présenté, dit M. Baudin, qu'une succession sans intérêt d'argiles sableuses et de sables argileux, dont la distinction ne repose guère que sur des variations de couleur et de grain, et pour seules exceptions à cette nature argilo-sableuse des dépôts, on peut citer le très mince banc de calcaire n° 68 et quelques parties blanches du n° 56 faisant effervescence avec les acides.

« Quant à la distribution relative des sables et des argiles, on peut remarquer, pour toutes lois, d'abord que les argiles prédominent sur les sables, car pour 56 couches d'argile ou d'argiles sableuses d'une puissance de $170^m,85$, on ne trouve que 38 couches de sables ou de sables argileux d'une puissance de $52^m,75$.

« Et encore la prédominance des argiles va croissant avec la profondeur, car si l'on partage en trois la hauteur totale du terrain perforé, on trouve :

Sable et sables argileux.

Dans le 1er tiers, 18 couches d'une épaisseur de	. . . .	25m,45
Dans le 2e tiers, 9 — —	. . . .	18 00
Dans le 3e tiers, 11 — —	. . . .	9 00
Totaux. . 38 couches d'une épaisseur de	. . . .	52m,75

Argiles et argiles sableuses.

Dans le 1er tiers, 15 couches d'une épaisseur de	. . . .	49m,08
Dans le 2e tiers, 18 — —	. . . .	56 54
Dans le 3e tiers, 23 — —	. . . .	65 23
Totaux. . 56 couches d'une épaisseur de	. . . .	170m,85

« Mais cette loi de succession des sables et argiles qui, au milieu d'incessantes variations, accuse seulement pour la période tertiaire, représentée par les 223m,60 de sédiments perforés, un accroissement progressif de la force de transport des eaux sur le point exploré, ne jette absolument aucun jour sur l'épaisseur totale du terrain tertiaire. »

Il n'a jamais été rencontré de débris fossiles dans les terrains précédents.

2° ÉTAGE MOYEN.

L'étage moyen se trouve toujours au-dessus du niveau de l'Allier, qui quelquefois a ouvert son lit sur la couche la plus inférieure.

Aux environs de Brioude, cet étage est composé de la manière suivante, en allant de haut en bas :

6° Calcaire concrétionné blanc compact ;

5° Grès à ciment calcaire ou macigno ;

4° Calcaire concrétionné blanc compact ;

3° Argile rouge avec carbonate de chaux ;

2° Marnes bleues avec calcaires et argile grise;

1° Argile rouge stratifiée avec bancs de grès, sans carbonate de chaux

Gneiss.

1° *Argile rouge.* — Cette couche d'argile repose directement sur le gneiss ou sur le terrain houiller. Elle forme, des deux côtés de la vallée de l'Allier, des terrasses qui se maintiennent à une hauteur de 30 à 40 mètres au-dessus de son lit.

Cette argile, très bien stratifiée, est très compacte et assez dure. Au puits de Lamothe on l'a traversée, et elle avait une épaisseur de 10^m,75; mais au puits de Fontannes, elle atteignait 45 mètres.

Voici la coupe relevée dans ce dernier puits :

Terrain quaternaire.

Terrain tertiaire. . { 6° Argile blanchâtre, bigarré de rouge.
5° Calcaire bigarrée bleu et rouge.
4° Calcaire blanc.
3° Argile blanche, grise ou rouge et un peu calcaire.
2° Argile verdâtre et jaunâtre, sableuse, un peu calcaire.
1° Argile et grès rouge.

Dans l'argile rouge n° 1, il existe ordinairement des bancs peu épais de grès, comme on peut l'observer un peu au Nord de Lamothe. Ces grès sont composés de grains quartzeux, tantôt fins, tantôt de la grosseur d'un pois. Le quartz est roulé ou à angles seulement émoussés. Il est opaque, transparent ou hyalin. Les grains sont réunis par un ciment quartzeux ou de feldspath décomposé. L'épaisseur des bancs varie, mais est ordinairement de 0^m,30 à 0^m,40.

On trouve cette couche d'argile rouge partout aux environs de Brioude, où elle peut former un véritable horizon géologique. Elle ne varie guère de caractères. Au centre de la vallée, son épaisseur est considérable, puisqu'elle atteint 45 mètres.

Cette argile rouge existe dans les terrains tertiaires de la Lozère et de l'Aveyron. Dans la vallée de la Truyère, on la trouve à la base du terrain tertiaire, ainsi qu'au Rouget, à l'Est de Saint-Alban, où elle forme plusieurs lambeaux d'une grande épaisseur et contient plusieurs bancs de grès, comme à Lamothe. Il en est de même au Nord de l'Aveyron, près de Saint-Santin.

2° Marnes bleues avec calcaire et argile grise. — Au-dessus de l'argile rouge se trouvent des marnes bleues assez épaisses, contenant quelques petits bancs de calcaire. C'est la base de ces assises que j'ai indiquée dans la coupe du puits de Fontannes, au-dessus de l'argile rouge.

3° Nouvelle couche d'argile rouge, mais bariolée de blanc, de jaune et de rouge lie de vin, peu stratifiée.

Elle se distingue de la couche inférieure parce qu'elle contient une notable quantité de carbonate de chaux. C'est plutôt une marne fortement argileuse, qui contient des rognons calcaires.

4° et 5°. Macigno et calcaire lacustre. — Le calcaire est concrétionné et souvent carié, comme le silex des meulières, et renferme des nodules d'agate. Parfois il est très compact et présente les caractères extérieurs des calcaires jurassiques.

Le calcaire concrétionné forme plusieurs couches, et auprès de Bard et de Barlières, il atteint sa plus grande puissance et forme plusieurs bancs qui donnent de la chaux hydraulique. Ces bancs alternent avec des grès tendres. D'après M. Tournaire, auprès de Paulhac on trouve les mêmes alternances, et à peu de distance des carrières de Bard, sur les côtes de la Roche et de Lauriat, le calcaire devient compact et parfaitement exempt d'éléments argileux, mais il contient des grains de quartz.

En général, quand on s'avance à l'Est des divers points que je viens de citer, toutes les roches se modifient, se confondent et ne forment plus qu'une masse puissante de sable, qui conserve encore dans ses diverses parties la couleur des couches qui leur sont parallèles.

On y retrouve une couche verdâtre, qui correspond à la marne bleue, et une couche rouge forme la continuation de l'argile calcarifère. Une autre plus ou moins blanche dans sa partie supérieure forme probablement le prolongement du calcaire concrétionné. Ces modifications peuvent s'observer à Beaumont et à Arvan, et en se dirigeant de ce dernier lieu vers les plateaux de la Roche.

D'après M. Pomel, près de Bournoncle-Saint-Pierre, à la partie inférieure du calcaire lacustre, on trouve une couche d'une marne argileuse fortement noircie par le manganèse amorphe. Au-dessus et au-dessous, on ne remarque aucune trace de cette substance métallique. Un peu plus au Sud, on trouve un grès arkose inférieur aux couches précédentes, où le manganèse existe cristallisé dans les fissures, lesquelles renferment des cristaux de baryte sulfatée.

Près de Lorlange, on a aussi trouvé ces mêmes minéraux dans les couches de calcaire.

Des assises de sable, mêlées de grès friables, affleurent plus au nord, vers Oliandre.

Près de Bard, le sable devient plus compact et forme des macignos. Ce sont des grès composés de grains de quartz réunis par un ciment calcaire. Lorsque le quartz devient de plus en plus rare, il reste alors une masse compacte de carbonate de chaux renfermant encore un peu de silice. Toutes ces assises sont ordinairement dans une position horizontale. Cependant elles présentent une inclinaison sensible à la Croix-des-Frères, sur la route de Brioude au Puy; et d'après M. Aimé Pissis, dans la vallée qui s'étend de Beaumont à Lempdes, le calcaire serait incliné. Au milieu de la vallée, on voit un petit monticule sur lequel est bâti le village de la Roche. Quelques masses basaltiques se montrent au sommet et s'allongent dans le sens de la longueur. Leur direction est la même que celle de la vallée, dont l'argile rouge constitue la partie inférieure. La petite colline elle-même est formée par cette argile, et ce n'est qu'au sommet, à peu près au niveau du plateau oriental, que la marne commence à se montrer.

Ainsi, la marne est au-dessous des basaltes et au niveau des plateaux lacustres; mais si on se dirige vers l'Est, on la voit à la base de ces mêmes plateaux et à une hauteur bien inférieure.

Enfin, dans la même direction et un peu à l'Est du plateau de Bard, on peut l'observer au même niveau qu'à la Roche. L'inclinaison est ici manifeste, mais elle devient plus sensible lorsque l'on considère les couches supérieures. Au sommet du plateau, l'inclinaison est de 19°, et au plateau de Molzon, elle est en sens inverse.

On trouve dans le calcaire des limnées et des planorbes, et au-dessous, dans les sables et dans les argiles bigarrées, on a rencontré à Bournoncle-Saint-Pierre de nombreux ossements, qui consistent en débris de rhinocéros, de palæotherium, de canis, de crocodiles et de testudo. A Bondes, près de Saint-Germain-Lembron, ils ont été recueillis dans des grès subordonnés à la partie supérieure des mêmes argiles et sables rouges, que surmontent les calcaires lacustres, recouverts à leur tour par le basalte du plateau de Chalus.

Ces ossements fossiles caractérisent le miocène, et celui de Brioude peut être regardé comme équivalent de celui de Ronzon, près du Puy, et surtout de celui de la Loire dans les environs de Roanne, avec lequel il a beaucoup de rapport.

La puissance de ce terrain aux environs de Brioude peut être estimée à une centaine de mètres.

Il contient, d'après M. Tournaire, des boules de minerai de fer, à surface mamelonnée, et remplis de grains quartzeux dans leur intérieur, qu'on trouve en assez grand nombre sur la côte gneissique qui s'élève au Sud de Lempdes. Ce minerai provient des terrains tertiaires et représente les débris des sédiments détruits par les érosions. On trouve également du manganèse soit dans le calcaire, soit dans les autres assises.

Parmi les divers accidents qui ont atteint le terrain tertiaire, on peut citer une faille, entre le Pouget et Lauriat, qui a relevé les assises à une grande hauteur. C'est ainsi qu'a été formé le mont Louson (voir la coupe fig. 19, pl. III), dont le sommet est couronné par le calcaire concrétionné. C'est la faille qui a donné naissance à la vallée où est établi le chemin de fer. Sa direction est N. 25° O.

Dans les environs de Brioude, l'étage moyen ne présente pas toujours la série complète de ses assises. Le long de la vallée de l'Allier, on ne trouve que l'argile rouge quelquefois surmontée de quelques assises un peu calcaires et marneuses, et surtout argileuses. Sur le plateau de Vergongheon à Lempdes, on ne trouve que les assises les plus inférieures, et souvent l'argile rouge. Près de la Roche, une petite couche de calcaire, de 6 centimètres d'épaisseur, contient quelques limnées. Au mont Louson, la faille, qui a produit une dénivellation de 80 mètres, permet d'étudier assez bien le terrain.

Le troisième étage, ou étage supérieur du terrain tertiaire, manque complètement dans la vallée de l'Allier, aux environs de Brioude.

Dans la Loire, il se compose ordinairement, d'après M. Gruner, de sables plus ou moins grossiers, caillouteux et blancs, jaunes ou rougeâtres.

Je ne pense pas que, dans les environs de Brioude, on doive y rapporter quelques petites nappes de cailloux roulés quartzeux, qui couvrent certains plateaux peu élevés. Je crois plutôt que, s'ils appartiennent au terrain tertiaire supérieur, ils ont été postérieurement remaniés par les eaux, et qu'il faut les ranger dans le terrain quaternaire. On ne voit nulle part de sables mélangés à des cailloux roulés de cette nature. Ceux qu'on observe aux environs de Lamothe et de Fontannes, et près de Chamblève, dans le bassin de Brassac, contiennent quelques cailloux de basalte, et peuvent avoir été remaniés.

Age du terrain tertiaire. Étage moyen ou miocène.

Tous les géologues qui ont étudié le terrain tertiaire des environs de Brioude, comme MM. Élie de Beaumont, Dufrénoy, Lartet, d'Archiac, Gruner, etc., l'ont classé dans l'étage tertiaire moyen ou miocène. C'est aussi dans cet étage qu'est classé celui de Roanne. « Partout, dit M. Gruner, dans l'Allier, le Cher, le Puy-de-Dôme, l'Indre et la Vienne, l'étage tertiaire moyen se compose, dans sa partie moyenne, spécialement de calcaire lacustre, dont les fossiles mollusques et les ossements de vertébrés correspondent à la partie inférieure ou moyenne de l'étage miocène, c'est-à-dire au calcaire à hélices de la Beauce (le tongrien de d'Orbigny). »

Étage inférieur.

Mais le puissant dépôt d'argiles bariolées et de sable qui se trouve au-dessous ne présente pas la même facilité de classement.

« MM. Pomel et d'Archiac, dit M. Gruner, croient devoir les classer parmi les terrains de la période éocène. » D'un autre côté, MM. Élie de

Beaumont et Dufrénoy n'admettent pas que les dépôts tertiaires des vallées Nord-Sud du Rhône, de l'Allier et de la Loire puissent être antérieurs au système N.-S. des îles de Corse et de Sardaigne.

Pour le cas spécial de la vallée de l'Allier, aux environs de Brioude, c'est le système du Nord de l'Angleterre, qui ne diffère du premier que de quelques degrés, qui a laissé des traces profondes dans les environs du bassin de Brassac et dans le terrain houiller lui-même; c'est lui qui a terminé la période houillère et qui a dû ouvrir la vallée de l'Allier; mais celle-ci a dû rester au-dessus du niveau des mers jusqu'au commencement de l'époque éocène, et n'a dû être envahie par les eaux qu'après l'abaissement de cette partie du plateau central.

Les directions Nord-Sud paraissent coupées et arrêtées par celles du système N. 50° O. Elles sont donc antérieures au système du Morvan. C'est la combinaison des deux soulèvements qui a fait naître la dépression occupée par le terrain tertiaire et qui a dû lui donner sa forme.

CHAPITRE VII

TERRAIN QUATERNAIRE

D'après M. d'Archiac, le terrain quaternaire comprend les phénomènes qui ont laissé des traces entre la fin de la période subapennine, amenée par le soulèvement de la chaîne principale des Alpes, dont la direction est E. 16° N.-O. 16° S., et le commencement de l'époque moderne.

A propos de la faille du Théron, qui a accidenté le terrain houiller près de la Combelle, on a indiqué que son prolongement à l'Ouest, dans la direction E. 15° N.-O. 15° S., va passer au pic basaltique du Moncelet et à l'Est au Suc d'Esteil. Cette direction, identique avec celle de la chaîne principale des Alpes, n'est pas fortuite et doit indiquer que ce système s'est répercuté jusque dans le bassin de Brassac. C'est cette direction caractéristique qui m'engage à classer à cette époque moderne cette faille considérable et par où les basaltes ont dû surgir peu après.

A la fin de la période tertiaire, la vallée de l'Allier devait être complètement comblée jusqu'à la hauteur où l'on voit ses assises, sur les deux rives. Le sol exondé fut alors profondément raviné, et les nouveaux lits furent ensuite remplis de dépôts sableux et caillouteux, qui indiquent l'existence de grands torrents à cette époque. Ces dépôts ont couvert la vallée de l'Allier et ont rempli tous les ravinements que les eaux avaient produits dans le terrain tertiaire.

Ils ont beaucoup d'analogie avec les alluvions actuelles des rivières, aussi je les désignerai souvent par le nom d'*alluvions anciennes* plutôt que par celui de diluvium, qui leur est donné par beaucoup de géologues.

Dans la partie de la vallée de l'Allier comprise entre Vieille-Brioude et Beaulieu, les alluvions anciennes se tiennent à une hauteur à peu près constante de 460 à 470 mètres au-dessus du niveau de la mer. Près du premier endroit que je viens de citer, leur altitude est de 471 mètres; à Lamothe et à Fontannes, elle est de 468 mètres. Entre Brioude et Vergongheon, les plateaux de Chomaget, de Gravenau et de Rilhac se tiennent de 450 à 452 mètres de hauteur. Aux environs de Brassac, les côtes de Chamblève, du Grosménil, de Chamas, de l'Air, de Solignat, de Verdenne, des Pierrailles et le plateau de Chambory ont à peu près le même niveau, qui varie de 440 à 474 mètres. Un seul point fait exception, c'est le point culminant du plateau de Chamblève, qui atteint 498 mètres. A l'Ouest de Beaulieu, le terrain quaternaire s'élève à 471 mètres et 488 mètres de hauteur.

Ces dépôts forment une nappe de Lamothe à la Bajasse, et sur la rive gauche de l'Allier, on remarque de petits lambeaux isolés, allongés parallèlement à la vallée. Ce sont de petites collines tertiaires dont le sommet est recouvert par les alluvions anciennes. Ces restes forment des témoins qui indiquent que, primitivement, la nappe remplissait complètement la vallée.

Certains plateaux très élevés, d'une altitude d'au moins 1,000 mètres au-dessus du niveau de la mer, laissent voir à leur surface de nombreux cailloux roulés de quartz blanc, mêlés à la terre végétale. On y trouve aussi des galets de granite et de gneiss, mais je n'y ai jamais vu de basalte. Tel est le plateau gneissique de Condat, entre Champagnat-le-Vieux et la Chaise-Dieu.

Les alluvions anciennes se tiennent à 30 ou 40 mètres au-dessus du cours actuel de l'Allier; il est évident dès lors que le lit de ce fleuve s'est creusé insensiblement et s'est abaissé graduellement.

Dans la vallée de l'Allier, aux environs de Brioude et de Lamothe, le terrain quaternaire repose presque toujours sur l'argile rouge du terrain tertiaire. Il est, en général, composé de la manière suivante :

5° Argile grise ou jaune, argile à briques et à pisé (Lehm ou Loëss) ;

4° Sables, graviers ocreux et galets basaltiques ;

3° Argile et sable ocreux, argile grise ou jaunâtre ;

2° Galets quartzeux et basaltiques ;

1° Sable ocreux et argile grise, blanchâtre et ocreuse.

On remarque deux couches de galets bien distinctes, qui peuvent servir d'horizons géologiques. Le plus ancien de ces lits se compose de galets de quartz, de gneiss et de granite et de quelques rares cailloux roulés de basalte; le plus récent est formé presque exclusivement de galets de basalte, mais on y trouve cependant quelques galets de quartz et de gneiss. Le tableau suivant résume la composition de ces terrains.

Les assises des quatre premiers numéros ne peuvent être séparées dans la description.

Au puits de Lamothe, au-dessus de l'argile rouge, on remarque un sable argileux, très fin, de couleur claire jaunâtre, dont l'épaisseur n'est que d'*un* mètre. Au-dessus est un lit de galets de quartz et de gneiss avec basalte, au milieu de sables et de graviers dont l'épaisseur est de 6^{m},72. Puits de Lamothe.

Sur cette assise repose une couche de sable fin, gris jaunâtre, d'une épaisseur de 1^{m},38, qui sépare le dépôt caillouteux inférieur du plus récent. Ce dernier est formé de cailloux roulés presque uniquement basaltiques, au milieu de graviers et de sable.

Au puits de Fontannes, le terrain quaternaire repose aussi sur le terrain tertiaire, composé d'argile blanche, de calcaire bleu et rouge, de calcaire blanc et d'argile calcaire reposant sur l'argile rouge. Puits de Fontannes

A la base du terrain quaternaire, on trouve des cailloux quartzeux d'une épaisseur de 2^{m},30, surmontés par une couche d'argile grise, très fine, d'une épaisseur de 1^{m},20. Au-dessus viennent les cailloux roulés basaltiques, avec une puissance de 3^{m},30.

Dans le ravin des Chiens, on voit à la surface une couche sableuse et argileuse contenant des galets des roches gneissiques des environs. Tantôt Ravin des Chiens près le puits de Lamothe.

TABLEAU INDIQUANT LA COMPOSITION DU TERRAIN QUATERNAIRE DES ENVIRONS DE BRIOUDE ET DE BRASSAC. (Haute-Loire.)

	RAVIN du RENARD, près de Lamothe.	BRIQUETERIE de GRANAT. Route de Fontannes à Javaugues.	PALLEBLEUC, près de Lamothe.	PRÈS de FONTANNES.	RAVIN près DE FONTANNES. Chemin de Granat à La Rochette.	RAVIN près DE FONTANNES.	A VIEILLE BRIOUDE.	PUITS de LAMOTHE.	RUISSEAU du BREUIL.	A LA PÉNIDE, PLATEAU de MÉGECOSTE.	PLATEAU de CHAMBLÈVE.
5°	Argile jaune, à pisé.	Argile jaunâtre sableuse, sables ferrugineux.	Argile jaune ou Lehm.	»	»	»	»	»	Sable argileux et argile grise.	»	»
	»	»	Basalte.	»	»	»	»	»	»	»	»
4°	Galets basaltiques.	»	Argile grise. Galets basaltiques.	Galets basaltiques.	»	Galets basaltiques.	Galets basaltiques.	Sables, graviers et galets de basalte.	Cailloux de gneiss.	Galets de basalte avec sable.	Galets de basalte.
3°	Argile et sable ocreux.	Argile grise.	»	Argile grise, jaunâtre et blanchâtre. Sable ferrugineux.	Sable ocreux.	»	»	Sable fin, gris, jaunâtre.	Argile sableuse fine.	Argile fine, avec sable.	Argile fine, avec sable.
2°	Cailloux basaltiques et quartzeux.	Galets basaltiques.	»	Galets quartzeux et basaltiques.	Galets quartzeux et basaltiques.	Galets quartzeux et gneissiques.	Galets quartzeux.	Galets de quartz, de gneiss et de basalte.	Galets de gneiss.	Cailloux de quartz et de gneiss.	Galets de quartz, de gneiss, etc.
1°	»	Sable ocreux.	»	»	»	»	Sable argileux et ocreux.	Sable argileux, très fin, jaune clair.	Argile fine, micacée, grisâtre.	Argile blanche, noire et limoneuse.	Argile grise.
	TERRAIN TERTIAIRE.										

le sable domine et tantôt les galets. Ces derniers sont à arêtes vives, ce qui démontre qu'ils n'ont pas subi un long parcours. Ils sont généralement petits, et leur grosseur ne dépasse pas celle d'un œuf. En certains endroits, le sable fin passe à des graviers grossiers, entremêlés de petites couches d'argile fine, grise ou jaune d'ocre.

Plus loin, les galets sont à angles émoussés, mais encore anguleux, et entremêlés de quelques-uns à arêtes vives. Dans cette partie, on voit la coupe suivante, en allant de haut en bas.

3° Argile sableuse sans galets, contenant de petits lits d'argile, passant à un sable ocreux, qui est un détritus de roches gneissiques. Épaisseur, 2 mètres;

2° Bancs de cailloux gneissiques anguleux, avec sable, très ferrugineux. Épaisseur, 1 mètre ;

1° Argile micacée jaunâtre.

En descendant le ravin, dont la profondeur est de cinq ou six mètres en cet endroit, on voit la couche sableuse se charger insensiblement de galets; par place, les bancs de sable s'amincissent et disparaissent ensuite. Près de la petite vallée du ruisseau du Breuil, on observe la coupe suivante :

5° Couche de sable contenant quelquefois des galets de gneiss, formée par les détritus de cette roche, légèrement argileuse, imprégnée d'oxyde de fer et passant dans le bas à une argile grise. Épaisseur, 1m,20;

4° Lit de cailloux roulés gneissiques, très nombreux, mais pas très gros. Épaisseur, 1m,20 ;

3° Argile sableuse, très micacée, sans cailloux, très fine, d'une couleur grisâtre ou jaunâtre. Cette couche s'amincit plus loin et disparaît au milieu des galets. Épaisseur, 1 mètre ;

2° Couche de galets et de gros blocs de gneiss, avec mélange de sables. On y voit rarement quelques gros cailloux de quartz, mais la roche la plus abondante est le gneiss. Au milieu, on remarque un petit lit ferrugineux noirâtre. Épaisseur, 0m,80 à 1 mètre ;

1° Couche d'argile très fine, micacée, grisâtre, alternant avec des sables fins et devenant sableuse, avec petits lits ferrugineux d'une épaisseur de 1 à 2 centimètres.

Plus bas encore, on remarque un amas de galets avec sable, de 5 mètres de hauteur, sur lequel repose l'argile sableuse. Les blocs des roches ne dépassent pas 12 à 15 centimètres dans les plus grandes dimensions. C'est un mélange incohérent de sables, de graviers et de galets, au milieu desquels existent de petites lentilles d'argile sableuse. On voit dans certains endroits des blocs de quartz de $0^{m},30$ dans leur plus grande dimension. Quelquefois, les sables et les cailloux sont imprégnés d'hydrate de fer et forment un béton ferrugineux.

En dessous de l'argile grise vient une assise de galets basaltiques mélangés avec quelques galets de quartz et quelques rares débris de gneiss.

En descendant le ravin, on suit facilement la couche d'argile grise, très grasse et quelquefois imprégnée d'oxyde de fer; à la loupe, on peut apercevoir des grains de quartz et des lamelles de mica. Épaisseur, $1^{m},50$ à 2 mètres.

Les galets de basalte sont très souvent décomposés et recouverts d'une croûte grisâtre, qui est le résultat de l'altération de la roche. Ils sont alors terreux et friables, et on peut détacher les croûtes extérieures par couches concentriques. Souvent ils sont creux, et l'intérieur est rempli d'eau. Quand la décomposition est assez avancée, on peut les écraser facilement avec les doigts. Cette couche de galets devient assez fréquemment très ferrugineuse, probablement par suite de la décomposition du basalte. Épaisseur de 3 mètres à $3^{m},50$.

A la partie inférieure, les galets basaltiques sont, dans quelques cas, agrégés par un ciment argileux, tendre, grisâtre, qui provient probablement de leur décomposition. Les galets de gneiss paraissent plus abondants au pied des montagnes et des collines.

Au milieu des terrains précédents, on trouve des géodes ferrugineuses, dont le centre est occupé par un noyau de sable et d'argile. La croûte extérieure, d'un centimètre d'épaisseur, est formée d'oxyde de fer, mais très quartzeux.

La figure 159, planche XVII, donne la coupe du ruisseau du Breuil, près du puits de Fontannes.

Berge du ruisseau du Breuil, près du puits de Fontannes.

On voit l'assise inférieure, formée de galets de quartz, de gneiss et de quelques cailloux basaltiques, recouvrir l'argile rouge du terrain tertiaire.

D'un côté, les galets basaltiques de la nappe supérieure reposent directement sur l'inférieure; mais de l'autre ils en sont séparés par une argile grise de 2m,50 d'épaisseur. La couche supérieure de galets a la même épaisseur, et celle du dessous a 2 mètres. On voit que cette dernière a dû être ravinée, et que l'argile grise a rempli le lit du cours d'eau.

Cette argile ne contient point de galets ni de graviers. Elle est onctueuse, très fine, parfois rougeâtre ou jaunâtre; alors elle est très ferrugineuse. Elle contient des lamelles de mica blanc ou blond et fait pâte avec l'eau. Elle pourrait représenter le Lehm ou Loëss de la vallée du Rhin.

Dans cet endroit, les galets de gneiss sont aussi très décomposés; ils se laissent écraser avec les doigts, et on peut les réduire en une espèce d'argile tendre, grise ou grisâtre. Le basalte a aussi complètement perdu son aspect de roche éruptive. Au milieu, on trouve quelquefois un noyau encore dur et sain, autour duquel on voit une croûte argileuse grise. A l'extérieur, il existe ordinairement une pellicule de 4 ou 5 millimètres d'épaisseur, qui consiste en une matière terreuse blanche. La coupe indique la succession suivante :

1° Matière feldspathique blanche et argileuse ;

2° Croûte basaltique décomposée, qui s'enlève facilement d'un demi-centimètre d'épaisseur ;

3° Matière feldspathique moins décomposée ;

4° Matière feldspathique plus dure ;

5° Noyau dur et sain de basalte.

Dans les parties tendres, on trouve des cristaux de feldspath blanc décomposé.

Dans certains endroits, les graviers et les galets sont reliés par un ciment argileux, tendre, de couleur blanche, savonneux et se laissant facilement couper au couteau. Cette matière paraît être du kaolin et devient quelquefois rougeâtre en se chargeant d'oxyde de fer hydraté.

Ravin près de Lamothe.

Au ravin de Reynard, près de Lamothe, le terrain quaternaire a une épaisseur de 5 mètres (voir la coupe de la fig. 144). Il est composé d'une couche de cailloux gneissiques et basaltiques, à la base reposant sur l'argile rouge. Les blocs sont au milieu de graviers basaltiques cimentés par une argile feldspathique blanche, ces derniers sont tous en décomposition. A la partie supérieure, le ciment est sableux et très ferrugineux, provenant des détritus des roches qui sont à l'état de galets. Ces derniers atteignent parfois un volume assez grand, jusqu'à 1 mètre de diamètre. Au-dessus de la couche précédente vient une argile grise et ocreuse, contenant quelques rares petits cailloux de basalte, qui elle-même supporte la couche d'argile à brique.

Route de Fontannes, près la briqueterie.

Sur la route de Fontannes à Lamothe, près la côte de Bonnefond, on peut observer la coupe suivante, figure 145, planche XVII.

A la base, une assise de cailloux roulés de gneiss, et surtout de quartz, enfouis au milieu d'un sable fin et parfois ocreux. Au-dessus vient une couche d'argile grise, très grasse, très fine, faisant pâte avec l'eau, et dont l'épaisseur est de 1 mètre à 1^{m},20.

On trouve ensuite une assise de galets basaltiques, mais au milieu desquels on remarque quelques cailloux de quartz et de gneiss. A la partie supérieure, on voit l'argile jaune à brique.

Vallée du ruisseau du Breuil.

En allant du puits de Lamothe au ruisseau du Breuil, on voit à la surface une argile jaune, remplie de graviers et de blocs de gneiss à angles vifs. Cette couche argileuse peut être observée au pied des collines et des montagnes et dans les vallées. Voici la coupe en ce point :

4° Couche argileuse, avec cailloux quartzeux et gneissiques ;

3° Assise de cailloux roulés de gneiss, avec lits de sable intercalés ;

2° Assise de cailloux basaltiques ;

1° Argile grise et verdâtre, peut-être marneuse.

Près du puits de Pressac.

A l'est du puits de Pressac, on trouve une couche argileuse, remplie de cailloux de quartz blanc et de silex à angles peu émoussés. Un peu plus loin, on voit une argile sableuse, rougeâtre et très ferrugineuse, et au-dessus une assise de galets quartzeux. Il est probable que le terrain quaternaire a été remanié par les eaux postérieurement à son dépôt.

A 500 mètres environ à l'ouest de Frugerol, on observe la coupe suivante, figure 146 : Près Frugerol.

Sur l'argile rouge tertiaire repose une argile grise verdâtre, au-dessus de laquelle est un sable très ferrugineux. Sur ce dernier, on rencontre l'assise de cailloux de quartz qui supporte un banc de grès sableux très ferrugineux, à stratification confuse. L'épaisseur est de $0^m,60$ à $0^m,70$. L'argile grise, verdâtre, paraît provenir de détritus des roches gneissiques, car on y voit une grande quantité de petits noyaux feldspathiques blancs décomposés.

Entre Frugerol et la route de Brioude à la Chaise-Dieu (voir fig. 147), on voit une couche de sable ocreux reposant sur l'argile rouge. Il est très fin, pas argileux, très ferrugineux, et contient parfois de petits graviers fins de gneiss. Coupe entre Frugerol et la route de Fontannes à la Chaise-Dieu.

Sur cette couche s'étend une nappe de galets basaltiques, gneissiques et quartzeux, au milieu d'un béton très ferrugineux. Les blocs de basalte sont presque toujours décomposés; aussi on peut facilement les écraser dans les doigts. La poussière est argileuse, grisâtre ou blanchâtre, et contient du péridot décomposé, qui se transforme en *limbillite*. On aperçoit quelquefois une matière jaunâtre, qui doit provenir de la même cause. Les cristaux de péridot sont alors friables et terreux. Outre ce minéral, on doit signaler la présence du zircon.

Au-dessus des galets basaltiques, on trouve une couche de sable très ferrugineux, et ensuite une argile fine grisâtre. A la surface du sol, on voit la couche argileuse jaunâtre ordinaire, mais un peu sableuse.

Près de Fontannes, on observe la coupe de la figure 149. Les galets et graviers quartzeux et basaltiques, cimentés par un béton ferrugineux, recouvrent l'argile rouge. Ils sont surmontés par une petite couche de sable ferrugineux. Coupe près de Fontannes.

Au-dessus vient une argile grise, verdâtre ou blanchâtre, très fine et très grasse, au milieu de laquelle on remarque une grosse amande d'argile jaunâtre qui contient beaucoup de petits graviers quartzeux, de la grosseur d'une fève. L'épaisseur de cette dernière est de $1^m,20$ à $1^m,30$.

Au-dessus reposent les cailloux basaltiques, qui couronnent le plateau.

Chemin de Granat à la Rochette.

Dans un ravin près de Fontannes, sur le chemin de Granat à la Rochette, on voit l'assise des galets quartzeux et gneissiques, auxquels sont mêlés quelques cailloux de basalte, reposer sur l'argile rouge, qui a été ravinée (voir fig. 150). Certaines parties sont très sableuses et très ferrugineuses. A la surface, on remarque une couche de sable très ferrugineux.

Tuilerie de Granat.

A la tuilerie de Granat, une argile jaune ferrugineuse occupe la surface du terrain et possède un mètre d'épaisseur. Au-dessous vient une argile grisâtre, noirâtre ou verdâtre, d'une épaisseur de $0^m,70$. En dessous de la tuilerie, il y a un chantier de terre, de 3 mètres de hauteur, composée d'un sable argileux extrêmement fin, grisâtre et jaunâtre par place et imprégné d'oxyde de fer. Le sable est assez pur, mais dans certains endroits il passe à une argile.

Chemin de Fontannes à la Rochette.

Sur le chemin de Fontannes à la Rochette, près du ruisseau de Granat, on peut apercevoir le contact du terrain tertiaire avec le quaternaire. L'argile rouge a été profondément ravinée. Une couche de galets de diverses grosseurs contient des cailloux de quartz, de gneiss et quelques rares cailloux de basalte; le gneiss est la roche dominante. Ils sont reliés par un sable ferrugineux ou argileux. A quelques pas plus loin, sur le même chemin, les galets sont recouverts par une couche de sable ferrugineux très fin, qui est rougeâtre, couleur d'ocre, et contient beaucoup de géodes ferrugineuses, dont l'intérieur est rempli d'une matière argileuse ou sableuse avec une enveloppe d'oxyde de fer hydraté. Cette couche sableuse est formée de lits, tantôt jaunâtres, tantôt grisâtres, tantôt rouges, lorsqu'ils sont ferrugineux. Son épaisseur est de $1^m,20$ environ. Les lits sont onduleux et non horizontaux.

Au-dessus vient une argile blanche, grise, verdâtre, dont l'épaisseur est de $0^m,60$ à $0^m,70$. Celle-ci supporte une couche de sable argileux, et à la surface un nouveau lit d'argile jaunâtre.

Près du puits de Pressac on trouve un petit ravin allant jusqu'au ruisseau du Breuil, creusé dans l'argile rouge, qui repose elle-même sur le gneiss. Ce ravin est comblé par des cailloux quartzeux quelquefois très gros. Les champs environnants en sont complètement remplis à leur surface. Ils sont quartzeux, blancs, quelquefois complètement transparents, d'autres fois opaques. Près du puits de Pressac.

Près de Lamothe, aux briqueteries près de la Métairie, l'argile à brique consiste en une couche de 3^{m},20 d'épaisseur, qui repose sur une assise de galets de quartz, de gneiss et de basalte. Elle forme la surface du terrain, mais à 0^{m},70 ou 0^{m},80 de profondeur, il y a une partie plus graveleuse, composée de détritus de roches quartzeuses, gneissiques et leptyniques des environs. On y trouve de nombreux fragments de feldspath. Briqueteries de la métairie, près Lamothe.

Cette couche couvre le plateau, depuis Lamothe jusqu'au ruisseau du Breuil. Elle se tient à un niveau sensiblement constant; cependant il y a une légère pente à l'ouest, c'est-à-dire vers l'Allier; les érosions l'ont fait disparaître en partie, car au sud de Lamothe, il existe une petite butte dont il a été fait mention (fig. 144) qui s'élève de 3 mètres au-dessus de la surface des terrains environnants.

En sortant de Fontannes par la route de Javaugues, on trouve, en montant la petite côte jusqu'au plateau, une assise de galets basaltiques, quelquefois très gros, mêlés à quelques cailloux de gneiss, et des boules d'argile rouge du terrain tertiaire; mais en se dirigeant au sud, vers le bois de la Bajasse, la surface du sol est composée de cailloux quartzeux très nombreux. A l'est de Fontannes.

Dans les environs de Fontannes, le terrain quaternaire se compose souvent (fig. 151) d'une couche de galets quartzeux et basaltiques, reposant sur l'argile rouge et supportant une deuxième couche de galets quartzeux presque exclusivement basaltiques.

Au pied des collines qui bordent la vallée de l'Allier, on remarque une couche d'argile quelquefois assez épaisse. Entre Lamothe et le ruisseau du Breuil, elle suit le pied de la montagne et possède une épaisseur de plus de 3 mètres; mais celle-ci va en diminuant en s'avançant vers l'est. Souvent elle est très pure et ne contient ni graviers ni cailloux. Dans de rares endroits, on en voit cependant quelques-uns de gneiss et de quartz. On y trouve aussi des débris de roches feldspathiques, dont les éléments sont en décomposition et souvent convertis en kaolin.

Palle-Bleue, près Lamothe.

Près de Lamothe, au lieu dit la Palle-Bleue, il y a une petite cascade d'une dizaine de mètres de hauteur (voir fig. 148).

Au bas, on voit l'argile rouge et les grès du terrain tertiaire. Au-dessus vient une assise de cailloux roulés de basalte, d'une épaisseur de 2m,30. Sur cette dernière repose une couche d'argile grise de 1m,30 d'épaisseur, qui supporte une nappe de basalte dont la puissance est de 4 mètres. Au contact de la roche volcanique, l'argile est grise, jaunâtre, et s'est endurcie sur une dizaine de centimètres. Elle s'est transformée en une matière dure, affectant une division prismatique grisâtre ou noirâtre.

En dessous, elle prend une couleur rougeâtre, dont la teinte vive diminue à mesure qu'on s'éloigne du basalte, en sorte qu'à une distance de 0m,30, la couleur est naturelle, jaunâtre, n'est plus modifiée. Cette couche argileuse peut être considérée comme un lehm.

Au-dessus de la coulée basaltique, on trouve l'argile jaune, déjà signalée à la partie supérieure du terrain quaternaire.

Près de la Bajasse.

Aux environs de la Bajasse, les plateaux sont composés de galets basaltiques, qui reposent quelquefois directement sur le gneiss.

A Vieille-Brioude.

A Vieille-Brioude, on trouve la coupe suivante (voir fig. 154) :

A la base, il y a un sable argileux fin, ocreux jaunâtre, qui passe à un sable très ferrugineux, et ce dernier à un sable argileux. Au-dessus vient une assise de galets de quartz et de gneiss qui supporte celle des galets basaltiques. Ces deux dernières ont six mètres d'épaisseur, tandis que la couche argilo-sableuse en a trois. Cette dernière est assez solide pour qu'on ait pu y creuser une remise.

Près de Brioude.

Près de Brioude, au bas de la côte de Mazeyrat, sous une assise de cailloux roulés de basalte, il existe une couche d'argile fine, très micacée, veinée par une argile ocreuse, blanche, grise, dans laquelle on a pratiqué une carrière (fig. 155). C'est une espèce de lehm qui paraît provenir des détritus des roches gneissiques des environs.

Environs de Beaulieu et de Charbonnier.

Aux environs de Beaulieu et de Charbonnier, le terrain quaternaire est composé à la base d'une couche de galets de basalte, sur laquelle s'étend une espèce de grès ferrugineux, jaune d'ocre, très solide, sableux, qui paraît se déliter à l'air et former des arènes. Son épaisseur est de 1m,20 environ.

Près de Lubière.

Près de Lubière, sur le chemin de Bergouade, on trouve la coupe de la figure 160, qui indique que le terrain tertiaire a été profondément raviné et qu'il a ensuite été recouvert par la couche de galets basaltiques.

Plateau de la Pénide, près Mégecoste.

Dans un puits de recherches foncé sur le plateau de la Pénide, pour atteindre le terrain houiller, on a traversé les assises suivantes :

9° Terre meuble	0m,30
8° Cailloux roulés basaltiques avec sable ferrugineux	2 70
7° Argile, un peu schisteuse, verdâtre, tendre micacée	0 50
6° Sable très fin, argileux, micacé, avec rognons de fer oxydé	2 00
5° Petit lit d'argile blanche fine, mêlée de sable	1 40
4° Petit lit de sable, aquifère	0 10
3° Banc d'argile, limon blanc	3 50
2° Argile limoneuse, noire, très argileuse	3 00
1° Assise de graviers, aquifère	0 20
Terrain houiller.	
Épaisseur totale	13m,70

Dans un puits foncé plus haut, c'est-à-dire plus à l'Ouest, au-dessus du chemin de Sainte-Florine à Lempdes, le terrain avait à peu près la même composition, mais son épaisseur atteignait 16 mètres.

Plateau de Chamblève.

Sur le plateau de Chamblève, dans la partie la plus élevée de la colline, on trouve des cailloux de quartz d'une grande variété : quartz blanc translucide, rouge, noir, améthiste, violet, jaune d'ocre, blanc rosé, résinite, quartz avec amphibole, hornblende, etc. On y rencontre rarement des blocs de gneiss, de granite, de micaschiste, et aussi quelques galets de basalte ; tous ces cailloux sont dans une argile grise ou jaunâtre et quelquefois noire.

Pic d'Esteil.

Sous les basaltes du pic d'Esteil, on trouve, dit-on, une couche argileuse, qui pourrait appartenir à la période quaternaire, malgré sa grande altitude, qui est de 821 mètres au-dessus du niveau de la mer. On prétend même qu'elle serait surmontée d'un lit de cailloux de basalte.

Résumé sur les terrains quaternaires.

D'après les diverses coupes précédentes, la composition du terrain quaternaire est très variable suivant les lieux; la différence consiste plutôt dans la grosseur des éléments que dans leur nature, et surtout dans les épaisseurs des assises. Ce qui caractérise surtout ce terrain, c'est l'existence de deux assises distinctes de cailloux roulés.

L'inférieure est presque exclusivement composée de galets quartzeux et gneissiques; la supérieure est formée presque uniquement de galets basaltiques. L'une et l'autre sont accompagnées de sables et de graviers, qui sont presque toujours imprégnés de fer oxydé et hydraté, au point de former quelquefois un béton ferrugineux.

Les deux assises sont séparées, sauf dans quelques rares exceptions, par une couche d'argile fine, sableuse parfois.

Sur la supérieure, on remarque une argile fine, peu sableuse, que l'on pourrait assimiler au lehm ou loëss, quoiqu'elle ne soit pas calcaire et qu'elle ne contienne aucun débris de coquilles. C'est une terre à tuile, à brique et à pisé.

A la base de l'assise caillouteuse inférieure, on trouve, mais exceptionnellement, en quelques endroits, une couche d'argile fine ocreuse ou un sable argileux ou ferrugineux.

En sorte que le terrain quaternaire, dans sa plus grande généralité, se présente de la manière suivante :

4° Argile à pisé, lehm ou loëss;

3° Cailloux roulés de basalte, avec sables et graviers souvent ferrugineux;

2° Argile sableuse ou sable ferrugineux;

1° Cailloux roulés de quartz et de gneiss, avec graviers et sables, et quelquefois argile fine ou sable argileux à la partie inférieure.

Si l'on compare les terrains quaternaires de cette partie de la vallée de l'Allier avec ceux d'autres contrées, on voit que ce sont toujours des dépôts de cailloux roulés et de sables, surmontés d'argile ou lehm, comme dans la vallée de la Loire, celle du Rhône ou du Rhin.

ÉROSIONS POSTÉRIEURES AU TERRAIN QUATERNAIRE

Dans les environs de Brioude, la fin de la période quaternaire a été marquée par des érosions considérables.

L'argile à brique, ou lehm de cette vallée, s'était déposée à la fin de la période, et avait recouvert les galets basaltiques. Leur niveau est indiqué par celui des terrasses qui existent de chaque côté de l'Allier, comme à Brioude et à Lamothe.

Les érosions entamèrent profondément les terrains quaternaire et tertiaire. Les premiers furent ravinés dans toute leur épaisseur, et le terrain tertiaire sur 25 ou 30 mètres de hauteur. La surface des terrasses est en effet à 30 ou 40 mètres de hauteur au-dessus du cours actuel de l'Allier.

La plus grande largeur de cette vallée, entre Brioude et Lamothe, atteint 3,200 mètres. Elle va ensuite en se rétrécissant insensiblement jusqu'à la butte de Lugeac, près de la Taupe. Dans cet endroit, les eaux devaient s'écouler par un défilé étroit, pour s'étendre ensuite dans la plaine de Brassac. Un pareil défilé devait également exister vis-à-vis Auzat-sur-Allier, en amont de la plaine du Breuil et d'Issoire.

C'est la rupture d'un de ces barrages qui a asséché le lac de Vieille-Brioude à Brassac, et a donné écoulement aux eaux; à mesure que le défilé s'est creusé dans les roches gneissiques, le niveau de la vallée s'est abaissé et le nouveau cours d'eau s'est creusé un lit au milieu des terrains quaternaire et tertiaire.

PRODUITS ET DÉPOTS DE L'ÉPOQUE ACTUELLE

Terres végétales.

Les terres végétales résultent de la décomposition lente des terrains sous-jacents. L'action de l'air, l'humidité et les pluies agissent énergiquement sur les roches, les désagrègent, et le travail de l'homme complète cette désorganisation.

On y trouve beaucoup de coquilles, vivant dans la période actuelle. On peut citer les suivantes, qui sont les plus communes :

Lymnea palustris, que l'on trouve vivante aux environs de Lamothe, dans les fossés pleins d'eau, où il pousse des végétaux aquatiques ;

Unio ou moule ordinaire d'eau douce. Près d'Holliandre, elle existe dans les fossés pleins d'eau. C'est l'*Unio Pictorum* que l'on rencontre le plus souvent ;

Helix pomatia ;

Helix arbustorum ;

Planorbis corneus ;

Helix sylvatica ?

Helix nemoralis ;

Helix lapidicida.

Alluvions modernes. Les alluvions modernes de l'Allier et de ses affluents sont entièrement semblables aux alluvions anciennes. Ce sont les mêmes roches, mais dans lesquelles le basalte est la roche prédominante. Les cailloux sont mélangés à des sables quartzeux et granitiques.

Eaux minérales. Les eaux minérales, comme dans toute l'Auvergne, sont très abondantes aux environs du bassin de Brassac et de Brioude. Elles sont toujours froides et sourdent le plus souvent au fond des vallées et souvent dans le lit même des ruisseaux.

Près de la Chaise-Dieu, on trouve une source très abondante et très agréable à boire. Il en existe aussi à Aurouse, au lieu dit le Chambon, dans le lit du ruisseau du Breuil, près de Lamothe ; à Clemensat, au sud-est d'Auzon ; au Sçay, dans la vallée du ruisseau d'Albine ; près de Lempdes ; près de Beaulieu ; près du Breuil, et enfin à Barèges, près de Boude.

Ces sources jaillissent des filons ou des cassures dans le terrain, et sourdent toujours du gneiss.

CHAPITRE VIII

TERRAIN BASALTIQUE

Aux environs de Brioude et du bassin de Brassac, le basalte s'est fait jour en plusieurs endroits, dont la liste suit, avec indication de l'altitude.

Pic de Nonette	578	mètres
Montcelet	625	—
Suc d'Esteil	821	—
Château de la Roche	508	—
Les Grèzes	635	—
Lachomette	758	—
Saint-Just	882	—

La direction générale des cônes basaltiques dans la Haute-Loire est de N. 23° O.-S. 23° E. C'est à peu près celle de la Margeride.

Le basalte a fait éruption à travers les cassures, les fentes et les failles préexistantes; à la Roche, il s'est fait jour dans une faille postérieure au calcaire lacustre (voir fig. 18, planche III).

A Nonette, comme au Montcelet, le basalte repose sur le terrain tertiaire, et, dans ce dernier endroit, son épaisseur est de 72 mètres.

Au Suc d'Esteil, il repose sur une couche d'argile, où l'on prétend avoir vu des galets basaltiques, fait qu'il m'a été impossible de vérifier.

A la Roche, entre Brioude et Lempdes, le basalte forme un véritable filon ou dyke dont la direction est de N. 40° O.-S. 40°. E.

Les éruptions précédentes ne sont accompagnées ni de brèches, ni de scories, ni de lapilli; d'autres, au contraire, possèdent tous ces produits volcaniques et peuvent être rattachées aux volcans modernes : telles sont les roches que l'on trouve aux Grèzes, à la Chomette et à Saint-Just. Aux Grèzes, le basalte a coulé dans la vallée et s'étend sur une couche d'argile qui repose sur les galets basaltiques du terrain quaternaire. Les brèches volcaniques s'observent à mi-côte et sur la route de Lamothe à Champagnac-le-Vieux. Les scories incohérentes garnissent le haut et les flancs du cône volcanique.

L'âge de ces basaltes est déterminé d'une manière certaine par les observations suivantes : à la Roche le basalte a soulevé le terrain tertiaire et même le dépôt le plus moderne, le calcaire concrétionné; les couches tertiaires plongent à l'Est et à l'Ouest, et la roche volcanique, pour s'épancher, a dû profiter, comme cela arrive souvent, d'une ancienne fracture (N. 50° O) et a relevé de chaque côté tout l'ensemble du terrain. (V. fig. 152.)

La vallée où passe le chemin de fer, près de la Roche, est le résultat d'une faille, qui a porté le calcaire concrétionné au haut du mont Louson et a produit une dénivellation de 80 mètres de hauteur. A l'Est, l'inclinaison est de 19° à 20°. Le calcaire lacustre n'est surmonté dans cet endroit par aucun dépôt quaternaire, tandis qu'il en est recouvert à l'Est aux plateaux de Gravenau, de Chomaget et de Rilhac. Dans ces derniers lieux, le terrain tertiaire et le terrain quaternaire y sont dans une position horizontale.

Il en résulte que le basalte de la Roche aurait fait éruption après le dépôt du calcaire d'eau douce et avant la période quaternaire. Cela correspondrait à l'époque où cette partie du plateau central subit un exhaussement considérable, qui le mit bien au-dessus des mers pliocènes, même avant l'époque du dépôt des faluns.

Le volcan des Grèzes appartient, au contraire, aux volcans à scories et brèches volcaniques. Le basalte a coulé dans la vallée et est venu recouvrir en nappe le lehm ou argile grise qui repose sur la couche à galets basaltiques. Mais dans cette même contrée, comme à Blesle et à Lavoûte-Chiliac, le basalte se trouve immédiatement au-dessus des galets basaltiques.

La période de volcanicité a donc commencé à la fin des dépôts lacustres et s'est continuée pendant les terrains quaternaires, même après leurs dépôts et probablement jusqu'après l'apparition de l'homme sur la terre.

Le basalte des environs de Brioude ne diffère en rien des roches similaires des autres pays. Il est composé de trois silicates distincts : le labrador, le pyroxène augite et le péridot. Composition des basaltes.

Le labrador est un feldspath à base de soude et de chaux, formant dans la roche des lames cristallines vitreuses, et, d'après M. Gruner, il y entre dans la proportion de 0,45 à 0,70. Il est quelquefois associé à un élément zéolithique (silicate hydraté d'alumine, chaux et soude), car les basaltes renferment 0,02 à 0,04 d'eau de combinaison.

Le pyroxène augite est l'élément qui donne, avec le fer oxydulé, la couleur aux basaltes. Certains d'entre eux en contiennent jusqu'à 0,50 à 0,55, mais c'est une exception, ordinairement c'est de 0,25 à 0,35. C'est un silicate de chaux, de fer et de magnésie. Il est noir ou vert foncé, presque toujours visible à la loupe ou isolé en grands cristaux noirs.

Le péridot, qui est un protosilicate de magnésie ferrifère, est en grains ronds cristallins, transparents, d'un jaune verdâtre; il s'isole en rognons granulaires parfois très gros.

Le basalte contient encore du fer oxydulé titanifère. Souvent la roche est criblée de cavités remplies de mésotype, de spath calcaire et d'aragonite. On y trouve aussi, notamment aux Grèzes, une grande quantité de fragments de gneiss frittés et fondus à la surface.

Les laves basaltiques modernes sont toujours accompagnées de brèches d'éruption, sur lesquelles a coulé la roche volcanique, et de scories.

Ces dernières sont formées de pouzzolanes plus ou moins grossières, qui souvent, à la surface, passent à un état argileux. Elles sont rougeâtres et noirâtres et se présentent souvent en gros fragments très poreux, bulleux, adhérents et agglutinés entre eux. Certaines sont très légères et remplies de nombreuses et petites cavités et forment alors ce qu'on appelle des pierres ponces.

Ces scories contiennent des bombes volcaniques, qui acquièrent quelquefois un volume considérable. On ne les trouve habituellement qu'au voisinage des bouches volcaniques les plus modernes. (Voir Notice géologique du cratère du Coupet et sur son gisement de gemmes et d'ossements fossiles, par M. J. Dorlhac; Annales de la Société académique du Puy, t. XIX.) L'intérieur des bombes volcaniques est composé de noyaux formés de fragments de roches diverses, qui ont dû être arrachées à la cheminée volcanique. Ce sont ordinairement du péridot granulaire plus ou moins altéré, du gneiss, du granite, des roches feldspathiques renfermant des corindons, de la diorite, des scories volcaniques, des noyaux de fer titané, associé à du pyroxène verdâtre, du pyroxène avec pléonaste. Ces noyaux sont souvent altérés et leurs éléments portent visiblement la trace de l'action de la chaleur à laquelle ils ont été soumis. Ils ont éprouvé quelquefois un commencement de fusion et de vitrification. Le péridot, granulaire ordinairement, est de tous les corps le plus abondant et il constitue souvent des noyaux de très grosse dimension. Presque toujours, il a des teintes claires d'un vert jaunâtre ou d'un vert olive.

La bombe volcanique, elle-même, est formée d'une enveloppe basaltique, composée d'une matière scorifiée passant au tuf et à la ponce, qui empâte complètement les noyaux intérieurs. Sa forme est toujours allongée et présente deux appendices, comme un fuseau, dont les deux extrémités sont tordues sur elles-mêmes et légèrement relevées en sens inverse.

Les brèches sont composées d'un amas de débris volcaniques en fragments plus ou moins volumineux; ce sont des détritus de basalte et de scories en grande abondance. Le tout est lié et agglutiné par une pâte abondante, formée, elle-même, de parties plus fines des mêmes roches et de cendres volcaniques. Leur couleur est grisâtre, jaunâtre ou vert olive foncé. On y rencontre fréquemment englobés des débris de roches anciennes de même nature que celles citées pour les bombes volcaniques.

APPENDICE

RENSEIGNEMENTS BIBLIOGRAPHIQUES

DUFRÉNOY. — Mémoires pour servir à une description géologique de la France. — Terrains secondaires du plateau central. — Filon de porphyre à Brassac; tome I, page 306, 1830.

AIMÉ PISSIS. — Géologie de l'arrondissement de Brioude. — Bulletin de la Société géologique de France, tome III, 1re série, page 146, 1833.

AIMÉ PISSIS. — Notice sur le basalte de la Roche et les phénomènes qui ont accompagné son apparition. — Annales de la Société d'agriculture du Puy, 1834.

AIMÉ PISSIS. — Esquisse géognosique des environs de Brioude. — Annales de la Société d'agriculture du Puy, 1835-1836.

HENRI FOURNEL, *ingénieur en chef des mines.* — Rapport sur la concession de Grigues et de la Taupe (Haute-Loire), rédigé à la demande de MM. Brown et Arthur Agassiz. — Brochure de 104 pages, 1839.

DUFRÉNOY ET ÉLIE DE BEAUMONT. — Explication de la carte géologique de France. Terrain houiller, tome I, page 647, 1841.

AIMÉ PISSIS. — Observations sur le relief et les limites primitives des terrains tertiaires du bassin de l'Allier. — Bulletin de la Société géologique de France, 2e série, tome I, pages 46 et 145, 1843.

RAULIN. — Réponse au travail de M. Pissis, même volume.

AIMÉ PISSIS. — Note sur l'âge relatif et la position des terrains volcaniques du centre de la France. — Bulletin de la Société géologique, 1re série, tome XIV; 1842-1843, page 240.

POMEL. — Quelques nouvelles considérations sur la paléontologie de l'Auvergne. — Bulletin de la Société géologique de France; 2e série, tome III, page 198, 1845-1846.

POMEL. — Sur la formation du manganèse amorphe des environs de Brioude (Haute-Loire). — Bulletin de la Société géologique de France, tome II, 2e série, page 39, 1845.

BAUDIN, *ingénieur en chef des mines.* — Description historique, géologique et topographique du bassin houiller de Brassac (Puy-de-Dôme et Haute-Loire), faite en 1843. — Imprimerie nationale, 1851.

J. DORLHAC. — Notice géologique sur le cratère du Coupet et sur son gisement de gemmes et d'ossements fossiles. — Annales de la Société d'agriculture du Puy, tome XIX, page 597, 1854. Avec planches.

J. DORLHAC. — Notice géologique sur un gisement de serpentine en blocs isolés dans le gneiss, près de Lempdes (Haute-Loire). — Annales de la Société d'agriculture du Puy, tome XX, page 679, 1855-1856.

FOURNET. — Extension des terrains houillers, page 144, et *passim*. — Mémoires de l'Académie des sciences, belles-lettres et arts de Lyon, 1855.

J. DORLHAC. — Note sur les dépôts houillers de Brassac et de Langeac (Haute-Loire.) — Mémoires de l'Académie des sciences, belles-lettres et arts de Lyon, 1859.

BAUDIN. — Notice sur le sondage de Lempdes. — Annales des mines, 4e série, tome XIV, page 233, 1848.

FOURNET. — Considérations diverses au sujet des zones houillères de Ternay, Communay, et des autres parties de la France. — Bulletin de l'industrie minérale, tome VI, page 5, 1860.

FOURNET. — Géologie lyonnaise, page 691 et *passim*.

J. DORLHAC. — Étude sur les filons barytiques et plombifères des environs de Brioude. — Bulletin de l'industrie minérale, tome VIII, page 273, 1862.

D'ARCHIAC. — Histoire des progrès de la géologie, tome II, terrains tertiaire et quaternaire, 1848 et 1849.

GRUNER. — Note sur une roche éruptive trappéenne de la période houillère. — Bulletin de la Société géologique de France, 2e série, tome XXIII, page 85, 1865.

TOURNAIRE. — Note sur la constitution géologique de la Haute-Loire et sur les révolutions dont ce pays a été le théâtre. — Bulletin de la Société géologique de France, 2e série, tome XXVI, 1869.

BURAT. — De la houille, pages 274 et 330.

BURAT. — Les houillères en 1866, 1867 et 1869.

PASCAL. — Étude géologique du Velay, 1865.

BERTRAND DE DOUE. — Géologie des environs du Puy-en-Velay.

NOTES

NOTE I

Dans l'ouvrage intitulé *Flore carbonifère du département de la Loire*, M. C. Grand-Eury rapproche l'ensemble des couches de Brassac du système inférieur de Saint-Étienne, auquel les couches de la Combelle seraient peut-être un peu inférieures.

NOTE II

La roche appelée *porphyre noir* par M. Dorlhac se retrouve dans les bassins de Fins et Bézenet. M. Mallard, ingénieur en chef des mines, a constaté, dans le poudingue faisant partie du système supérieur de Fins, la présence de galets de la roche noire (*basanite* de Boulanger) qui traverse en filons le système inférieur. Le même observateur a rencontré, au-dessus de la grande couche de Bézenet, des galets de la *dioritine* de Boulanger, qui traverse également les assises inférieures à cette couche.

M. Mallard pense d'ailleurs que les variétés pyroxénique (*basanite*) et micacée (*dioritine*) sont contemporaines et passent de l'une à l'autre.

NOTE III

Production du bassin de Brassac, divisée par concessions, depuis 1865

ANNÉES.	PUY-DE-DOME.				HAUTE-LOIRE.						TOTAUX.
	La Combelle.	Charbonnier.	Armois.	Jumeaux.	Grosménil.	La Taupe.	Mégecoste.	Fondary.	Les Barthes.	Frugères.	
1865. . . .	19.271	12.650	»	1.734	52.628	24.425	13.500	»	32.985	1.538	158.731
1866. . . .	21.830	15.498	»	»	35.475	27.868	12.403	544	43.132	2.162	158.907
1867. . . .	34.950	16.380	»	»	41.975	21.787	11.833	3.202	45.172	1.153	176.452
1868. . . .	38.260	12.494	»	»	38.000	25.794	13.078	5.230	45.800	1.284	170.949
1869. . . .	43.748	15.317	»	»	35.558	34.926	11.004	8.961	49.115	2.650	201.369
1870. . . .	41.837	12.384	»	»	35.143	39.306	8.845	894	45.022	3.086	186.517
1871. . . .	33.478	6.832	»	»	38.357	39.336	7.706	»	48.463	3.564	177.736
1872. . . .	26.281	14.020	»	»	44.997	44.105	11.638	»	50.133	4.603	195.777
1873. . . .	25.580	19.022	»	»	51.458	39.509	16.040	»	36.152	4.243	192.004
1874. . . .	21.105	20.778	»	»	58.926	58.471	14.801	»	39.706	2.500	216.282
1875. . . .	20.616	17.000	»	»	61.112	61.180	11.715	»	34.013	1.045	206.681
1876. . . .	24.944	18.200	»	300	63.018	54.790	12.168	»	33.787	»	207.166
1877. . . .	23.081	18 000	»	207	59.332	53.560	13.706	»	38.619	»	206.505
1878. . . .	19.379	18.700	»	»	68.483	51.618	12.821	»	47.559	»	218.560
1879. . . .	24.504	19.500	»	»	67.831	59.508	14.051	»	43.074	»	229.363
TOTAUX. .	418.864	236.765	»	2.241	752.302	636.187	186.299	18.831	632.682	27.828	2.911.999

(Renseignements communiqués par M. Bonnefoy, ingénieur des Mines, à Clermont-Ferrand.)

TABLE DES MATIÈRES

A. Quantin imprimeur
r. S. Benoit 7 à Paris

BASSIN HOUILLER DE LANGEAC

I

INTRODUCTION.

Le bassin houiller de Langeac (Haute-Loire) forme un îlot complètement isolé au milieu des roches primordiales. Il est à 17 kilomètres à vol d'oiseau du terrain houiller le plus voisin, le lambeau de Lugeac, qui peut-être se rattache souterrainement au bassin de Brassac au-dessous du terrain tertiaire de la plaine de Brioude. Il n'avait pas été jusqu'ici l'objet d'une étude géologique spéciale tracée sur une carte à grande échelle; les mines qui y ont été ouvertes, relativement récentes, n'ont du reste jamais fourni encore qu'une extraction de peu d'importance. Dans sa carte géologique de la Haute-Loire, au $\frac{1}{80000}$, M. Tournaire a marqué très exactement les limites du terrain houiller et des autres formations avec lesquelles il est en relation. A défaut de cette carte, qui n'est pas encore publiée, on peut consulter utilement le mémoire du même auteur sur la géologie de la Haute-Loire (*Bulletin de la Société géologique de France, 1869*), et la petite carte qui l'accompagne.

Je me suis proposé d'étudier le terrain houiller de Langeac d'une façon aussi détaillée que le permettaient l'état de la surface et les travaux souterrains des mines. J'ai cherché à le diviser en assises pouvant se reconnaître par des caractères suffisamment tranchés et persistants sur une surface d'une certaine étendue ; cette division en assises m'a permis ensuite d'essayer de me rendre compte des niveaux qu'occupent les couches de houille connues dans le bassin, et de la façon dont se fait le contact du terrain houiller et des roches encaissantes, le long de leur ligne de séparation.

Je me suis servi pour ces tracés d'une carte au $\frac{1}{10000}$, extraite des plans d'assemblage du cadastre et ne donnant que la planimétrie ; mais j'ai en même temps relevé au baromètre les cotes d'un assez grand nombre de points pour pouvoir facilement reporter les contours sur la carte au $\frac{1}{40000}$, avec courbes de niveau, jointe à la présente note; je me suis d'ailleurs assuré sur le terrain que ce report est suffisamment exact. Cette carte au $\frac{1}{40000}$ reproduit, pour la topographie, les minutes de la carte de l'état-major; j'y ai seulement ajouté les chemins de fer exécutés depuis que celle-ci a été levée. Les courbes de niveau sont espacées de 20 mètres, suivant la verticale.

A la carte est jointe une feuille de coupes, tracées à la même échelle, tant pour les hauteurs que pour les longueurs, et coloriées avec les mêmes teintes conventionnelles. Elle comprend une coupe en long par une ligne brisée qui suit à peu près l'axe du terrain houiller, et une série de neuf coupes en travers.

II

DESCRIPTION GÉNÉRALE.

L'Allier coule dans des gorges profondes en amont de Langeac, et en aval de cette ville, jusqu'auprès de Brioude. A Langeac même, il traverse une plaine d'une certaine largeur (3 kilomètres du N.-O. au S.-E. sur 2 kilomètres de l'E. à l'O.), couverte de ses alluvions, et dont l'altitude est d'environ 515 mètres. A partir de cette plaine, le terrain monte rapidement, sur la rive droite vers les montagnes du Velay, sur la rive gauche vers celles de la Margeride; les plus hauts sommets de ces dernières s'élèvent à près de 1,500 mètres (mont Mouchet, 1,497 m.; mont Chauvet, 1,486 m., etc.). Le versant oriental de la Margeride, entre la ligne de faîte et l'Allier, est sillonné par des vallées profondes, étroites et abruptes, dirigées généralement du S.-O. au N.-E., telles que celles de la Desge, de la Cronce, etc.

Le bassin houiller de Langeac occupe une dépression dont la direction est à peu près la même que celle de ces vallées (plus exactement, elle va, dans son ensemble, du N.-20° E. au S.-20° O., mais elle tourne vers le S.-O. dans sa partie méridionale). Au nord, il est caché par les alluvions de la plaine de Langeac; c'est de ce côté qu'il présente sa plus grande largeur. Plus au sud, il se rétrécit successivement et s'élève (voir la coupe en long); puis il s'arrête à l'altitude de 800 mètres, au sud du village de Prat clos, sur le flanc d'un chaînon qui atteint promptement 1,000 mètres.

La longueur du bassin houiller, entre ses extrémités nord et sud, est de $8^{kil},5$, la largeur est d'environ $1^{kil},5$ à la hauteur de la ferme des Oliviers (on ne peut la déterminer exactement dans cette région, le terrain houiller étant caché par les alluvions, qui ne permettent pas d'en voir la limite); elle s'élève à 2,000 mètres en face de Baconnay, à 2,300 mètres à l'endroit où elle est le plus grande, entre le Furet et Fromenti. Puis elle diminue; elle n'est plus que de 1,400 mètres à la hauteur de la Bretogne; en face d'Aubenas, un rétrécissement brusque la réduit à 800 mètres; elle augmente un peu et revient à 1,000 mètres dans le voisinage de Marsanges; elle diminue ensuite, mais elle reste de 800 mètres dans la pointe sud du bassin et presque jusqu'à l'extrémité de celui-ci. Les coupes en travers montrent la série de ces variations.

En somme, la surface totale du bassin houiller peut être évaluée à 1,220 hectares environ, y compris les parties recouvertes par des dépôts plus récents.

Le terrain houiller est encaissé partout, soit dans le gneiss, soit dans le micaschiste; ces deux roches sont nettement séparées dans les environs de Langeac. Le gneiss occupe la limite occidentale et les deux tiers de la limite orientale, au nord de la Bretogne; le micaschiste forme le reste de la limite orientale.

A l'est, le terrain houiller est en superposition naturelle sur les roches primordiales, sauf à son extrémité sud; à l'ouest, il est limité par une série de failles presque jusqu'à son extrémité nord. Non loin de celle-ci, se présente un fait curieux et sur lequel je reviendrai : le terrain houiller est recouvert par le gneiss sur une surface d'une certaine étendue.

On peut diviser le terrain houiller en quatre assises, savoir, à partir de la base :

1° Une brèche à gros éléments (h_b);

2° Des schistes noirs avec grès subordonnés (h_s);

3° Un poudingue (h_p);

4° Des grès avec quelques lits de schistes subordonnés (h_g);

Les couches de houille connues dans le bassin appartiennent à la deuxième assise et à la quatrième.

Les diverses formations plus récentes que le terrain houiller et qui l'ont recouvert par places sont les suivantes :

Des conglomérats basaltiques et des basaltes qui forment à sa surface deux éminences au sud de la ville de Langeac;

Des alluvions anciennes, déposées dans un ancien lit de l'Allier, à un niveau supérieur à celui de son cours actuel; elles ne se voient que sur un ou deux points du bassin houiller, mais elles ont un grand développement aux environs;

Les alluvions modernes de la plaine de l'Allier, qui s'étendent sur toute la partie nord du bassin;

Enfin, des dépôts meubles qui recouvrent, sur une certaine épaisseur et une assez grande étendue, des terrains en pente douce situés dans la partie orientale du bassin, au pied du chaînon qui le sépare de la Desge.

Je donnerai successivement quelques détails sur ces divers terrains;

puis j'examinerai les dérangements que le terrain houiller a subis depuis son dépôt et qui l'ont amené à son état actuel.

III

ROCHES PRIMORDIALES.

Comme je l'ai dit plus haut, les roches primordiales dans lesquelles est encaissé le terrain houiller de Langeac se composent exclusivement de gneiss et de micaschiste (avec alternance de leptynites). Le granite n'apparaît qu'à environ 4 kil. 1/2 des bords du bassin, au S.-E.; il est à grands cristaux de feldspath et appartient à un îlot assez étendu, qui forme les environs de Saugues.

Le gneiss, et surtout le micaschiste, renferment un certain nombre de filons rocheux ou métallifères, dont je dirai quelques mots avant de passer à l'étude du terrain houiller.

1° GNEISS ET MICASCHISTE.

La limite de ces deux roches, que l'on peut tracer assez nettement, se rapproche beaucoup d'une ligne droite dirigée du N.-E. au S.-O. Cette direction est parallèle à celle de la ligne qui sépare, plus loin vers le S.-E., le micaschiste du granite de Saugues. Cependant, au voisinage de la partie S.-O. du terrain houiller, la limite du gneiss et du micaschiste présente des inflexions; on peut les expliquer par le prolongement des failles qui bornent le bassin houiller de ce côté. Le gneiss occupe la région située au N.-O. de la limite, le micaschiste celle qui est au S.-E. L'un et l'autre renferment des bancs de leptynite, surtout le micaschiste, au voisinage de la limite des deux roches.

Le gneiss des environs de Langeac est généralement bien feuilleté, assez tendre, à feldspath blanc ou gris, à mica noir abondant. Le long des limites N.-O. du bassin houiller, il ne présente que par exception une stratification bien marquée. Mais, au N.-E. du bassin, ses feuillets assez nets sont généralement orientés entre E. 20° N. et E. 40° N.; ils plongent vers le nord sous un angle qui va de 40° à 60° et 75°; c'est ce que l'on observe, par exemple, le long de l'Allier, entre Von et Bénac. La même orientation, avec une inclinaison plus forte et généralement très rapprochée de la verticale, se voit entre la limite du terrain houiller et celle du micaschiste, autour de Fromenti. Enfin, au S.-O., sur le chemin d'Aubenas à Tailhac, les feuillets vont assez régulièrement E.-O., et plongent de 60° à 75°, vers le sud d'abord, puis vers le nord au voisinage du micaschiste.

Le gneiss contient par places de la leptynite, formée de feldspath blanc avec un peu de quartz et du mica noir; par exemple, on en voit sur le flanc des pentes qui bordent la rive gauche du ravin de la Chalède.

Le micaschiste de la région qui nous occupe est essentiellement formé de mica blanc nacré, argentin, en grands feuillets, avec quartz en petits noyaux ordinairement assez peu abondants et en boules plus ou moins grosses. Il alterne, surtout au voisinage de la limite du gneiss, avec les leptynites, formées de feldspath blanc en feuillets épais avec un peu de quartz, de mica blanc et souvent de mica noir; elles sont fréquemment très schisteuses, quelquefois assez compactes pour être exploitées comme matériaux d'empierrement (par exemple entre Bénac et Tatevir, sur le chemin de Chadernac à Bretegnolle, etc.). Dans certains cas mêmes, cette roche, alors très compacte, forme dans le micaschiste de grosses lentilles autour desquelles les feuillets se contournent.

Il est assez rare que le micaschiste conserve une stratification à peu près constante sur une surface de quelque étendue. Au N.-E., entre Tatevir et Bénac, et sur la route de Saugues, ses feuillets sont dirigés entre les orientations E.-O. et E. 30° N., et plongent à 70° ou 75° vers le nord. Dans le chaînon qui borde le bassin houiller à l'est, et qui le sépare de la vallée de la Desge, on trouve, en allant du nord au sud, d'abord une direction

N.-S. avec une inclinaison très rapprochée de la verticale, puis la direction E. 30° N. à E. 40° N., avec un plongement de 60° ou 70° vers le nord, enfin la direction S. 40° E. et un plongement de 60° vers l'ouest.

2° FILONS.

On rencontre dans les roches primordiales des environs de Langeac des filons de granulite, des filons de quartz contenant souvent du sulfure d'antimoine, enfin des filons de spath fluor renfermant parfois de la pyrite de cuivre ou de la galène.

Les filons de granulite sont tous encaissés dans le gneiss. Le plus remarquable est celui que l'on voit sur la route du Puy, au point où, quittant la plaine d'alluvions modernes qui entoure Langeac, elle s'élève sur le plateau couvert d'alluvions anciennes qui s'étend au nord du village de Von. Ce filon, puissant de 2 mètres, est orienté E. 12° N. et plonge de 45° vers le sud. Les feuillets du gneiss ont la même direction, mais ils plongent de 60° au nord. La granulite est à grains assez gros, formés de feldspath blanc et de quartz en proportion relativement faible; elle contient beaucoup de mica vert. Le gneiss encaissant, très feldspathique et un peu grenu, quoique bien feuilleté, renferme aussi du mica vert; il présente au contact quelques traces d'altération.

Deux autres filons de granulite, qui semblent dirigés N. 30° E., se voient sur la route de Pinols, non loin du point où elle sort du terrain houiller. La même roche, verdie, brisée et très altérée, forme trois ou quatre filons très rapprochés au bord du chemin de Marsanges à Aubenas, sur la rive gauche du ruisseau de Marmaisse.

Les filons de quartz et de spath fluor sont tous dans le micaschiste. Un filon de quartz, noirâtre, avec antimoine sulfuré, dirigé N. 20° E., affleure sur le flanc oriental de la croupe qui domine à l'O. le Bouchet; il a donné lieu à l'institution de la concession des mines d'antimoine de Fromenti, il a été exploité vers 1840, et il est jalonné sur 500 mètres environ par les déblais provenant des travaux

D'autres filons de même nature, situés aux environs du village de Barlet, ont été l'objet vers 1846 de travaux qui ont donné lieu également à l'institution d'une concession; ils ont porté au moins sur trois filons, dont deux dirigés N. 10° E. à N. 15° E.; le troisième paraît aller S. 10° E. Enfin, deux filons de quartz, dirigés E. 20° S. à E. 25° S., se voient un peu au sud de Farges; l'un d'eux contient un peu d'antimoine sulfuré, quelques travaux de recherches y ont été exécutés sans succès.

Les filons de spath fluor sont tous dans le chaînon assez élevé (900 mètres) qui borde le bassin houiller au S.-O., et aux environs du village de Barlet. L'un d'eux, à 1 kilomètre environ au S.-O. de ce village, peut être suivi sur une longueur de 600 mètres, depuis la limite du terrain houiller jusqu'à la crête du chaînon. Il est dirigé S. 40° E., et plonge de 70° à 75° vers l'E. sur une partie de son parcours, vers l'O., sur une autre. Le spath fluor est vert ou parfois violet, compact; sa puissance va de 1m,50 à 2 mètres et même 3 mètres; il est souvent mélangé de filets quartzeux épais de quelques centimètres. Il contient sur une certaine longueur une veine de quartz blanc laiteux, allant de 0m,10 à 0m,50; ce quartz est parsemé de mouches de pyrite de cuivre, quelquefois abondantes. Un second filon, à peu près parallèle au premier, dont il est distant de 150 mètres environ, contient, au milieu du spath fluor, une veine de quartz avec mouches et veinules de galène riche en argent (615 grammes aux 100 kilogrammes de plomb). Ces deux filons ont été, de 1870 à 1876, l'objet de travaux de recherches qui ont été abandonnés sans avoir donné de résultats concluants. Le micaschiste dans lequel ils sont encaissés est altéré dans leur voisinage; il est verdi, kaolinisé, etc. Les filons n'ont pas l'air de se continuer dans le terrain houiller; le premier, prolongé, traverserait les travaux des mines de Marsanges, où l'on n'a rien rencontré d'analogue. Cependant on voit des galets de grès houiller dans le premier filon, au voisinage de la limite; il y a donc eu au moins réouverture postérieurement à l'époque houillère. — Un autre filon de spath fluor, dirigé également S. 40° E., se voit à 500 mètres environ à l'E. de Barlet; on peut le suivre sur 3 ou 400 mètres; il fournit du spath fluor de belle qualité, qu'on exploite par galeries; on n'y a pas trouvé de minerais métalliques. — D'autres filons de même nature affleurent sur divers points aux alentours de Barlet.

IV

TERRAIN HOUILLER.

1° ALLURE DU TERRAIN HOUILLER,

Le terrain houiller, à l'extrémité N. du bassin, est caché à peu près partout soit par les alluvions modernes de l'Allier, soit même par un chapeau de gneiss. Cependant, on voit affleurer le terrain houiller sur un certain nombre de points, par exemple au bord du ravin de la Chalède, dans le lit de l'Allier, etc. Les travaux des mines de la Chalède font connaître la partie du terrain houiller recouverte par le gneiss aux environs de la ferme d'Olivier; les puits nos 1 et 2, actuellement exploités, sont sortis de la roche cristalline pour entrer dans le terrain houiller, le premier à 36 mètres et le deuxième à 80 mètres de profondeur. De plus, la compagnie concessionnaire de ces mines a creusé, il y a vingt-cinq ans, quatre petits puits de recherches dans la plaine d'alluvions; ces puits ont rencontré le terrain houiller à une dizaine de mètres de profondeur, en général, et ont donné sur son allure des indications nettes. Enfin, d'après la tradition locale, un puits creusé il y a quarante ans environ près du village de Von a rencontré le terrain houiller[1].

1. E. de Beaumont et Dufrénoy parlent, dans l'*Explication de la Carte géologique de France* t. Ier, p. 646), d'un puits des Rochers, dont ils donnent la coupe (elle contient 8m,50 de charbon, en trois couches), et qui aurait été situé sur la rive droite de l'Allier; mais il est extrêmement probable que cette indication est inexacte et qu'il s'agit simplement d'un puits creusé sur l'affleurement des couches de la mine de Marsanges; le cahier des charges de la concession de Marsanges, instituée en 1831, mentionne un puits des Roches, qui devait être très voisin du puits actuel.

Plus au S., le terrain houiller se voit à découvert; il est cependant caché sur une certaine étendue, vers son milieu, par les conglomérats basaltiques de la butte des Barrés et de la butte du Calvaire, et dans sa partie orientale, par un vaste dépôt meuble, étalé sur le plateau, doucement incliné, qui borde le pied de la croupe assez escarpée située entre le Bouchet et la Bretogne. Mais le terrain houiller est à nu dans toute sa région occidentale; de plus, on le voit émerger de dessous les terrains plus récents sur les routes de Pinols et de Saugues, dans les tranchées du chemin de fer, et au S.-E. du dépôt meuble. Enfin, des travaux y ont été exécutés dans la concession de Chadernac, entre le village de ce nom et le puits de Vaurette.

Au S. de Jahon et de la Bretogne, le terrain houiller est partout visible, les chemins et les ravins qui le traversent fournissent des coupes nombreuses; en outre, tout à fait à l'extrémité S. du bassin, les travaux des mines de Marsanges font connaître l'allure du terrain.

Dans la première des trois régions que je viens de distinguer, celle qui s'étend sous les alluvions de l'Allier et qui comprend presque en totalité la concession de la Chalède, le terrain houiller paraît, d'après toutes les données qu'on possède, former un fond de bateau assez régulier, mais dont l'axe serait un peu plus rapproché du bord occidental du bassin que de son bord oriental; les couches plongent à 40° ou 45° dans la région située à l'O. de l'axe; de l'autre côté, elles plongent de 25 ou 30° et paraissent présenter quelques ondulations (coupe n° 1).

Dans la partie moyenne du bassin, la même allure persiste d'abord et s'accentue mieux. Ainsi, à la hauteur des buttes des Barrés et du Calvaire (coupe n° 2), le fond du bateau est encore complet, l'axe est beaucoup plus rapproché du bord occidental, les couches placées de ce côté plongent à 50° ou 60°, celles de l'autre pendage ont une pente beaucoup plus douce et présentent des ondulations. Mais, dès qu'on va un peu plus loin vers le S., le fond de bateau, toujours bien accusé, cesse d'être complet; la ligne d'ennoyage se rapproche encore de la frontière occidentale, pendant que la partie située à l'E. s'élargit de plus en plus (coupe n° 3); à partir de ce point jusqu'à l'extrémité S., le bassin est bordé à l'O. par une série de failles. A l'E. de la ligne d'ennoyage, on voit les diverses assises du terrain houiller se succéder régulièrement avec leur épaisseur normale; à l'O. de la même ligne, on ne trouve que les plus élevées de la série, et elles viennent couper la limite obliquement, ou même se retournent auprès d'elle par un pli en sens contraire de leur pendage principal. Le bassin houiller atteint en face du puits de Vaurette son maximum de largeur (2,300 mètres); puis il commence à se rétrécir en même temps que les plongements des couches deviennent plus forts.

Au S. de la Bretogne, la largeur est encore de 1,400 mètres (coupe n° 5), les couches plongent à 45° ou 50°. Un peu plus loin, en face d'Aubenas, la frontière occidentale tourne brusquement à angle droit; ce retour a 600 mètres de longueur environ, et la largeur se réduit à 800 mètres; la ligne d'ennoyage est tout près de la limite O.; l'inclinaison des couches atteint 60° (coupe n° 7). Plus loin, en face du puits n° 2 de la mine de Marsanges (coupe n° 8), le bassin a repris un peu plus de largeur, et l'inclinaison des couches a diminué; elles présentent, ainsi qu'on l'a constaté dans les travaux, une cuvette à l'E. du puits, une selle à l'O., suivie d'un relèvement brusque avec renversement du pendage. A partir de ce point, la limite orientale est elle-même formée par une faille; les diverses assises viennent successivement la couper obliquement, à partir de celles de la base. Enfin, à l'extrémité S. du bassin, en face de Pratclos, le terrain houiller, large encore de 700 mètres, est limité de tous les côtés par des failles, et l'on n'y voit plus que les assises les plus élevées.

La puissance du terrain houiller peut être évaluée à 800 mètres dans sa partie la plus large, vers Aubiac et Chadernac. Dans la région N., elle peut avoir 4 à 500 mètres. Vers le S., elle diminue également; elle est de 600 mètres au puits n° 2 de Marsanges et paraît être encore de près de 500 mètres jusqu'au voisinage de l'extrémité S., à Pratclos.

2° DIVISION DU TERRAIN HOUILLER EN ASSISES. COUCHES DE HOUILLE.

Le terrain houiller peut se diviser en quatre assises, que j'ai énumérées plus haut. Je vais les examiner successivement, en donnant quelques détails sur les couches de houille qu'elles renferment.

1° *Brèche inférieure.* — Cette assise est très peu développée dans la région nord. Ainsi, dans une des tranchées du chemin de fer, en face de La Font, on voit très nettement le contact du terrain houiller et des gneiss; la brèche inférieure n'est représentée que par un banc de poudingue, à éléments quartzeux assez petits, épais d'une dizaine de mètres, et séparé du gneiss par 10 mètres de schiste noir avec quelques bancs de grès subordonnés. Aux environs des puits de Vaurette, il ne semble pas non plus que la brèche ait encore un développement notable. Mais, un peu plus loin au sud, sur le chemin qui mène de Chadernac à Bretegnolle, elle commence à être puissante et très bien caractérisée; elle est formée surtout de morceaux anguleux de micaschiste et de gneiss, et de rognons de quartz arrondis, empâtés dans un ciment argileux noir; elle peut avoir 40 ou 50 mètres d'épaisseur. On la voit à flanc de coteau vers le sud; on la voit sur les chemins de la Bretogne à Brugeiroux et à Barlet. On la retrouve, avec des caractères analogues, à l'ouest de Barlet, dans le ravin qui descend de ce village vers la mine de Marsanges. On la voit encore plus au sud, très nettement caractérisée; quoiqu'on n'y découvre pas de stratification nette, on peut, d'après la largeur de la bande de terrain qu'elle occupe dans cette région, lui assigner au moins 150 mètres de puissance. Puis elle bute obliquement contre la faille qui limite le bassin houiller au sud-est, et on cesse de la voir.

2° *Schistes noirs inférieurs.* — Cette assise atteint son plus grand développement dans la partie nord du terrain houiller; à vrai dire, elle le constitue seul dans la concession de la Chalède. Elle est formée essentiellement de schistes noirs, contenant entre leurs feuillets beaucoup de mica blanc ou jaunâtre, le plus souvent argileux et assez tendres, à feuillets assez épais; quelquefois les faces des feuillets sont lisses et miroitantes. A certains niveaux on trouve des empreintes, le plus souvent peu nettes. A ces schistes sont subordonnés des grès, ordinairement grisâtres ou noirâtres, et très micacés; leurs bancs, en général assez minces, présentent cependant quelquefois plus d'épaisseur. Ces grès renferment, au moins en un point, des fruits fossiles très abondants.

Les schistes noirs se voient aux quelques points où le terrain houiller apparaît à nu dans la concession de la Chalède. On les rencontre sur la route de Pinols, entre les deux buttes des Barrés et du Calvaire. On les voit au sud-ouest sur la même route, et un peu au-dessus, jusqu'au Furet; là, l'espace qu'ils occupent finit en pointe, coupé obliquement par la faille qui limite de ce côté le bassin houiller. A l'est de la route de Pinols, on les voit dans plusieurs tranchées du chemin de fer jusqu'à La Font; dans l'une de ces tranchées, ils forment successivement un dos de selle et un fond de bateau très bien marqués. Dans toute cette région, et en tenant compte d'ondulations de ce genre, qui doivent augmenter la largeur de la surface occupée par les schistes noirs, on peut évaluer leur puissance à 500 mètres.

Sur la route de Saugues, on a ouvert, dans cette assise, des carrières de meulières (beaucoup plus importantes jadis qu'aujourd'hui). Le grès qu'on y exploite est grisâtre et dur, à grains moyens, très micacé. C'est dans ces carrières qu'on a trouvé en grande quantité les fruits fossiles qui ont fait une certaine réputation au terrain houiller de Langeac. D'après la situation de ces carrières, les meulières appartiennent à la partie inférieure de l'assise des schistes noirs ; elles peuvent être à 60 ou 80 mètres de leur base. D'ailleurs, un banc de grès très analogue à celui-ci occupe la même situation dans l'une des tranchées du chemin de fer.

Les schistes se voient également bien à l'ouest d'Aubiac, sur le flanc de la butte de Chana et à la sortie de Chadernac, où ils plongent très nettement sous les poudingues moyens. On les trouve dans les tranchées du petit chemin de fer des mines de Marsanges, depuis la route de Saugues jusqu'en face du moulin de la Bretogne (sauf pour quelques-unes de ces tranchées qui sont ouvertes dans les conglomérats basaltiques ou qui ne descendent pas au-dessous du dépôt meuble, souvent assez épais dans cette région). Dans certains cas, on voit des plissements comme ceux que j'ai indiqués plus haut.

La bande des schistes noirs continue vers le nord, mais en se rétrécissant beaucoup. Vers la Bretogne, ils présentent encore des plissements. A partir de ce point, leur épaisseur n'est plus que de 200 mètres environ. On les voit très nettement sur le chemin de Marsanges à Barlet. On les retrouve dans le ravin de Barlet, mais ils n'ont plus guère que 150 mètres, ils sont plus compacts et se chargent de galets de quartz vers leur base et leur sommet. Enfin, ils viennent s'arrêter obliquement contre la faille qui limite le bassin au sud-ouest. Dans une galerie de recherches qui y est ouverte près de celle-ci, on les voit buter sur le micaschiste, dont ils sont séparés par un plan vertical avec joint gras.

C'est à l'assise des schistes noirs qu'appartient la couche de houille exploitée à la mine de la Chalède. Cette couche, qui affleure sur le bord du ravin de ce nom, est peu distante de la base du terrain houiller. Les travaux d'exploitation, commencés à l'affleurement, se poursuivent sous la calotte de gneiss qui recouvre les schistes noirs dans cette région. Ils portent sur un massif long de 100 mètres environ et limité par deux accidents nord-sud. La couche, dont la puissance atteint aux meilleurs endroits 4 ou 5 mètres, plonge vers le sud-est avec une pente moyenne de 30° à 35°. On est descendu à la profondeur de 143 mètres ; des recherches faites au-dessous de ce niveau sont arrivées à 50 ou 60 mètres plus bas. Le charbon est gras et fournit un coke très boursouflé ; il est très propre à la fabrication du gaz. Un essai que j'ai fait au laboratoire de Clermont en 1878 m'a donné les résultats suivants :

POUR 100 DE HOUILLE SUPPOSÉE PURE.	
Coke.	Matières volatiles.
71,8	28,2

Malheureusement le charbon, au moins dans les travaux actuels, est très brisé et ne fournit que du menu; de plus, il présente d'ordinaire une teneur en cendres assez élevée, et, comme il est d'une nature extrêmement mourreuse, il donne un très grand déchet au lavage, de sorte qu'il vaut encore mieux l'utiliser à l'état naturel. La mine de la Chalède, exploitée depuis 1846, n'a jamais eu qu'une faible production ; le chiffre le plus élevé qu'elle ait atteint est celui des dernières années, 12,000 tonnes.

On connaît aussi une couche de houille qui affleure sur un autre point de l'assise des schistes noirs, à l'angle sud-est de la concession de Chadernac, près de Fromenti. Cette couche, qui a motivé l'institution de la concession, a été l'objet de quelques travaux de 1844 à 1850. Au puits de Vaurette, elle avait un mètre de puissance (y compris deux nerfs de 10 centimètres) ; elle n'est, paraît-il, qu'à 10 mètres de la base du terrain houiller. On peut la considérer comme représentant, par sa situation, la couche de la Chalède. Une galerie à travers bancs, prise au bord du ruisseau de Chadernac, à 650 mètres du puits, et qui marchait vers celui-ci, n'a rencontré que les schistes noirs avec quelques bancs de grès, et souvent même des poches remplies du dépôt meuble qui couvre le plateau; elle a été arrêtée en 1850, après un parcours de 450 mètres environ.

3° *Poudingue moyen.* — Cette assise est un peu moins épaisse que celle des schistes noirs; elle s'en distingue très nettement, mais il est plus difficile de tracer la limite qui la sépare de l'assise des grès supérieurs.

L'assise est composée à peu près exclusivement d'un poudingue formé surtout de cailloux arrondis, de gneiss, de micaschiste et de quartz, gros souvent comme les deux poings. On y voit quelquefois des bancs de schiste noir micacé, mais ils n'ont que peu d'épaisseur. A la base est un lit remarquable que l'on peut reconnaître dans toute la partie centrale du bassin, et qui forme un bon horizon géologique. C'est un grès grossier, d'un gris assez clair, très chargé de mica blanc, avec cailloux arrondis de quartz de la grosseur d'une noisette ou d'une noix. On l'exploite comme pierre de taille dans un grand nombre de carrières; au Furet (carrières dites de

Jabon), — près de la route de Pinols, au pied de la butte des Barrés, — au bord du ruisseau de Chadernac, — près du moulin de la Bretogne. Ces carrières ont fourni des pierres de taille aux constructions de Langeac et de toute la contrée, aux travaux du chemin de fer, aux ponts de l'Allier, etc.

La pointe du fond de bateau formé par le poudingue moyen se voit sur la route de Pinols, entre les buttes du Calvaire et des Barrés. On peut suivre le poudingue vers le sud-ouest, à partir de ce point, jusqu'en face d'Aubenas. La base de l'assise vient rencontrer la limite occidentale auprès des carrières du Furet; là, on voit un plissement remarquable: les bancs se retournent en dos de selle, et l'une des branches plonge vers la limite occidentale du bassin; on peut la suivre avec ce pendage inverse jusqu'à Aubenas. L'autre branche plonge vers l'axe du bassin; au sud de l'îlot de grès supérieur qui forme la butte de Chana, elle se réunit au pendage du fond de bateau qui plonge vers l'ouest, et le poudingue moyen forme l'assise la plus élevée qui subsiste.

Si l'on suit, à partir de la route de Pinols, la branche du fond de bateau qui plonge vers l'ouest, on la voit sur le flanc oriental de la butte de Chana, puis à l'ouest de Chadernac. On peut l'observer dans plusieurs tranchées du petit chemin de fer de Marsanges, depuis le moulin de la Bretogne jusqu'au point où l'on rencontre le gneiss, au delà du retour à angle droit que présente la limite du terrain houiller en face d'Aubenas. De ce côté, on retrouve un îlot de grès supérieur que le poudingue entoure au nord, à l'est et au sud. Un autre îlot de grès supérieur occupe la plus grande partie de la pointe sud du terrain houiller et renferme les couches exploitées dans la mine de Marsanges; le poudingue moyen se voit à l'est, par exemple dans le ravin de Barlet. Là, il est encore bien caractérisé, cependant il se sépare moins nettement des schistes noirs ; il présente des bancs assez épais formés d'une pâte noire analogue à ceux-ci, avec seulement quelques cailloux roulés de quartz. On le voit encore plus au sud, puis il vient couper obliquement la faille qui limite le bassin au sud-est. On le retrouve encore à l'extrémité sud-ouest; de ce côté, il présente souvent une coloration rougeâtre.

L'épaisseur du poudingue moyen est de 150 à 200 mètres dans la partie nord de la surface qu'il occupe ; elle atteint 300 mètres plus au sud, entre la butte de la Chana et l'étranglement du bassin en face d'Aubenas. Puis l'assise s'amincit, et elle n'a plus que 80 à 100 mètres dans la pointe sud.

On ne connaît dans le poudingue moyen aucune couche de houille.

4° *Grès supérieurs.* — L'assise des grès supérieurs n'occupe qu'une fraction très restreinte de la surface du bassin houiller. Elle doit avoir formé à l'origine un tout continu, recouvrant la plus grande partie de celui-ci; mais les plissements survenus après coup et l'action de la dénudation n'ont laissé subsister que trois îlots, aujourd'hui séparés les uns des autres.

Le premier, en partant du nord, forme la butte de Chana et s'étend à une certaine distance vers le sud ; de ce côté, il est assez difficile de le séparer avec quelque précision du poudingue moyen. Plus loin, entre Aubenas et Brugeiroux, le grès supérieur forme un deuxième îlot de petite dimension. Enfin, le troisième îlot, et le plus important de beaucoup, s'étend au sud de Marsanges; il contient les couches de houille exploitées dans les mines de ce nom ; il forme à son extrémité nord un avant de bateau bien caractérisé, à son extrémité sud une cuvette à pentes plus douces.

Les grès supérieurs sont à grains moyens ou assez grossiers, assez tendres, peu micacés; le plus souvent ils affectent, par suite d'imprégnations ferrugineuses, une teinte jaunâtre ou verdâtre. Ils contiennent quelques bancs de schistes subordonnés. Leur épaisseur est d'environ 150 mètres à la butte de la Chana, 200 mètres dans les deux autres îlots.

Chacun des îlots de grès supérieur renferme de la houille, en quantité plus ou moins grande.

Une couche affleurant sur le haut de la butte de la Chana, dans la concession de Chadernac, a été, de 1844 à 1846, l'objet de quelques travaux (une fendue, deux puits, etc.); l'épaisseur du charbon n'a pas dépassé $0^m,30$ à $0^m,35$.

Un affleurement d'assez bonne apparence, visible dans le deuxième îlot.

au lieu dit le Pré-du-Loup, a donné lieu, ces dernières années, à quelques travaux d'exploration.

Enfin, le troisième îlot contient deux couches de houille, les plus importantes du bassin comme étendue et comme régularité. C'est sur elles qu'est assise l'exploitation de la mine de Marsanges. Elles sont séparées par un intervalle de 60 mètres environ, et la plus inférieure (couche n° 2) est à peu près à la même distance de la base de l'assise.

La couche supérieure (n° 1) forme un avant de bateau très aplati, dont la pointe est tournée vers le nord, et dont l'axe est dirigé N. 15° E. On la connaît sur une longueur de 600 mètres et une largeur d'environ 250 mètres. Un relèvement transversal, vers le milieu de la longueur, forme au nord une cuvette elliptique; au sud, l'axe du fond de bateau va en descendant lentement. L'inclinaison dans la pointe nord est de 40° à 60°; elle est de 30° à 35° dans la branche ouest et de 25° à 30° dans la branche est; le fond forme une plateure d'une certaine étendue. La branche ouest n'affleure que dans la partie correspondant à la cuvette nord; plus au sud, elle se replie souterrainement vers l'ouest avec une pente de 35° à 40°, formant un dos de selle dont l'axe plonge assez rapidement vers le sud. — L'épaisseur, souvent divisée en deux bancs, est de 3 à 4 mètres vers le fond de la cuvette nord, de 2 mètres à 2^{m},50 dans la plateure sud et dans les dressants. Le pendage ouest de la selle peut avoir la même puissance par places; mais il est plus souvent trop schisteux ou trop mince pour qu'on puisse l'exploiter.

La couche inférieure (n° 2), moins bien connue, semble reproduire la même allure. Elle n'a été explorée que dans la plateure sud, où elle a une épaisseur moyenne de 1^{m},30; ailleurs, elle se réduit à 1 mètre, puis se serre et n'a plus que 0^{m},20 ou 0^{m},30.

La production a toujours été fort restreinte; elle a été d'à peu près 5,000 tonnes par an en moyenne pour les dix dernières années; elle ne s'est élevée que par exception à 8,000 ou 9,000 tonnes. La difficulté des transports était un grand obstacle; on a construit en 1876 un petit chemin de fer à voie étroite, long de 6 kilomètres, qui aboutit à la ligne de Brioude à Alais, et la production a pu être portée à 16,000 tonnes.

Le charbon de Marsanges est une houille grasse maréchale. Des essais que j'ai faits en 1878 au laboratoire de Clermont ont donné les résultats suivants :

	Pour 100 de houille supposée pure.	
	Coke.	Matières volatiles.
Couche n° 1	75,5	24,5
Couche n° 2	75	25

V

TERRAINS POSTÉRIEURS AU TERRAIN HOUILLER.

Les terrains postérieurs au terrain houiller ne se voient que dans le voisinage de la vallée de l'Allier ; comme je l'ai dit plus haut, ils forment quatre groupes :

1° Alluvions anciennes ;

2° Basaltes, conglomérats basaltiques et scories ;

3° Alluvions modernes ;

4° Dépôts meubles des plateaux et des pentes.

Les basaltes et leurs congénères, du moins ceux que l'on trouve sur la rive gauche de l'Allier, au voisinage immédiat de Langeac, sont postérieurs aux alluvions anciennes, et ils sont recouverts eux-mêmes par les dépôts meubles des plateaux et des pentes, comme on le verra plus loin. Quant à l'âge relatif des dépôts meubles et des alluvions modernes, rien ne permet de le déterminer ; tout ce qu'on peut dire, c'est que les uns et les autres appartiennent à une époque relativement fort récente.

1° *Alluvions anciennes.* — Les alluvions anciennes sont à un niveau plus élevé que les alluvions modernes et jalonnent un ancien lit dans lequel l'Allier a coulé avant de se creuser son cours actuel. On les voit surtout sur la rive droite de la rivière, en aval de Langeac. De ce côté, une falaise de gneiss, haute d'une vingtaine de mètres, borde la plaine d'alluvions modernes. Au haut de cette falaise, on retrouve une terrasse parfaitement nivelée et souvent même marécageuse, qui est occupée par un autre dépôt alluvien. Elle s'étend depuis Morange jusqu'à Treuille et à la tuilerie de Von, et disparaît de ce côté sous une couche de basalte ; elle a environ un kilomètre de largeur entre la crête de la falaise qui la supporte et le pied de collines formées également de gneiss qui s'élèvent au-dessus d'elles vers le nord-est. Dans toute cette étendue, le dépôt alluvien se voit très nettement. On peut surtout l'étudier aisément dans la tranchée du chemin de fer qu'on trouve avant le viaduc de Costet, en venant du nord. Cette tranchée, qui a 5 ou 6 mètres de profondeur, est tout entière dans l'alluvion ; celle-ci est principalement formée de cailloux roulés de basalte, de la grosseur des deux poings, avec cailloux moins gros de gneiss et de granite.

Le même dépôt alluvien se retrouve sur la rive gauche de l'Allier, mais il semble former une ceinture étroite autour de l'appareil volcanique du Petit-Mont-Coupet. On le voit à l'est de la route de Saugues, le long d'un ruisseau qui se jette dans l'Allier près de Baconnay, dans la tranchée du chemin de fer située à l'est de La Font, dans celle qui se trouve en face de Mongel, etc. Partout le dépôt présente le même caractère ; les cailloux roulés de basalte y dominent, mais ceux de gneiss, de quartz, de granite y sont encore assez abondants. Auprès de La Font, sur le chemin qui mène à Feyri, on voit le basalte en prismes reposer sur le dépôt alluvien. Ainsi, celui-ci est postérieur à l'apparition des premiers basaltes, puisqu'il leur a emprunté la plupart de ses éléments ; mais il est antérieur à ceux qui dépendent de l'appareil volcanique du Petit-Mont-Coupet, et ceux-ci le recouvrent sur une étendue considérable.

2° *Basalte.* — Les basaltes et leurs congénères ont un grand développement dans la Haute-Loire, particulièrement sur le plateau du Velay et dans la vallée supérieure de l'Allier.

Au sud-est de Langeac, le long du coude que présente l'Allier entre cette ville et Chanteuges, se trouve un appareil volcanique complet, très intéressant à divers titres. Au centre est un cône formé de scories rouges et de fragments d'une sorte de lave, le Petit-Mont-Coupet; la base forme une ellipse dont le grand axe a 1,000 mètres environ et le petit axe 700 mètres; les pentes sont peu raides; le sommet (cote 627) s'élève à une cinquantaine de mètres au-dessus du col dans lequel passe la route de Saugues. Autour du cône s'étend une coulée de basalte, qui se développe surtout du côté du nord-ouest; la roche qui la compose est le plus souvent criblée de vacuoles et se divise d'une façon irrégulière; ailleurs, à La Font par exemple, cette même roche, vacuolaire et grisâtre, forme des prismes et contient un peu de péridot; ailleurs encore, dans une tranchée du chemin de fer, on trouve un basalte tout à fait compact, dur, noir, et contenant beaucoup de péridot, quelquefois en rognons de la grosseur d'un œuf. En cet endroit, on voit le basalte descendre jusqu'à l'alluvion moderne du bord de l'Allier, particularité curieuse et sur laquelle je reviendrai. — A cette coulée de basalte on doit sans doute rattacher celle qui, de l'autre côté de la Desge, s'étend entre cette rivière et l'Allier, et qui porte le village de Chanteuges.

A peu de distance à l'ouest de cet appareil volcanique, et tout auprès de la ville de Langeac, au sud de celle-ci, on voit deux collines assez escarpées, les buttes des Barrés et du Calvaire. Le sommet en est formé par du basalte gris bleuâtre, criblé de vacuoles et contenant beaucoup de péridot. Il repose sur une nappe épaisse de conglomérat basaltique. Ce conglomérat, à la butte du Calvaire, s'étend au sud jusqu'au village d'Aubiac; il se continue de l'autre côté du ruisseau qui baigne ce village jusqu'au delà du petit chemin de fer de Marsanges. On peut l'étudier aisément, soit dans les tranchées de ce chemin de fer, soit dans les carrières ouvertes sur le flanc sud de la butte du Calvaire. Toutes les maisons de Langeac sont bâties avec des moellons fournis par ce conglomérat. Il est composé de rognons basaltiques, souvent scoriacés, de la grosseur d'une noix, pris dans un ciment argileux, jaunâtre, ou parfois blanchâtre. En certains endroits, dans les tranchées du chemin de fer de Marsanges, il contient des cailloux anguleux de schiste houiller et même de quartz et de gneiss. Souvent il présente une sorte de stratification, les lits sont parfois assez fortement inclinés. Il est recouvert, dans ces tranchées, par le dépôt meuble des plateaux et des pentes. Cette nappe de conglomérat n'est pas séparée par plus de 500 mètres de la coulée de basalte du Petit-Mont-Coupet; de plus, les sommets des deux collines s'élèvent moins haut que le sommet du cône (586 mètres et 582 mètres) et à peu près à la même hauteur que le basalte qui l'entoure (579 mètres); enfin, le sol sur lequel les roches volcaniques se sont épanchées présente une pente continue depuis le col de la route de Saugues, à la base du Petit-Mont-Coupet, jusqu'au pied des deux collines qui nous occupent. Toutes ces considérations permettent, semble-t-il, de supposer que ces conglomérats et le basalte de ces collines ont bien pu provenir du cône de scories du Petit-Mont-Coupet; les érosions les auraient ensuite séparés de la coulée qui entoure celui-ci, en détachant les deux collines l'une de l'autre et en leur donnant leur forme actuelle.

Un lambeau très petit de conglomérat basaltique se voit à l'est de Fromenti, à la sortie de ce village, sur le chemin qui mène à Feyri. On pourrait lui attribuer la même origine qu'aux autres.

Sur la rive droite de l'Allier, une grande coulée de basalte commence à l'est du plateau de Von et s'étend vers les cônes volcaniques du mont Briançon, dont elle est sans doute originaire. Cependant, en un point, en face Berger, le basalte descend jusqu'au niveau de l'Allier et semble émerger de l'alluvion de la vallée, vis-à-vis de l'endroit où le basalte du Petit-Mont-Coupet présente la même particularité, à 250 ou 300 mètres de distance. On peut donc croire qu'avant le creusement du lit actuel de l'Allier, les deux coulées étaient réunies, et, qu'au point dont je viens de parler, le basalte aurait produit dans des alluvions préexistant à cette place une sorte d'affouillement qui lui aurait permis d'y pénétrer à une certaine profondeur; ou, ce qui est peut-être plus vraisemblable, qu'il formerait en cet endroit un véritable dyke, qui pénétrerait dans la roche sous-jacente; ce dyke occuperait l'emplacement d'une fente d'où serait sortie la coulée de basalte, et il en constituerait comme la racine.

3° *Alluvions modernes.* — Les alluvions modernes couvrent la vallée de l'Allier et celles des affluents qu'il reçoit, la Desge, le ruisseau de Chadernac, celui de Treuille, etc. L'espace qu'elles occupent, assez étroit jusqu'en face de La Font, s'élargit à partir de ce point jusqu'au pont de l'Allier en aval de Langeac, formant ainsi une plaine de 2,400 mètres de longueur sur 1,800 mètres de largeur au minimum. Cette plaine a certainement formé jadis un petit lac avant que l Allier ait creusé le défilé par lequel il s'écoule au delà de Costet.

Les alluvions modernes se composent de lits alternants de sables plus ou moins fins et de galets de grosseur moyenne. Dans le fonçage d'un puits commencé en 1876 par les exploitants de la Chalède, près du chemin de fer, en face d'Olivier (puits n° 4), on a remarqué que la partie inférieure du dépôt alluvien, épais en ce point de 12^{m},50, se compose de cailloux très bien roulés, où le basalte domine et est accompagné de quartz, tandis que plus haut les cailloux sont à peine roulés, presque anguleux, formés exclusivement de gneiss, sans basalte ni quartz.

Dans le lit actuel de l'Allier on trouve surtout des granites à grands cristaux de feldspath, provenant de la région d'amont (environs de Monistrol-d'Allier, etc.), avec quelque peu de gneiss ou quartz, et rarement du basalte.

L'épaisseur des alluvions modernes est de 11 à 14 mètres le long du chemin de fer et vers la limite occidentale de la plaine; elle n'est que de 5 à 6 mètres près du cours actuel de l'Allier. Il semble donc que, lors du commencement du dépôt des alluvions modernes, la rivière ait coulé plus à l'ouest qu'aujourd'hui.

4° *Dépôts meubles des plateaux et des pentes.* — Ces dépôts ne se voient, aux environs de Langeac, que dans une seule région; mais ils y occupent une surface assez considérable. On les trouve à la partie orientale du bassin houiller, sur la rive droite du ruisseau de Chadernac, jusqu'au pied des pentes du Petit-Mont-Coupet et jusqu'à peu de distance de Fromenti. Le terrain qu'ils couvrent a 3 kilomètres de longueur sur 800 ou 1,000 mètres de largeur maxima. C'est un plateau qui s'abaisse en pente douce vers le N.-O.; il borde le pied des pentes escarpées qui s'élèvent au S. de Fromenti; la partie inférieure de ces escarpements est formée de gneiss, mais à une faible distance au S.-E. on voit apparaître le micaschiste.

Ce dépôt meuble peut être étudié facilement dans les tranchées du petit chemin de fer de Marsanges comprises entre la route de Saugues et le ruisseau de la Bretogne. Il se compose essentiellement d'une argile jaunâtre et micacée, contenant de nombreux cailloux anguleux de quartz blanc laiteux, et quelquefois, mais très rarement, de basalte. Par place, le terrain houiller, qui montre sa crête dans les tranchées, est creusé irrégulièrement à sa surface et comme bosselé. Alors, le plus souvent, ces anfractuosités sont comblées par un premier dépôt de sable assez fin, contenant très peu de cailloux; par-dessus ce dépôt, qui paraît avoir rempli une sorte de petite vallée creusée à la surface du terrain houiller, on voit l'argile jaunâtre, avec cailloux anguleux.

L'épaisseur du dépôt meuble des plateaux et des pentes paraît, à certains endroits, atteindre au moins 10 mètres.

Ce dépôt recouvre très nettement les conglomérats basaltiques dans les tranchées du petit chemin de fer. Rien ne prouve clairement qu'il soit postérieur aux alluvions modernes; cependant l'existence du dépôt sableux qui en forme la base et qui peut être assimilé à celles-ci permet jusqu'à un certain point de le supposer.

Le dépôt meuble provient de la destruction des micaschistes que l'on trouve à 4 ou 500 mètres au S.-E. L'abondance des cailloux de quartz blanc laiteux s'explique par les nombreux rognons quartzeux que contiennent ces roches.

VI

ACCIDENTS DU TERRAIN HOUILLER.

L'accident le plus remarquable parmi ceux qui ont affecté le terrain houiller est, sans contredit, la présence de la masse de gneiss qui le recouvre aux environs de la ferme d'Olivier et au-dessus des travaux de la mine de la Chalède. Ce massif a 1 kilomètre de longueur sur 5 à 600 mètres de largeur maxima. Les puits n°s 1 et 2 de la mine sont creusés dans le gneiss; ils en sont sortis pour entrer dans le terrain houiller, le puits n° 1 à 36 mètres et le puits n° 2 à 80 mètres de profondeur. Le terrain houiller affleure sur les bords du ravin de la Chalède; le plongement des couches au-dessous de cette calotte de gneiss, parfaitement connu en profondeur par les travaux de la mine, ne présente aucun renversement; il est dirigé vers le S.-E., c'est-à-dire vers l'intérieur du bassin, comme le montrent la coupe n° 1 et la coupe en long; et la présence du recouvrement de gneiss n'est accompagnée d'aucun dérangement. On est donc naturellement amené à croire que ce massif de gneiss est tout simplement un lambeau tombé de la colline escarpée située sur la rive gauche du ruisseau de la Chalède; ce lambeau se serait détaché, à une époque assez récente, le long d'un plan incliné, et aurait glissé sur ce plan pour venir se placer sur le terrain houiller. Telle est aussi, du reste, l'opinion de M. Tournaire (Note précitée sur la géologie de la Haute-Loire).

Comme je l'ai déjà dit, la limite occidentale du terrain houiller est formée par une série de failles, à partir de la hauteur des Barrés; la limite orientale est aussi formée par des failles dans l'extrémité S. du bassin. L'existence de failles à la limite occidentale est mise en évidence par la position de l'axe du terrain houiller, et par la façon dont les diverses assises qui le composent se comportent de part et d'autre de cet axe. On voit, en effet, à la hauteur de la butte de la Chana, que la ligne d'ennoyage est à 600 mètres du bord occidental, à 1,600 mètres de l'autre; même en tenant compte des plissements qui peuvent exagérer, à l'E., la largeur du terrain houiller, on ne peut guère admettre une pareille différence si l'on ne suppose qu'une partie du terrain a été enlevée à l'O. par une faille. De plus, à l'E., l'assise des schistes noirs s'étend sur 1,000 à 1,200 mètres de largeur, et l'on ne peut lui attribuer moins de 4 à 500 mètres d'épaisseur; à l'O., cette assise n'a que 100 mètres de largeur dans la coupe n° 3; elle a entièrement disparu dans la coupe n° 4. Est-il possible de supposer que d'un bord à l'autre d'un bassin large de 2,000 à 2,500 mètres, une assise de 400 mètres se réduise à zéro? Évidemment non, et il suffit pour s'en convaincre de faire la coupe dans cette hypothèse. Il y a donc de ce côté une faille dirigée environ N. 10° E.; elle a rejeté en profondeur son bord oriental de 350 mètres en face du Furet.

A partir de ce point, on ne voit plus à la limite occidentale que le poudingue moyen; l'assise des schistes noirs manque de ce côté, tandis qu'elle a toujours un développement considérable à l'E. de l'axe. De plus, près de cette limite, les couches plongent nettement vers elle, à 60° ou 80°. La limite occidentale forme, en face de Jahon, une saillie qui oblige à supposer l'existence de deux cassures, dirigées l'une N.-E., l'autre S. 20° E.

Plus au S., en face de Chilhaguet et jusqu'à Aubenas, on a une faille N. 20° E., avec un rejet d'environ 300 mètres.

A la hauteur d'Aubenas, la limite tourne à angle droit et court E. 30° S. sur 600 mètres.

Puis elle suit une autre faille N. 40° E., rejetant son bord oriental d'environ 300 mètres, contre laquelle vient buter obliquement la ligne d'ennoyage de la cuvette formée par les couches de Marsanges. Cette faille paraît se prolonger au N.-E. (sans aucun doute avec une amplitude bien moindre), et se continuer au delà du terrain houiller, le long de la limite du gneiss et du micaschiste.

Au S., autant qu'on en peut juger, elle s'arrête à une autre faille

S. 40° E., qui se marquerait au S.-O. du terrain houiller par un retour brusque dans la limite des deux mêmes roches.

Enfin, la limite S.-E. du terrain houiller est formée par une autre faille dirigée N. 45° O., et qui a rejeté son bord occidental d'environ 200 mètres en profondeur. On voit, en effet, de ce côté, les diverses assises venir brusquement buter avec toute leur largeur contre la limite, qui les coupe obliquement. De plus, je l'ai déjà dit, on voit dans une galerie de recherches le contact des schistes noirs et du micaschiste; la séparation se fait suivant un plan à peu près vertical, avec un joint gras, argileux.

Ainsi, le terrain houiller des environs de Langeac a été déposé sur une surface certainement beaucoup plus considérable que celle qu'il occupe aujourd'hui. Puis, lors des mouvements de l'écorce terrestre qui ont donné à la contrée son relief actuel, et qui ont dessiné, en particulier, la chaîne de la Margeride, la partie du terrain houiller située au delà des limites que nous lui voyons a été élevée par le jeu des failles à un niveau supérieur ; des phénomènes de dénudation, qui se sont exercés sur une très grande échelle, ont ensuite fait disparaître tout ce qui dépassait le niveau présent du sol.

En dehors de ces grands mouvements d'ensemble, les phénomènes volcaniques et l'action des eaux ont, à une époque relativement récente, fait subir à la physionomie de la contrée des modifications moins profondes, mais très visibles. Ainsi, avant l'apparition du volcan du Petit-Mont-Coupet, et à une époque où déjà de nombreuses coulées de basalte s'étaient produites, l'Allier coulait à un niveau supérieur d'une vingtaine de mètres à celui de son cours actuel; en aval de Chanteuges, il passait à l'endroit même où se trouve aujourd'hui le petit cône de scories; la plaine sur laquelle il déposait alors ses alluvions s'étendait au moins depuis Monget jusqu'à Baconnay. Il coupait à angle droit son lit actuel entre La Font et Berger, laissait sur sa gauche le monticule de Von et s'étendait ensuite dans la plaine de Treuille et de Morange. Quand les basaltes du Petit-Mont-Coupet sont venus leur barrer le passage, les eaux ont abandonné leur ancien lit et se sont creusé leur canal d'à présent; elles ont formé un lac peu profond dans la plaine de Langeac, aidées peut-être par la moindre dureté du terrain houiller, dont cette plaine dépasse de fort peu les limites. Ce lac s'est desséché à son tour quand l'érosion a eu suffisamment abaissé le niveau du fond de la gorge par laquelle les eaux en sortaient.

TABLE

www.ingramcontent.com/pod-product-compliance
Lightning Source LLC
Chambersburg PA
CBHW060413200326
41518CB00009B/1339
9782019603779